国防科技图书出版基金

多阶段小样本数据条件下装备试验评估

Test Evaluation of Weapon Systems with Small and Phased Data Samples

谢红卫　孙志强　李欣欣　宫二玲　闫志强　著

国防工业出版社

·北京·

图书在版编目(CIP)数据

多阶段小样本数据条件下装备试验评估/谢红卫等著.—北京:国防工业出版社,2016.9
ISBN 978-7-118-10983-2

Ⅰ.①多… Ⅱ.①谢… Ⅲ.①武器装备－武器试验－评估 Ⅳ.①TJ06

中国版本图书馆 CIP 数据核字(2016)第 220756 号

※

国防工业出版社 出版发行
(北京市海淀区紫竹院南路 23 号 邮政编码 100048)
北京嘉恒彩色印刷有限责任公司
新华书店经售

*

开本 710×1000 1/16 印张 12¾ 字数 225 千字
2016 年 9 月第 1 版第 1 次印刷 印数 1—2000 册 定价 65.00 元

(本书如有印装错误,我社负责调换)

国防书店:(010)88540777　　　发行邮购:(010)88540776
发行传真:(010)88540755　　　发行业务:(010)88540717

致 读 者

本书由国防科技图书出版基金资助出版。

国防科技图书出版工作是国防科技事业的一个重要方面。优秀的国防科技图书既是国防科技成果的一部分，又是国防科技水平的重要标志。为了促进国防科技和武器装备建设事业的发展，加强社会主义物质文明和精神文明建设，培养优秀科技人才，确保国防科技优秀图书的出版，原国防科工委于1988年初决定每年拨出专款，设立国防科技图书出版基金，成立评审委员会，扶持、审定出版国防科技优秀图书。

国防科技图书出版基金资助的对象是：

1. 在国防科学技术领域中，学术水平高，内容有创见，在学科上居领先地位的基础科学理论图书；在工程技术理论方面有突破的应用科学专著。

2. 学术思想新颖，内容具体、实用，对国防科技和武器装备发展具有较大推动作用的专著；密切结合国防现代化和武器装备现代化需要的高新技术内容的专著。

3. 有重要发展前景和有重大开拓使用价值，密切结合国防现代化和武器装备现代化需要的新工艺、新材料内容的专著。

4. 填补目前我国科技领域空白并具有军事应用前景的薄弱学科和边缘学科的科技图书。

国防科技图书出版基金评审委员会在总装备部的领导下开展工作，负责掌握出版基金的使用方向，评审受理的图书选题，决定资助的图书选题和资助金额，以及决定中断或取消资助等。经评审给予资助的图书，由总装备部国防工业出版社列选出版。

国防科技事业已经取得了举世瞩目的成就。国防科技图书承担着记载和弘扬这些成就，积累和传播科技知识的使命。在改革开放的新形势下，原国防科工委率先设立出版基金，扶持出版科技图书，这是一项具有深远意义的创举。此举势必促使国防科技图书的出版随着国防科技事业的发展更加兴旺。

设立出版基金是一件新生事物,是对出版工作的一项改革。因而,评审工作需要不断地摸索、认真地总结和及时地改进,这样,才能使有限的基金发挥出巨大的效能。评审工作更需要国防科技和武器装备建设战线广大科技工作者、专家、教授,以及社会各界朋友的热情支持。

让我们携起手来,为祖国昌盛、科技腾飞、出版繁荣而共同奋斗!

国防科技图书出版基金
评审委员会

国防科技图书出版基金
第七届评审委员会组成人员

主 任 委 员	潘银喜
副主任委员	吴有生　傅兴男　赵伯桥
秘 书 长	赵伯桥
副秘书长	邢海鹰　谢晓阳
委　　员	才鸿年　马伟明　王小谟　王群书
（按姓氏笔画排序）	甘茂治　甘晓华　卢秉恒　巩水利
	刘泽金　孙秀冬　芮筱亭　李言荣
	李德仁　李德毅　杨　伟　肖志力
	吴宏鑫　张文栋　张信威　陆　军
	陈良惠　房建成　赵万生　赵凤起
	郭云飞　唐志共　陶西平　韩祖南
	傅惠民　魏炳波

前　言

　　装备试验评估指的是利用实物、半实物、仿真等试验方式和相关的统计分析方法，对系统的技战术指标进行评价。随着武器装备复杂程度的日益提高，装备性状在全寿命周期中的动态变化过程也日趋复杂，相应的试验评估手段也更加多样化。装备在设计、研制、生产、使用等阶段都会经历各种各样的试验，如原理验证试验、演示验证试验、研制性试验、鉴定性试验、抽样性试验等。其中，研制过程中的试验及其评估关系到产品设计并最终影响系统的综合性能，因而显得尤为重要。装备在研制过程中一般都会经历初样、试样、正样等不同的阶段，每次试验之后将进行性能评价和设计改进，因而其技术状态也更多更复杂。此外，研制过程中还要进行各部件、各分系统以及各种不同试验条件下的试验。与此同时，由于各种因素的制约，各阶段试验样本数量都比较小，尤其是全系统试验样本更少。要综合各类试验信息对产品性能指标进行评估和鉴定，需要融合多种数据（不同阶段、不同来源的数据）对在研产品性状的动态变化过程进行恰当的建模与分析。在装备试验评估中，试验数据越来越体现出"多阶段小样本"的明显特征。因此，在这一类数据的基础上开展相应的统计推断，就成为装备试验评估领域中的重要工作。推断结果的准确性，关系到装备接收、使用的风险。从某种意义上讲，这属于"变动统计"的范畴。所谓"变动统计"，实际上就是立足于"异总体"或"变总体"数据条件下的统计推断。从提高评估结果可信度和评估效率的角度出发，在装备试验评估过程中融入多个试验阶段的数据、多种来源的数据是非常必要的，相关的研究工作一直是近几年的热点。

　　本书正是针对这一热点问题，从多阶段可靠性增长试验评估、多批次和多信源条件下的武器战技指标评估这两大类典型的试验评估问题入手，设计相应的变动统计解决方案。针对可靠性增长试验评估问题，分别讨论了多阶段延缓纠正模式和多阶段含延缓纠正模式下的可靠性增长过程建模方法，包括顺序约束建模法、折合因子法、增长因子法、线性模型建模法等；针对命中精度/概率的评估问题，分别讨论了多阶段数据和多来源数据条件下的评估和鉴定方法。最后，还针对两类特定的装备——风修正航空子母炸弹和预警雷达，设计了相应的技战术指标评估方法。本书所设计的方法，兼具理论创新性和实用性，易于编程实现，便于直接被相关工程人员所用。本书是作者对近10年来在装备试验评定领域方面研究成果的一个阶段性总结，同时也是对"多阶段小样本"数据条件下装备试验评定技术的一个初步阐释。

　　本书共分为8章。第一章为绪论,概述了可靠性增长问题、命中概率/精度评定问题和雷达最大探测距离评估问题的研究现状,阐述了变动统计的基本概念、理论和有关方法。第二章为准备知识,系统地介绍了贝叶斯方法和变动统计方法的有关概念、基本内涵、方法和应用领域,为全书奠定了理论基础。第三章讨论了多阶段延缓纠正模式下可靠性增长试验评估的有关方法,包括顺序约束建模法、折合因子法、增长因子法和线性模型建模法。第四章讨论了多阶段含延缓纠正模式下可靠性增长试验评估方法,包括基于 MS – NHPP – Ⅰ模型的顺序约束法、基于 MS – NHPP – Ⅱ模型的顺序约束法、增长因子法和线性模型法。第五章讨论了多阶段数据条件下装备命中概率的评估方法,研究了如何充分利用多批次异总体的试验数据开展命中概率评估。第六章讨论了融合多来源试验数据的命中概率评估方法,重点讨论了仿真数据和现场试验数据的融合问题。第七章和第八章结合实际需求,分别讨论了风修正航空子母炸弹的精度鉴定和预警雷达最大探测距离的评估问题,设计了相应的评估方法。

　　本书是集体智慧的结晶,第一章由谢红卫撰写;第二章由孙志强和宫二玲撰写;第三章和第四章由李欣欣和闫志强执笔,谢红卫和宫二玲参与了撰写工作;第五章由闫志强撰写;第六章由闫志强和孙志强撰写;第七章由李欣欣执笔,孙志强参与了撰写工作;第八章由孙志强执笔,宫二玲参与了撰写工作。孙志强和谢红卫完成了全书的统稿工作。在撰写过程中,得到了国防科技大学龚时雨教授、北京航空航天大学赵宇教授的悉心指导和帮助,在此一并致谢。

　　由于作者的水平有限,书中难免存在一些不妥之处,敬请广大同行批评指正。

目　录

第一章　绪论 ·· 1
  1.1　引言 ·· 1
  1.2　可靠性增长问题的试验评估现状 ··· 2
  1.3　命中概率和精度的试验评估和鉴定现状 ·· 7
  1.4　雷达最大探测距离的试验评估和鉴定现状 ·· 10
  参考文献 ·· 11

第二章　准备知识 ··· 16
  2.1　引言 ·· 16
  2.2　贝叶斯方法的基本理论 ··· 16
    2.2.1　基本概念 ·· 16
    2.2.2　贝叶斯公式及其解释 ·· 17
    2.2.3　先验分布的构造及后验分布的计算 ······································· 18
    2.2.4　贝叶斯方法在装备试验评估中的应用 ···································· 26
  2.3　变动统计方法的基本理论 ·· 28
    2.3.1　基本内涵和关键问题 ·· 28
    2.3.2　变动统计中的数据预处理方法 ·· 31
    2.3.3　变动统计的基本方法 ·· 33
    2.3.4　变动统计在装备试验评估中的应用 ······································· 37
  参考文献 ·· 39

第三章　多阶段延缓纠正可靠性增长试验评估方法 ································· 42
  3.1　引言 ·· 42
  3.2　多阶段延缓纠正可靠性增长过程建模 ·· 43
  3.3　顺序约束建模法 ·· 45
    3.3.1　序化关系分析与检验 ·· 45
    3.3.2　贝叶斯分析与后验计算 ··· 46
    3.3.3　示例分析与比较 ·· 48
  3.4　折合因子法 ·· 49
    3.4.1　折合因子的定义及其 F 分布分位点估计 ······························· 50

3.4.2　折合因子的随机化方法 ·································· 52
3.5　增长因子法 ··· 57
　　　3.5.1　增长因子的定义及现有的确定方法 ·················· 57
　　　3.5.2　增长因子的F分布分位数确定方法 ·················· 58
　　　3.5.3　增长因子的ML-Ⅱ确定方法 ························ 59
3.6　线性模型建模法 ··· 62
　　　3.6.1　多阶段指数寿命模型的建模方法 ···················· 62
　　　3.6.2　超参数估计的贝叶斯-Monte Carlo方法 ············· 63
　　　3.6.3　基于贝叶斯预测的失效率后验分布 ·················· 64
　　　3.6.4　参数后验分布的递推计算方法 ······················ 65
　　　3.6.5　示例分析 ·· 66
参考文献 ··· 68

第四章　多阶段含延缓纠正可靠性增长试验评估方法 ············· 69
4.1　引言 ··· 69
4.2　多阶段含延缓纠正可靠性增长过程建模 ····················· 70
4.3　基于MS-NHPP-Ⅰ模型的顺序约束法 ······················· 73
　　　4.3.1　序化关系分析及检验 ······························ 74
　　　4.3.2　模型的贝叶斯分析 ································ 75
　　　4.3.3　形参估计值与阶段失效强度的先验分布 ·············· 76
　　　4.3.4　示例分析 ·· 77
4.4　基于MS-NHPP-Ⅱ模型的顺序约束法 ······················· 78
　　　4.4.1　多阶段含延缓纠正试验的建模方法 ·················· 78
　　　4.4.2　基于Dirichlet先验的贝叶斯分析 ··················· 79
　　　4.4.3　后验分布的MCMC计算方法 ······················· 80
　　　4.4.4　示例分析 ·· 82
4.5　多台设备同时投试情况下的增长因子法 ····················· 84
　　　4.5.1　增长因子法的一般分析 ···························· 84
　　　4.5.2　AMSAA-BISE模型的贝叶斯近似计算 ··············· 85
　　　4.5.3　先验分布的转换与后验分布的处理 ·················· 87
　　　4.5.4　MS-NHPP-Ⅰ模型的贝叶斯分析 ··················· 89
　　　4.5.5　示例分析 ·· 92
4.6　基于比例强度假设的线性模型建模与分析 ··················· 93
　　　4.6.1　比例强度假设与线性模型建模 ······················ 93
　　　4.6.2　线性模型的极大似然估计 ·························· 95
　　　4.6.3　模型检验与预测 ·································· 97

    4.6.4 示例分析 ·················· 97
 参考文献 ························ 99
第五章 多批次试验数据下装备命中概率评估方法 ····· 101
 5.1 引言 ························ 101
 5.2 单批次同总体试验数据的命中概率评估方法 ······ 102
   5.2.1 基于二项分布的命中概率评估方法 ······ 102
   5.2.2 基于正态分布的整体弹命中概率估计 ····· 103
   5.2.3 基于正态分布的子母弹命中概率估计 ····· 106
   5.2.4 小样本情况下的命中概率估计 ········ 110
   5.2.5 示例分析与比较 ··············· 112
 5.3 多批次异总体试验数据的命中概率评估方法 ······ 116
   5.3.1 基于二项分布的多批次试验命中概率估计 ··· 116
   5.3.2 基于正态分布的多批次试验命中概率估计 ·· 116
   5.3.3 参数后验分布求解的MCMC方法 ······ 119
   5.3.4 两向相关情况下的处理方法 ········· 120
   5.3.5 示例分析与比较 ··············· 122
 参考文献 ························ 125
第六章 多来源试验数据下装备命中概率评估方法 ····· 126
 6.1 引言 ························ 126
 6.2 基于两类试验信息的正态变量融合估计 ········ 128
   6.2.1 正态分布及其共轭分布 ··········· 128
   6.2.2 基于贝叶斯相继律的融合方法 ········ 130
   6.2.3 限制仿真样本容量的融合方法 ········ 131
   6.2.4 考虑仿真可信性的混合先验融合方法 ····· 133
   6.2.5 改进的混合后验融合方法 ·········· 135
   6.2.6 仿真可信性与相容性检验 ·········· 137
   6.2.7 示例分析与讨论 ··············· 138
 6.3 基于两类试验信息的命中概率融合评估 ········ 141
   6.3.1 两向独立时的命中概率估计 ········· 141
   6.3.2 多元正态分布的混合后验融合方法 ······ 142
   6.3.3 多元正态分布样本的相容性检验 ······· 145
   6.3.4 示例分析与比较 ··············· 146
 6.4 基于多源试验信息的融合估计方法 ·········· 147
   6.4.1 多源先验分布融合方法及其改进 ······· 147
   6.4.2 正态分布参数的混合后验融合方法 ······ 148

  6.4.3 示例分析与比较 ·············· 149
 6.5 融合多来源数据的命中概率鉴定方案设计 ········· 150
  6.5.1 计数固定抽样检验方法 ············ 150
  6.5.2 利用贝叶斯方法对计数固定抽样检验方法的改进 ········ 152
 参考文献 ························ 154

第七章 航空子母炸弹制导精度鉴定的贝叶斯方法 ··· 156
 7.1 引言 ······················· 156
 7.2 WCMD武器技战术指标分析 ············· 157
  7.2.1 子弹散布密度与母弹布撒高度 ·········· 158
  7.2.2 毁伤面积与布撒精度 ············· 158
 7.3 WCMD鉴定方案设计 ··············· 159
  7.3.1 经典的序贯检验方法 ············· 159
  7.3.2 布撒点的高度偏差检验 ············ 161
  7.3.3 布撒点的平面偏差检验 ············ 162
  7.3.4 布撒均匀度鉴定方案 ············· 163
 7.4 仿真结果分析 ··················· 166
 参考文献 ························ 168

第八章 预警雷达最大探测距离鉴定与评估的贝叶斯方法 ··· 169
 8.1 引言 ······················· 169
 8.2 雷达最大探测距离评估的经典方法 ··········· 169
  8.2.1 检飞计划制定和数据处理 ··········· 169
  8.2.2 检飞架次的确定 ·············· 170
 8.3 利用贝叶斯方法设计雷达检飞试验方案 ·········· 172
  8.3.1 先验信息的收集与整理 ············ 172
  8.3.2 先验信息的建模 ·············· 173
  8.3.3 确定观测样本数(检飞架次) ·········· 175
  8.3.4 开展定型检飞并评估最大距离 ·········· 176
 参考文献 ························ 177

 附录A MCMC算法概述 ················ 178

XI

Contents

Chapter 1 Foreword ··· 1

   1.1 Introduction ··· 1
   1.2 Review of reliability growth evaluation ································ 2
   1.3 Review of missile hitting probability and precision evaluation ········ 7
   1.4 Review of radar maximum – range evaluation ······················· 10
   References ··· 11

Chapter 2 Basic Concepts and Knowledge ································ 16

   2.1 Introduction ··· 16
   2.2 Fundamental theories of Bayesian method ···························· 16
      2.2.1 Basic concepts ··· 16
      2.2.2 Bayes formula ··· 17
      2.2.3 Prior and posterior distributions ································· 18
      2.2.4 Application of Bayesian method to test evaluation ············ 26
   2.3 Fundamental dynamic population statistics theories ················· 28
      2.3.1 Basic concepts and key problems ································ 28
      2.3.2 Data preprocessing methods ······································· 31
      2.3.3 Basic methods for dynamic population statistics ············· 33
      2.3.4 Application of dynamic population statistics methods to test evaluation ·· 37
   References ··· 39

Chapter 3 Evaluation of multistage reliability growth with delayed fix modes ······ 42

   3.1 Introduction ··· 42
   3.2 Models of multistage reliability growth with delayed fix modes ······ 43

3.3 Modeling method using ordinal constraints ················· 45
    3.3.1 Analysis and test of ordinal constraints ············ 45
    3.3.2 Bayesian analysis including posterior evaluation ········ 46
    3.3.3 Example ······················ 48
3.4 Modeling method using conversion factor ················ 49
    3.4.1 Definition of conversion factor and its point estimation using F – distribution quantile ················ 50
    3.4.2 Randomized computation of conversion factor ········ 52
3.5 Modeling method using growth factor ···················· 57
    3.5.1 Definition of growth factor and existing computation methods ···················· 57
    3.5.2 Estimation of growth factor using F – distribution quantile ······ 58
    3.5.3 Estimation of growth factor using Type – II maximum likelihood method ···················· 59
3.6 Modeling method using linear model ···················· 62
    3.6.1 Modeling method using multistage exponential life model ······ 62
    3.6.2 Estimation hyper – parameters using Bayes – Monte Carlo method ···················· 63
    3.6.3 Posterior distribution of failure rate based on Bayesian forecasting ···················· 64
    3.6.4 Recursive computation of posterior distribution ········ 65
    3.6.5 Example ···················· 66
References ···················· 68

Chapter 4 Evaluation of multistage reliability growth with instant and delayed fix modes ···················· 69

4.1 Introduction ···················· 69
4.2 Models of multistage reliability growth with instant and delayed fix modes ···················· 70
4.3 Modeling method using ordinal constraints and multistage nonhomogeneous Poisson process Type – I model ············ 73
    4.3.1 Analysis and test of ordinal constraints ············ 74
    4.3.2 Bayesian analysis ···················· 75
    4.3.3 Estimation of shape parameter and construction

      of prior distribution of failure intensity at one stage 76
   4.3.4 Example 77
 4.4 Modeling method using ordinal constraints and multistage
   nonhomogeneous Poisson process Type – II model 78
   4.4.1 Description of multistage tests with instant and delayed fix
      modes 78
   4.4.2 Bayesian analysis with Dirichlet prior distribution 79
   4.4.3 Evaluation of posterior distribution using MCMC method 80
   4.4.4 Example 82
 4.5 Modeling method using growth factor for multiple tested equipments ... 84
   4.5.1 Introduction 84
   4.5.2 Bayesian approximate calculation of AMSAA – BISE model ... 85
   4.5.3 Transformation of prior distribution and evaluation of posterior
      distribution 87
   4.5.4 Bayesian analysis of multistage nonhomogeneous Poisson
      process Type – I model 89
   4.5.5 Example 92
 4.6 Modeling method based on linear model and proportional intensity
   assumption 93
   4.6.1 Proportional intensity assumption and linear modeling
      method 93
   4.6.2 Maximum likelihood estimation of linear model 95
   4.6.3 Testing and forecasting of linear model 97
   4.6.4 Example 97
 References 99

Chapter 5 Hitting probability evaluation using multiple batches of test data 101

 5.1 Introduction 101
 5.2 Hitting probability evaluation using one batch of independent and
   identically distributed data 102
   5.2.1 Hitting probability evaluation using binomial
      distributed data 102
   5.2.2 Evaluation of traditional missile hitting probability using
      normal distributed data 103

　　　　5.2.3　Evaluation of hitting probability of missile with cluster
　　　　　　　warhead using normal distributed data ········· 106
　　　　5.2.4　Evaluation of hitting probability using small sample data ······ 110
　　　　5.2.5　Example ·· 112
　5.3　Hitting probability evaluation using multiple batches of diversely
　　　　distributed data ·· 116
　　　　5.3.1　Hitting probability evaluation using multiple batches of
　　　　　　　binomial distributed data ·· 116
　　　　5.3.2　Hitting probability evaluation using multiple batches of normal
　　　　　　　distributed data ·· 116
　　　　5.3.3　Evaluation of posterior distribution using MCMC method ······ 119
　　　　5.3.4　Decorrection of the fire direction and side direction ·········· 120
　　　　5.3.5　Example ·· 122
　References ·· 125

Chapter 6　Hitting probability evaluation using multiple sources test data ·········· 126

　6.1　Introduction ·· 126
　6.2　Estimation of normal distribution parameters by fusing two data
　　　　sources ·· 128
　　　　6.2.1　Normal distribution and its conjugate distribution ············ 128
　　　　6.2.2　Data fusion using Bayesian law of succession ················ 130
　　　　6.2.3　Data fusion with constrained volume of population ············ 131
　　　　6.2.4　Fusion of mixed prior distributions by considering simulation
　　　　　　　credibility ·· 133
　　　　6.2.5　Modified method for mixed posterior distributions fusion ······ 135
　　　　6.2.6　Simulation credibility and compatibility test ···················· 137
　　　　6.2.7　Example ·· 138
　6.3　Hitting probability evaluation by fusing two types of test
　　　　information ·· 141
　　　　6.3.1　Hitting probability evaluation when fire and side directions are
　　　　　　　independent ·· 141
　　　　6.3.2　Mixed posterior distributions fusion for multivariate normal
　　　　　　　population ·· 142
　　　　6.3.3　Compatibility test for multivariate normal population ·········· 145

    6.3.4 Example ·········· 146
  6.4 Parameter estimation by fusing multiple data sources ·········· 147
    6.4.1 Method of construction of prior distribution by fusing
       multiple prior information sources and its modification ·········· 147
    6.4.2 Evaluation of normal distribution parameters based on
       fusion of mixed posterior distributions ·········· 148
    6.4.3 Example ·········· 149
  6.5 Evaluation test program of hitting probability by fusing multiple data
    sources ·········· 150
    6.5.1 Fixed count sampling test program ·········· 150
    6.5.2 Bayesian fixed count sampling test program ·········· 152
  References ·········· 154

Chapter 7 Guidance precision evaluation of wind corrected munitions dispenser using Bayesian method ·········· 156

  7.1 Introduction ·········· 156
  7.2 The technical and tactical indicators of wind corrected munitions
    dispenser ·········· 157
    7.2.1 Dispersion density of bullet and dispersion height of
       bomb ·········· 158
    7.2.2 Damaged area and dispersion precision ·········· 158
  7.3 Evaluation program of guidance precision of wind corrected munitions
    dispenser ·········· 159
    7.3.1 Traditional sequential test method ·········· 159
    7.3.2 Test of vertical error of dispersion point ·········· 161
    7.3.3 Test of horizontal error of dispersion point ·········· 162
    7.3.4 Test of degree of uniformity of dispersion ·········· 163
  7.4 Simulation and analysis ·········· 166
  References ·········· 168

Chapter 8 Evaluation of maximum range of early-warning radar using Bayesian method ·········· 169

  8.1 Introduction ·········· 169
  8.2 Traditional method for evaluation of maximum range of early-

		warning radar 169
	8.2.1	The flight plan for radar test and data processing 169
	8.2.2	The determination of number of flights for radar test 170
8.3	Flight plan making for radar test by using Bayesian method 172
	8.3.1	Collection of prior information of radar test 172
	8.3.2	Modeling of prior information of radar test 173
	8.3.3	The determination of number of flights using Bayesian method 175
	8.3.4	Evaluation of maximum range using flight test data 176
References 177

Appendix MCMC Algorithm 178

第一章 绪　　论

1.1 引　　言

　　装备试验评估是武器装备设计、研制、生产、使用过程中的重要环节,它利用实物、半实物、仿真等试验方式和相关的统计分析工具,对装备可靠性、精度等各方面的技战术指标进行评价。由于武器装备的特殊性,在质量和性能方面有着更加严格的要求,只有通过试验评估,才能推进到下个研制阶段,或定型投产或交付使用。

　　随着装备复杂程度的日益提高,装备性状在全寿命周期中的动态变化过程也日趋复杂,相应的试验评估手段也更加多样化。很多装备在设计、研制、生产、使用等阶段都会经历各种各样的试验,如原理验证试验、演示验证试验、研制性试验、鉴定性试验和抽样性试验等。研制过程中的试验及其评估关系到产品设计并能够影响系统的综合性能,其地位尤为重要。装备在研制过程中一般都会经历初样、试样、正样等不同的阶段,每次试验之后将进行性能评价和设计改进,因而其技术状态也更多更复杂。此外,研制过程中还要进行各部件、各分系统以及各种不同试验条件下的试验。与此同时,由于各种因素的制约,各阶段试验样本数量都比较小,尤其是全系统试验样本更少。在这些不同类型的试验信息下对产品性能指标进行评估和鉴定,需要融合不同阶段和不同来源的数据对装备性状的动态变化过程进行建模与分析。在装备试验评估领域,较为典型的就是多阶段可靠性增长试验评估、多批次和多信源条件下的技战术指标评估。在这些问题中,试验数据都存在明显的"多阶段小样本"特点。因此,必须在这类数据基础上,开展相应统计推断。推断结果的准确性,关系到装备接收和使用的风险。不严格地说,这属于"变动统计"的范畴。简而言之,"变动统计"就是关于"异母体"或"变母体"的统计推断。正是由于装备性能的提高,越来越多地需要融合多个试验阶段的数据、多种来源的数据进行装备技战术指标的评估,因此,在装备试验评估领域,贝叶斯方法和变动统计方法受到装备研发人员的普遍关注。本书将针对小样本多阶段的这一类常见的试验数据条件,详细讨论这两种方法的技术原理及应用。

　　贝叶斯方法和变动统计方法发端于 20 世纪 60 年代的装备试验分析领域,从某种意义上说,贝叶斯方法是变动统计方法的一个子集。但是,两者的目标存在一定的差异。在装备试验分析领域,贝叶斯方法主要针对的是小样本的问题,而变动统计方法最初旨在解决装备试验在小样本、异总体条件下的精度评定问题[1]。后来,变动统计的提法也出现在可靠性分析领域,用于描述产品研制阶段可靠性的阶跃性变化[2]。变动统计这一术语虽然提出时间较早,但仍然缺乏清晰明确的定义,其基本的理论框架仍有待完善。目前,"变动统计"这一术语尚未获得普遍认可,所针对的问题背景也未能厘清。人们更倾向于在特定的问题中,使用其他名称来描述某个具体问题;即使用到了"变动统计"的名称,人们也大多泛泛地将对产品性状变动过程(如一般的可靠性增长过程)的分析等归类为变动统计。此外,在解决变动统计相关问题的过程中,人们更习惯于在某个特定的问题范围内寻找解决方法,而忽视了其他领域中与之具有相似问题结构的其他方法。这些情况对于变动统计方法的发展是不利的,同时也制约了人们在解决实际问题时触类旁通的能力。从工程实践的角度来看,武器装备日趋先进,研制阶段技术状态的变化情况也更加复杂。同时,复杂机电产品的可靠性增长和维修过程也日趋复杂化,使得特定的具体问题呈现出多样性的趋势,这些新问题和新挑战催生了更多案例研究型的新成果,也亟需采用变动统计方法进行提炼和分析。

本书针对"多阶段小样本"的试验数据现状,阐述利用贝叶斯方法和变动统计理论进行装备试验评估的渠道。针对装备试验评估中的两类典型问题——多阶段可靠性增长试验评估和多阶段多来源数据条件下的装备命中精度和概率的评估与鉴定,讨论贝叶斯方法和变动统计理论的具体应用。针对多阶段可靠性增长过程,分别采用顺序约束法、增长因子法、线性模型法对延缓纠正和含延缓纠正两种模式下的可靠性增长过程进行评估。针对多批次和多信源条件下的武器战技指标评估问题,采用顺序约束方法、基于贝叶斯方法的多源信息融合方法对命中概率这一综合性能指标进行评估,并设计命中概率的贝叶斯鉴定方案。最后,以风修正航空子母炸弹和预警雷达这两类具体装备为例,阐述了技战术指标评估与鉴定方案的设计与实现过程。

1.2 可靠性增长问题的试验评估现状

任何产品在研制初期,其可靠性都不会立即达到所规定的指标,必须反复经过"试验-改进-再试验"的过程,其可靠性才能不断提高,直到满足要求。在这个过程中,产品的设计、制造工艺、操作方法等不断地暴露出缺陷,而经过分析和改进之后,产品不断趋于完善,其可靠性不断提高。这就是可靠性增长过程。

目前,可靠性增长工程已经成为可靠性工程的一个重要组成部分[3]。在产品的开发研制阶段,只有采用可靠性增长的各项技术,进行试验、分析、管理和各种工程改进,才能将各项可靠性工作联成一体。国内外大量事实证明,可靠性增长能够有效提高产品可靠性、缩短研制周期、减少试验次数和降低研制费用。据统计,20

世纪 90 年代,美军飞机可靠性增长的投资回报率在 240%~590% 之间[4]。国内对在研的多个型号产品开展可靠性增长工作之后,也深刻体会到"开展型号研制阶段的可靠性增长工作,是'一本万利'的事"[5]。某些型号的导弹在靶场测试中一次性顺利通过,飞行试验连续获得圆满成功,就充分说明了这一点。可见,可靠性增长技术的成功应用,可以取得良好的军事、经济和社会效益。

在可靠性增长过程中,产品通常会暴露出其设计或工艺等方面的缺陷,并需要采取有针对性的措施予以改进,因此,产品的各个质量可靠性指标并不是常数,而是一个不断变动的量。对于产品寿命的这一动态变动过程,单纯的概率分布(如指数分布、对数正态分布、Weibull 分布等)模型已经不能适应模型描述要求,必须使用随机过程,如非齐次 Poisson 过程等工具进行描述。作为可靠性增长管理的重要组成部分,要对产品在各个增长阶段的可靠性作出及时准确的评估,就不能采用不变总体假设,不能用常用的统计方法进行评估。对于贵重产品和试验代价很高的复杂系统,在每次试验中投入的样品很少,试验次数和试验时间非常有限,因此,在同一阶段,同一总体状态下的样本又呈现出小样本的特点,可靠性增长分析与评估工作同样不得不考虑小样本、变总体、多阶段的问题。

在生存分析与可靠性方面,质量可靠性的变动统计学被称为可靠性领域的三大研究方向之一[6]。可靠性增长试验的分析与评估是质量可靠性变动统计学的重要内容。狭义的可靠性增长是指在产品设计、研制与制造过程中,通过改进设计、消除缺陷,使产品可靠性不断提高的过程。广义的可靠性增长则将产品的使用阶段纳入考虑的范围,即定义为在全寿命周期中通过施行可靠性工作项目,使产品可靠性特征量逐步提高的过程。影响系统可靠性特征量变化的主要因素包括产品研制过程中的设计方案改进、制造过程中的缺陷消除、产品出厂前的筛选与老炼、使用过程中的磨合、操作维护人员技术水平的提高等[7]。因此,研制阶段的可靠性增长与使用阶段可修系统的可靠性增长(或降低)都可以归入可靠性增长的范畴。此外,产品使用阶段的维修性增长与可靠性增长具有相同的理论基础,也可以一并纳入考虑的范围。上述可靠性增长主要指机械、电子产品或复杂机电系统的可靠性增长。

1. 可靠性增长的传统模型及其改进

目前存在两种应用较为普遍的可靠性增长模型,分别为 Duane 提出的学习曲线模型和 Crow 基于非齐次泊松过程(Nonhomogenous Possion Process,NHPP)提出的 AMSAA 模型(也称 Weibull 过程模型或 PLP 模型),后者可以看作是前者的概率解释。NHPP 模型得到了广泛应用,一方面是由于其在数学上易于求解,另一方面是由于硬件系统一般具有渐进的失效率[8,9]。在此基础上,还陆续发展出离散 AMSAA 模型[10-12]、非齐几何模型[13]、指数可靠性增长模型[14]等。另外,早期的可靠性增长模型还包括 Gompertz 模型、Singpurwalla 的时间序列模型、Cox 的对数线性模型、Rosner 的 IBM 模型、Perkowski 的指数单项幂级数模型和 Lloyd 的指数增长模型等[3]。针对 Duane 模型受早期失效影响较大的缺点，Donovan 提出了一种新的模型，可以增加后期失效对模型的影响权重[15]。

在可靠性增长分析中，更新过程(Renewal Process,RP)模型和 NHPP 模型是两种常见的模型，前者基于修复如新的假设(HPP 即是 RP 的一种)，后者基于修复如旧的假设。Louit 比较了 RP、NHPP 及其他衍生模型(BPP、SRP)的区别，给出了模型选择方法[16]。实际工程应用中还存在大量介于二者之间的情况，甚至修复不如旧的情况。为了描述纠正的有效性[17]，人们提出了各种方法，如设置概率值 p 作为维修如新的概率，$1-p$ 为维修如旧的概率[18]，或者将设备的实际年龄乘上一个系数计算虚拟年龄[19-22]，以此作为纠正有效性的度量，或者通过增长因子的方式直接作用在系统失效强度函数上[23,24]。Sarhan 研究了串并联系统改进因子的估计方法[25]。对于不同的系统对象，改进因子的确定方法也存在差异[26,27]。Crow 根据 A、B 两类故障的发生时间数据估计纠正动作的效果，并以此实现对可靠性增长水平的预测[28]。对于某些复杂系统的可靠性增长过程，研究者提出了各类新的随机过程模型，如 MPLP[29,30]、PL－WR、LL－WR[31]、具有有限失效强度的可靠性增长模型[32,33]等。此外，诸如灰色系统[34]、模糊逻辑[35]等方法也被应用到可靠性增长分析中。

2. 产品性状变动过程建模

可靠性增长本身体现了产品可靠性在设计、研制、生产、使用过程中所发生的变化。产品可靠性的变动最终将影响产品的综合性能，因此需要对产品可靠性的变化情况进行估计和预测。Jiang 讨论了产品生产过程中由于组装错误或部件失配所导致的产品质量变动对系统可靠性的影响[36]。Surucu 提出用基于三参数 Weibull 分布的控制图方法来监控产品生产过程中的可靠性变动情况[37]。在结构可靠性领域中，应力－强度模型是描述产品性能变动的主要模型，如 Chiquet 采用随机过程来描述产品工作过程中的应力、强度变化过程，并用于系统性能退化的评估[38]。产品在贮存过程中的性能退化过程建模也是研究的热点。Hsieh 基于周期离散测量值，提出了非齐次复合 Poisson 模型来描述设备可靠性退化过程[39]。此外，近年来多态系统的分析也逐渐引起人们的关注，多态假设下系统的性状变动过程更为复杂[40]。

在生存分析领域中，线性模型是描述产品变动过程的重要工具。在可靠性增长中，Duane 模型本身就是以对数试验时间为自变量的线性模型。目前，针对 NHPP 模型也逐步建立起相应的线性模型。Cox 的比例危险率模型得到了广泛的关注和应用[41,42]。Lawless 仿照比例危险率模型提出了比例强度 Poisson 过程模型[43]。在计数过程中，线性回归分析方法也是一种常见的方法[44,45]。Tan 针对多台可修系统提出了 PLP－GLMM 模型[46]，用于描述不同系统 PLP 模型间的差异。

Kelly 采用多层模型描述样本间的变动情况并采用蒙特卡洛马尔可夫链(Monte Carlo Markov Chain, MCMC)方法计算贝叶斯后验分布[9]。

3. 多阶段试验情况的处理

在可靠性增长模型中,多阶段的可靠性增长模型一直是研究的热点,如对数线性模型[47,48]、离散 AMSAA 模型、分段指数模型[49,50]等。对于机械、电子产品或复杂机电系统的可靠性增长,某些传统的连续增长模型(如 Duane、AMSAA 等)可能会失效。针对存在多个试验阶段,且阶段间存在改进措施使可靠性呈现阶段式增长的情况,Barlow 提出了顺序约束模型[51]。顺序约束模型是较早发展起来并获得广泛认可和应用的变动统计方法。许多学者从贝叶斯观点出发研究了该模型,给出了大量统计分析结果。至今,顺序约束模型已经应用于二项分布可靠性增长、三项分布可靠性增长、指数可靠性增长[52]、Weibull 可靠性增长、维修性增长[53]、产品精度水平增长等领域。作为顺序约束模型的进一步发展或者另一种表述形式,Mazzuchi 引入了 Dirichlet 分布作为多阶段参数的联合先验分布[54]。在多阶段分析过程中,系统可靠性的变点估计问题也是一个重要问题[55]。

4. 小样本试验数据分析

当试验数据较多时,可以采用各种参数方法或非参数的方法,从数据出发获得系统失效率的估计。Kuhl 采用基于小波的非参数估计方法获得 NHPP 过程的失效强度函数估计[56]。Leemis 对 NHPP 过程的变量产生与非参数估计方法进行了分析[57,58]。此外,还可以使用混合分布拟合[59,60]、样条函数拟合[61]等估计方法。然而,由于可靠性增长本身的原因,评估过程中所能利用的试验数据非常有限。事实上,"小样本"始终是可靠性增长过程中普遍存在的现象。Louit 论述了小样本问题产生的原因以及一般的解决方法[16],指出可靠性数据分析中的一个主要问题就是缺乏足够的数据用于统计分析,在小样本条件下,所有的统计方法都有局限性。经验表明,失效数据集一般仅包括 10 个或更少的观测值,亟需发展新的方法以解决小样本问题;并且,小样本问题是不会消失的,因为维修的目的即在于减少失效事件的发生,随着维修改进的执行,失效数将逐渐减少。因此需要一种模型能够融合数据之外的先验信息:以往系统的估计、相似产品的真实试验数据、专家判断等。Pulido 分析了由专家经验获得贝叶斯先验分布的方法[62]。Walls 给出了利用多个专家的判断来建立可靠性增长先验分布的方法[63]。Guida 利用历史数据和领域知识获得了产品可靠性的估计[64]。Zonnenshain 给出了由调查问卷结果向 Beta 先验分布转化的具体方法[65]。Kasouf 针对导弹系统贮存时间较长、操作时间有限、失效反馈较少的特点,提出了集成的可靠性增长分析方法,使用各种可用的可靠性与质量工具来实现可靠性增长,包括可靠性预计与分配、环境测试、可靠性增长测试、部件筛选、严格的失效汇报与故障纠正系统等[66]。Robinson 针对大型复杂系统的特点,提出了融合多个子系统信息的系统级可靠性增长分析方法[67]。Willits 对极小样本情况下(观测值少于10个)串联系统可靠性估计中的贝叶斯方法与传统方法进行了比较,并分析了先验分布对贝叶斯估计性能的影响[68]。贝叶斯方法需要准确的先验分布,可以通过专家判断直接获得参数的大致分布区间[60],也可以将专家信息转化为合适的参数先验分布[8],此外还需要分析系统先验分布的稳健性[69]。

5. 软件可靠性增长的借鉴意义

上述可靠性增长一般是指硬件系统(如机电系统等各类技术系统)的可靠性增长。除此之外,在可靠性增长理论研究中,讨论较多的还有一种软件可靠性增长模型。由于软件与机电产品本质的差别以及除错过程的不同,软件可靠性增长逐步发展出了一套相对独立的理论方法。与此同时,二者所共有的变动统计性质以及相似的理论基础,逐渐被人们所揭示。例如,Kuo 将软件可靠性增长和机电系统可靠性增长的几种典型模型归结为两类 NHPP 模型,即基于顺序统计量的 I 类 NHPP 模型和基于记录值统计量的 II 类 NHPP 模型,并进行了贝叶斯分析[70];同时二者之间还呈现出相互借鉴、相互促进的趋势。Quigley 分析了软件可靠性的 OS 模型和硬件可靠性的 NHPP 模型之间的区别,并指出在一定条件下,两种模型可以相互转化[8]。Ferdous 研究了 Weibull 失效间隔假设下的软件可靠性估计[71]。Wang 采用综合时间域与空间域的滑动平均 NHPP(MA – NHPP)模型来解决软件部件升级所带来的系统可靠性重新估计的问题[72]。Tian 使用神经网络对软件累计失效时间进行预测[73]。因此,关注软件可靠性增长的研究现状和理论发展对于研究机电产品的可靠性增长具有重要的借鉴意义。

6. 国内可靠性增长研究现状

国内可靠性增长领域的研究工作主要体现在对国外先进方法的吸收、应用、改进和再创新等方面。20 世纪 80 年代初,国内引入了 Duane 模型、AMSAA 模型等。周源泉在 AMSAA 模型基础上提出了 AMSAA – BISE 模型[74-76],适用于多台设备同时纠正、同时截尾的可靠性增长问题,分别于 1992 年和 1997 年出版了两本可靠性增长理论专著[3,7],对可靠性增长的相关问题进行了系统的归纳和深入的研究。围绕 AMSAA 模型的讨论也层出不穷,如多台系统 Weibull 过程的贝叶斯统计推断[77,78]、多个 Weibull 过程参数的比较[79,80]、分组数据的分析方法[81]等。由于航空、航天领域中高可靠性产品的大量出现,小样本问题得到了国内研究者较多的关注。无失效数据是典型的小样本情况,大多使用贝叶斯或多层贝叶斯方法来处理[82-84]。此外,小样本数据分析还包括污染数据[85]、缺失数据[86]、屏蔽数据[87]等。针对以上问题,一些研究人员讨论了可靠性增长中的信息融合方法[88-90]。

在复杂的可靠性增长过程中,产品性状随试验阶段、试验环境的变化而呈现"异总体"特征,对产品性状的变动过程进行恰当的建模始终是研究的重点和难点。在多阶段可靠性增长试验分析领域,顺序约束模型一直是国内研究和应用的热点。如文献[91,92]针对二项分布可靠性增长过程推导了序化约束条件下的极大似然估计。文献[3]用贝叶斯方法获得了序化关系下的二项可靠性增长、指数可靠性增长、正态分布精度可靠性增长的分析结果。作为序化关系的另一种实现方式,基于Dirichlet先验的贝叶斯分析方法也获得了广泛应用[54],如固体火箭发动机可靠性增长[93]、武器装备研制阶段试验评估[94]等。针对变环境的情况,文献[95-97]提出了变环境变母体数据的可靠性综合评估模型,其主要思想是建立不同环境下数据间的折合系数。此外,文献[98,99]将可靠性增长领域中的变动统计问题归结为"分布参数可变"或"动态分布参数"情况下的多总体建模问题,并侧重使用线性模型[100]和多层贝叶斯方法进行分析[101]。与可靠性增长类似,在加速寿命试验评估、退化失效建模[90]、可修系统贮存可靠性评估[102]中存在不同母体间的折合问题,相关的研究成果具有重要的借鉴意义。

纵观近几年的国内外研究动态,可靠性增长过程、复杂维修过程始终是研究的热点。围绕典型实例的动态变化过程开展变动统计研究,仍然是当前的主要模式,具有案例研究的特征,这对于促进可靠性理论本身的发展具有重要意义。未来的研究方向大致可以归为两类:一是针对特定实例的动态过程设计新的随机过程模型,并据此开展模型的参数估计、拟合优度检验、预测能力分析、实用效果比较等;二是可以围绕现有模型展开模型的进一步深化、改进和实用化分析,如顺序约束模型、线性模型,或者其他约束关系模型(如等式约束、产生式约束等)。

1.3 命中概率和精度的试验评估和鉴定现状

武器装备试验分析与评估是指人们利用武器装备在试验中的各种信息(包括地面试验、仿真试验、飞行试验等信息),运用统计分析方法对系统和分系统的战术技术参数进行分析和推断[103]。一般而言,武器装备试验的类型是多样的,如系统对接试验、电磁环境效应试验、撞击与毁伤试验等,但其中最主要的考察内容是武器系统对目标的攻击精度。

近些年来,武器性能评估呈现出新的特点。一方面,由于各类新式制导方法的应用,武器装备打击机动目标的能力获得了极大的提高,传统的准确度、密集度(方差)指标难以反映系统的综合性能,武器性能集中体现在对机动目标的命中概率这一指标上,而围绕新指标的计算方法尚未完全建立起来;另一方面,由于武器装备的复杂性、先进性、昂贵性、保密性等原因,其全系统试验次数非常有限,同时,各次试验之间还存在着试验条件的不同和技术状态的改进,相应的武器性能评估过程是一种典型的变动统计过程,而相关研究还相当欠缺。

1. 序贯方法与贝叶斯方法的应用

在早期的武器装备试验评定过程中,一般采用基于经典频率派统计理论进行主要参数的点估计、区间估计和假设检验。这些方法完全基于试验数据进行分析，具有严格的结果评价标准，对于轻武器、火炮等试验耗费较低的装备而言，由于样本容量限制较小，目前仍是试验评估的主要方法。对于导弹、飞行器等航空、航天产品，由于试验成本昂贵、样本容量有限，需要采用"打打看看、看看打打"的试验方案，此时不能无限制地指定样本容量，而应在一定鉴别比下尽量减少试验次数。为此，Wald 提出了序贯概率比检验（Sequential Probabilistic Ratio Test，SPRT）方法，其核心是试验停时的确定，可以避免不必要的试验消耗。此外，序贯方法的平均试验数比古典的检验方法要小，特别是截尾 SPRT 方法易于组织实施[103]。但是上述方法均基于经典统计理论，以频率稳定性为出发点，仍然不能有效地解决现场试验样本数较少的问题。要将试验鉴定中的两类错误水平降到满意的程度，必须具有大量的数据，这对于耗费巨大的武器装备试验而言是不现实的。

为了充分利用现场试验数据之外的其他信息进行试验评估，自 20 世纪 60 年代以来，国内外普遍重视贝叶斯方法的应用。贝叶斯方法通过先验分布来描述各类先验信息，并通过贝叶斯公式将其与现场信息进行融合，可以大大减少现场试验的样本量。贝叶斯方法最初由英国学者贝叶斯提出，他从条件概率公式的内部对称性中发现了计算所谓"逆概率"（由"后事件"计算"前事件"的发生概率）的贝叶斯公式，但在很长一段时间里并不为人所重视。20 世纪早期，统计学家们仍然避免使用"逆概率"，但从 20 世纪 60 年代开始，贝叶斯方法逐渐成为人们解决统计问题的有力工具，贝叶斯方法也越来越受到人们的重视，而到了 20 世纪末，在 Annals of Statistics 等统计学刊物中甚至超过半数的文章都在使用贝叶斯方法[104]。在装备试验评估领域，美国于 20 世纪 80 年代明确提出破坏性试验必须采用序贯分析方法或贝叶斯方法进行分析。美国已经运用贝叶斯方法开展了多个型号武器的精度指标评估，极大地减少了全系统试验的次数。我国于 20 世纪 60 年代组建的试验学专家组曾尝试使用贝叶斯方法来分析飞行器试验结果，但限于技术条件，在贝叶斯先验信息获取和转换方法上还存在不少有待解决的问题，因此没有开展大规模的应用[103]。但在后续的研究过程中，贝叶斯方法得到了普遍认可和推广。20 世纪 80 年代以来，贝叶斯方法已经应用于多个国防尖端武器的性能评估与鉴定，相继制定了针对不同型号装备、不同类型试验的多个国家军用标准。特别是 20 世纪 90 年代以来，这些方法获得了国内众多工程技术人员的普遍重视和广泛接受，其应用范围也逐渐扩大，成为对研制阶段产品进行性能评估和鉴定的典型方法，至今已成为试验评估工作的重要理论依据。

2. 仿真信息的利用及仿真可信性

随着试验技术的发展，仿真平台的出现和仿真信息的大规模运用成为武器装备试验评估中的一个显著特点。仿真一般分为数字仿真和半实物仿真。数字仿真是指在计算机平台上采用数学模型模拟真实系统的输出响应。半实物仿真是指在闭环仿真回路中,尽可能加入系统部件实物,并将其与数学模型组合成一体进行仿真,比全数字仿真更加真实有效。在数字仿真平台或半实物仿真平台上实现的武器装备试验过程称为"模拟打靶",它可以对靶场环境下的飞行试验样本容量进行有效的补充。在利用仿真信息之前,必须对仿真可信性进行分析。仿真可信性主要体现在三个方面,分别为建模与仿真(Modeling and Simulation,M&S)过程的正确性、仿真结果反映实际系统的有效性、有关人员对 M&S 过程与仿真结果的信心[105]。仿真可信性可以通过贯穿仿真全过程的校核、验证与确认(Verification, Validation and Accreditation,VV&A)来保证。对于武器试验评估而言,仿真试验的意义即在于为飞行试验提供有力补充,完成飞行试验无法完成的不同场合、环境条件下的作战演示和数据输出。此时,仿真数据的可信度成为融合仿真数据和飞行试验数据的重要参考。仿真可信度可以定义为仿真系统作为原型系统的相似替代系统在特定的建模与仿真的目的和意义下,在总体结构和行为水平上能够复现原型系统的可信性程度,可以通过层次分析法、模糊综合评判法、相似度方法、静态一致性检验、动态一致性检验法等来确定[106,107]。仿真数据与飞行数据的融合,一般采用贝叶斯方法实现,如基于仿真可信度构造贝叶斯混合先验分布的融合权重[108]、基于仿真可信度对仿真容量加以限制[109]等。

3. 新型战斗部与复杂目标特性条件下的性能指标评估

传统的精度指标一般包括准确度、密集度、概率偏差、圆概率偏差(Circular Error Probability,CEP)、球概率偏差(Spherical Error Probability,SEP)等。随着攻防技术的进步,更多的武器装备出现了子母弹战斗部。子母弹以均匀散布子弹覆盖目标来补偿瞄准误差和射击精度的不足,提高有效杀伤范围;从战术技术要求分析,散布大量的子弹,其威慑力和作用效能比同级单枚或小批量连续投弹要高出数倍[110]。子母弹的安装方式、抛撒技术等对武器的毁伤性能具有重要影响。此时,命中概率成为评价子母弹精度的综合指标。关于命中概率指标的评定方法,早期文献大多集中在命中几类典型形状目标的概率[111]、发射发数对命中概率的影响[112]、命中概率的一致最小方差无偏估计(Uniformly Minimum-Variance Unbiased Estimator,UMVUE)[113]、命中概率的假设检验[114,115]等方面,一般都是针对固定目标展开。近些年来,对于目标机动情况下的命中概率评估,人们更倾向于采用仿真或统计模拟方法[116,117],通过子弹抛撒过程的仿真结果获得命中概率的统计值。由于子母弹的情况较为复杂,需要考虑各种因素对子母弹命中概率的影响[116]。对于机动目标,还需要考虑目标旋转情况下的计算方法。

4. 多批次异总体试验数据的处理

对于高性能武器装备而言,一般会在每次试验或批次试验之后,根据性能参数的估计进行改进,再进行下一次的试验或批次试验。因此,在各次靶场试验之间,武器系统的性能参数是变化的,每次试验后所获得的样本不属于同一总体,即使分布形式已知，分布参数也常常是变动的。但是，在目前的武器装备试验评估中，多数情况下，人们仍然采用同总体假设进行统计分析。不可否认的是，传统的序贯分析方法（包括序贯概率比检验和序贯验后加权检验方法）、Bootstrap方法、贝叶斯方法在解决小样本、多批次试验数据分析过程中发挥了巨大作用[101,108,118]。但是，"同总体"假设所暴露出来的问题值得关注。在处理多批次数据时，序贯分析方法可以适用于"打打看看、看看打打"的情况，但要求各批次试验来自同一总体，即各批次之间在技术状态上没有本质的改变。这对于定型试验是可行的，但对于研制过程中存在技术改进的多批次试验是不适用的。贝叶斯方法也常用于小样本试验评估中，但贝叶斯相继律要求先验数据和现场数据是同一总体，也即二者是完全相容的，这也无法直接用于存在技术改进的多批次试验。一般而言，在采用贝叶斯方法解决小样本问题时，首先需要对先验信息与现场数据进行相容性检验。如果通过相容性检验，表明两类数据是同总体的，可以直接应用贝叶斯方法；如果没有通过相容性检验，一般通过加权等方法设计先验分布，但这种加权融合方法尚没有获得普遍的认可，实践中也存在值得探讨的问题。其中较为典型的应用就是仿真信息与试验信息的融合，一般采用加权混合先验分布[108,119,120]，但其中权值的确定、无信息先验分布常数的确定尚不存在得到普遍认可的方法。对于多批次试验，需要建立更加严格的参数分布假设，寻找多批次试验中参数之间的变化关系。

1.4　雷达最大探测距离的试验评估和鉴定现状

最大探测距离是雷达探测性能的最基本指标，指的是在指定的发现概率下，雷达能够探测到目标的最大距离。对于预警雷达，需要通过设计检飞试验对最大探测距离进行评估与鉴定。常用的方式为在距离取样间隔 ΔR 下进行取样，得到对应间隔下的发现概率，从中拟合出"发现概率—探测距离"曲线，从曲线中查出发现概率 P_0 对应的探测距离 R_0 即为最大探测距离 R_{max}，通常取 $P_0=0.5$。当前，雷达最大探测距离的评估与鉴定是在 GJB 74A—1998 的指导下开展的[121]。GJB 74A—1998 中的试验设计方法源自于经典统计理论，不考虑先验信息的使用，因此，所需要的检飞架次样本量较大。例如，如果定义发现概率为 0.5 时的探测距离为最大探测距离，在 90% 的置信水平下，要求发现概率置信区间的长度不超过 0.2，则 ΔR 内的观测次数（即观测样本量）应该为 80 次左右。而雷达在定型试飞之前，往往会开展大量的科研试飞试验，将这些科研试飞数据作为先验信息，融入到评估与鉴定方案的设计中，有助于在保持评估结果可信度的前提下，降低检飞架次需求。

参 考 文 献

[1] 张金槐,蔡洪. Bayes 小子样理论的应用研究——回顾与展望[J]. 飞行器测控技术,1998,17(1):1-4.
[2] 何国伟. 评估电子产品平均寿命的一种变动统计方法[J]. 电子学报,1981,16(9):70-74.
[3] 周源泉,翁朝曦. 可靠性增长[M]. 北京:科学出版社,1992.
[4] 王之任. 近代大型液体火箭发动机的特点[J]. 推进技术,1991,22(4):29-35.
[5] 庞敏,廖崇尧,朱克杰. 当前可靠性增长试验存在问题及建议[J]. 质量与可靠性,2004,19(1):23-25.
[6] 周源泉. 可靠性工程的若干方向[J]. 强度与环境,2005,32(3):33-38.
[7] 周源泉. 质量可靠性增长与评定方法[M]. 北京:北京航空航天大学出版社,1997.
[8] Quigley J, Walls L. Confidence intervals for reliability-growth models with small sample-size[J]. IEEE Transactions on Reliability,2003,52(2):257-262.
[9] Kelly D L, Smith C L. Bayesian inference in probabilistic risk assessment—The current state of the art[J]. Reliability Engineering and System Safety,2008,94:628-643.
[10] Crow L H. AMSAA discrete reliability growth model[R]. AMSAA Methodology Office Note,1983,1-83.
[11] Fries A. Discrete reliability-growth models based on a learning-curve property[J]. IEEE Transactions on Reliability,1993,42(2):303-306.
[12] Fries A, Sen A. A survey of discrete reliability-growth models[J]. IEEE Transactions on Reliability,1996,45(4):582-604.
[13] Sen A. Estimation in a discrete reliability growth model under an inverse sampling scheme[J]. Ann. Inst. Statist. Math.,1997,49(2):211-229.
[14] Sen A. Estimation of current reliability in a Duane-based reliability growth model[J]. Technometrics,1998,40(4):334-344.
[15] Donovan J, Murphy E. A new reliability growth model: its mathematical comparison to the Duane model[J]. Microelectronics Reliability,2000,40(3):533-539.
[16] Louit D M, Pascual R, Jardine A K S. A practical procedure for the selection of time to failure models based on the assessment of trends in maintenance data[J]. Reliability Engineering and System Safety,2009,94(10):1618-1628.
[17] Gibson G J, Crow L H. Reliability fix effectiveness factor estimation[C]. Proceedings Annual Reliability and Maintainability Symposium,1989,171-176.
[18] Brown M, Proschan F. Imperfect repair[J]. Applied Probability,1983,20(4):851-859.
[19] Kijima M. Some results for repairable systems with general repair[J]. Journal of Applied Probability,1989,26(1):89-102.
[20] Guo R, Love C E. Statistical analysis of an age model for imperfectly repaired systems[J]. Quality and Reliability Engineering International,1992,8(2):133-178.
[21] Krivtsov V V. A Monte Carlo approach to modeling and estimation of the generalized renewal process in repairable system reliability analysis[D]. Ph. D dissertation,University of Maryland,USA,2000.
[22] Finkelstein M. Virtual age of non-repairable objects[J]. Reliability Engineering and System Safety,2009,94(2):666-669.
[23] Calabria R, Guida M, Pulcini G. A reliability-growth model in a Bayes-decision framework[J]. IEEE Trans-

actions on Reliability,1996,45(3):505-510.

[24] 宫二玲,谢红卫,李鹏波,等. 指数寿命可靠性增长评估中增长因子的确定方法[J]. 国防科学技术大学学报,2008,30(6):53-56.

[25] Sarhan A. M. Reliability equivalence factors of a general series-parallel system[J]. Reliability Engineering and System Safety,2009,94(2):229-236.

[26] Hall J B,Mosleh A. A reliability growth projection model for one-shot systems[J]. IEEE Transactions on Reliability,2008,57(1):174-181.

[27] Chiu K C,Huang Y S,Lee T Z. A study of software reliability growth from the perspective of learning effects [J]. Reliability Engineering and System Safety,2008,93(10):1410-1421.

[28] Crow L H. An extended reliability growth model for managing and assessing corrective actions[C]. Reliability & Maintainability,Symposium-RAMS,2004,73-80.

[29] Calabria R,Pulcini G. Bayes inference for the modulated power law process[J]. Communication in Statistics—Theory and Methods,2007,26(26):2421-2438.

[30] Lakey M J,Rigdon S E. The modulated power law process[C]. Proceedings of the 45th Annual Quality Congress,1992,559-563.

[31] Calabria R, Pulcini G. Inference and test in modeling the failure repair process of repairable mechanical equipments[J]. Reliability Engineering and System Safety,2000,67(1):41-53.

[32] Attardi L,Pulcini G. A new model for repairable systems with bounded failure intensity[J]. IEEE Transactions on Reliability,2005,54(4):572-582.

[33] Guida M,Pulcini G. Bayesian analysis of repairable systems showing a bounded failure intensity[J]. Reliability Engineering and System Safety,2006,91(7):828-838.

[34] Guo R. Modeling imperfectly repaired system data via grey different equations with unequal-gapped times[J]. Reliability Engineering and System Safety,2007,92(3):378-391.

[35] Yadav O P,Singh N,Chinnam R B,et al. A fuzzy logic based approach to reliability improvement estimation during product development[J]. Reliability Engineering and System Safety,2003,80(1):63-74.

[36] Jiang R,Murthy D N P. Impact of quality variations on product reliability[J]. Reliability Engineering and System Safety,2009,94(2):490-496.

[37] Surucu B,Sazak H S. Monitoring reliability for a three-parameter Weibull distribution[J]. Reliability Engineering and System Safety,2009,94(2):503-508.

[38] Chiquet J,Eid M,Limnios N. Modelling and estimating the reliability of stochastic dynamical systems with Markovian switching[J]. Reliability Engineering and System Safety,2008,93(12):1801-1808.

[39] Hsieh M H,Jeng S L,Shen P S. Assessing device reliability based on scheduled discrete degradation measurements[J]. Probabilistic Engineering Mechanics,2009,24(2):151-158.

[40] Zio E. Reliability engineering: Old problems and new challenges[J]. Reliability Engineering and System Safety,2009,94(2):125-141.

[41] Oakes D. Survival Analysis[J]. Journal of American Statistical Association,2000,95(449):282-285.

[42] Dellaportas P,Smith A F M. Bayesian inference for generalized linear and proportional hazards models via Gibbs sampling[J]. Applied Statistics,1993,42(3):443-459.

[43] Lawless J F. Regression methods for Poisson process data[J]. Journal of American Statistical Association,1987,82(399):808-815.

[44] Winkelmann R,Zimmermann K F. Recent developments in count data modelling—theory and application[J].

Journal of Economic Surveys,1995,9(1):1-24.

[45] Cameron A C,Trivedi P K. Regression analysis of count data[M]. Cambridge: Cambridge University Press,1998.

[46] Tan F,Jiang Z,Bae S J. Generalized linear mixed models for reliability analysis of multi-copy repairable systems[J]. IEEE Transactions on Reliability,2007,56(1):106-114.

[47] Cox D R,Lewis P A W. The statistical analysis of series of events[M]. London: Chapman and Hall,1966.

[48] Vallarino C R,Jose S. Fitting the log-linear rate to Poisson processes[C]. Proceedings Annual Reliability and Maintainability Symposium,1989,257-261.

[49] Hamada M S,Wilson A G,reese C S,et al. Bayesian reliability[M]. New York:Springer Press,2008.

[50] Cozzolino J M. Conjugate distributions for incomplete observations[J]. Journal of American Statistical Association,1974,69(345):264-266.

[51] Barlow R E,Scheuer E M. Reliability growth during a development testing program[J]. Technometrics,1966,8(1):53-60.

[52] 周源泉,郭建英. 故障分类时顺序约束指数可靠性增长的Bayes精确限[J]. 仪器仪表学报,1999,20(6):626-629.

[53] 周源泉. 维修性增长的Bayes方法[J]. 质量与可靠性,2005,20(3):19-23.

[54] Mazzuchi T A,Soyer R. A Bayes method for assessing product reliability during development testing[J]. IEEE Transactions on Reliability,1993,42(3):503-510.

[55] Loader C R. A log-linear model for a Poisson process change point[J]. The Annals of Statistics,1992,20(3):1391-1411.

[56] Kuhl M E,Bhairgond P S. Nonparametric estimation of nonhomogeneous Poisson processes using wavelets[C]. Proceedings of the 2000 Winter Simulation Conference,2000,562-571.

[57] Leemis L M. Nonparametric estimation of the cumulative intensity function for a nonhomogeneous Poisson process[J]. Management Science,1991,37(7):886-900.

[58] Leemis L M. Nonparametric estimation and variate generation for a nonhomogeneous Poisson process from event count data[J]. IIE Transactions,2004,36(12):1155-1160.

[59] Smith A F M,Makov U E. A quasi-Bayes sequential procedure for mixtures[J]. Journal of Royal Statistical Society. Series B(Methodological),1978,40(1):106-112.

[60] Touw A E. Bayesian estimation of mixed Weibull distribution[J]. Reliability Engineering and System Safety,2009,94(2):463-473.

[61] Rosenberg P S. Hazard function estimation using B-splings[J]. Biometrics,1995,51(3):874-887.

[62] Pulido H G,Torres V A,Christen J A. A practical method for obtaining prior distributions in reliability[J]. IEEE Transactions on Reliability,2005,54(2):262-269.

[63] Walls L,Quigley J. Building prior distributions to support Bayesian reliability growth modelling using expert judgment[J]. Reliability Engineering and System Safety,2001,74(2):117-128.

[64] Guida M,Pulcini G. Automotive reliability inference based on past data and technical knowledge[J]. Reliability Engineering and System Safety,2002,76(2):129-137.

[65] Zonnenshain A,Haim M. Assessment of reliability prior distribution[C]. Proceedings Annual Reliability and Maintainability Symposium,1984,44-47.

[66] Kasouf G,Weiss D. An integrated missile reliability growth program[C]. Proceedings Annual Reliability and Maintainability Symposium,1984,465-470.

[67] Robinson D, Dietrich D. A system-level reliability-growth model[C]. Proceedings Annual Reliability and Maintainability Symposium,1988,243-247.

[68] Willits C J, Dietz D C, Moore A H. Series-system reliability-estimation using very small binomial samples[J]. IEEE Transactions on Reliability,1997,46(2):296-302.

[69] Hill S D, Spall J C. Sensitivity of a Bayesian analysis to the prior distribution[J]. IEEE Transactions on Reliability,1994,24(2):216-221.

[70] Kuo L, Yang T Y. Bayesian computation for nonhomogeneous Poisson processes in software reliability[J]. Journal of American Statistical Association,1996,91(434):763-773.

[71] Ferdous J, Uddin M B, Pandey M. Reliability estimation with Weibull inter failure times[J]. Reliability Engineering and System Safety,1995,50(3):285-296.

[72] Wang W L, Hemminger T L, Tang M H. A moving average non-homogeneous Poisson process reliability growth model to account for software with repair and system structures[J]. IEEE Transactions on Reliability,2007,56(3):411-421.

[73] Tian L, Noore A. Evolutionary neural network modeling for software cumulative failure time prediction[J]. Reliability Engineering and System Safety,2005,87(1):45-51.

[74] Zhou Y Q, Weng Z X. AMSAA-BISE model[C]. 3rd Japan-China Symposium on Statistics,1989,179-182.

[75] Zhou Y Q, Weng Z X. The AMSAA-BISE model with gap intervals[J]. Journal of Systems Engineering and Electronics,1990,1(1):77-83.

[76] Zhou Y Q. Reliability growth for multi-system simultaneous development[J]. Applied Mathematics and Mechanics,1986,7(9):887-894.

[77] 田国梁. 多台系统 Weibull 过程的 Bayes 统计推断方法[J]. 强度与环境,1993,21(1):1-8.

[78] 周源泉,郭建英. 可靠性增长幂律模型的 Bayes 推断及在发动机上的应用[J]. 推进技术,2000,21(1):49-53.

[79] 史全林,周源泉. 多台系统幂律过程参数的比较[J]. 质量与可靠性,2000,15(1):31-34.

[80] 田国梁. 多台系统 Weibull 过程形状参数的假设检验[J]. 强度与环境,1989,17(2):41-46.

[81] 田国梁. AMSAA 模型分组数据的分析方法[J]. 强度与环境,1990,18(3):1-8.

[82] 张志华,姜礼平. 正态分布场合下无失效数据的统计分析[J]. 工程数学学报,2005,22(4):741-744.

[83] 韩明. 无失效数据的 Bayes 和多层 Bayes 估计[J]. 数学季刊,2001,16(1):65-70.

[84] 韩明. 基于无失效数据的可靠度的估计[J]. 纯粹数学与应用数学,2002,18(2):165-169.

[85] 程皖民. 基于小子样复杂信息集的可靠性评估方法及其应用研究[D]. 长沙:国防科学技术大学,2006.

[86] 程皖民,冯静,周经伦,等. 长寿命产品在小子样缺失数据下的 Bayes 可靠性增长分析[J]. 模糊系统与数学,2006,20(6):149-153.

[87] 张士峰,邓爱民. 含有屏蔽寿命数据的贝叶斯可靠性分析[J]. 战术导弹技术,2001,22(3):34-39.

[88] 张士峰,蔡洪. 小子样条件下可靠性试验信息的融合方法[J]. 国防科学技术大学学报,2004,26(6):25-29.

[89] 刘松林,师义民,柴建. 基于 Kullback 信息融合方法的串联系统可靠性评估[J]. 纯粹数学与应用数学,2006,22(4):454-458.

[90] 冯静. 小子样复杂系统信息融合方法与应用研究[D]. 长沙:国防科学技术大学,2004.

[91] 田国梁. 二项分布的可靠性增长预测模型[J]. 强度与环境,1991,19(4):17-25.

[92] 田国梁. 二项分布的可靠性增长模型[J]. 宇航学报,1992,13(1):55-61.

[93] 刘飞. 固体火箭发动机可靠性增长试验理论及应用研究[D]. 长沙:国防科学技术大学,2006.
[94] 明志茂,张云安,陶俊勇,等. 基于新 Dirichlet 先验分布的超参数确定方法研究[J]. 宇航学报,2008, 29(6):2062 – 2067.
[95] 赵宇,黄敏. 变母体变环境数据的可靠性综合评估模型[J]. 北京航空航天大学学报,2002,28(5): 597 – 600.
[96] 杜振华. 研制阶段产品可靠性综合评估技术研究[D]. 北京:北京航空航天大学,2003.
[97] 赵宇. 基于变母体变环境数据的飞行器可靠性评估的模型和方法[D]. 北京:北京航空航天大学,2004.
[98] 张金槐. Bayes 可靠性增长分析中验前分布的不同确定方法及其剖析[J]. 质量与可靠性,2004,19(4):10 – 13.
[99] 张金槐. 多层验前信息下多维动态参数的 Bayes 试验分析[J]. 飞行器测控学报,2005,24(1):51 – 54.
[100] 张金槐. 指数寿命型可靠性增长试验的 Bayes 分析[J]. 飞行器测控学报,2003,22(2):49 – 53.
[101] 吴祺,闫志强,谢红卫. 复杂系统可靠性增长的动态建模方法[J]. 计算机仿真,2007,24(11):312 – 315.
[102] 闫霞. 可修系统贮存可靠性的统计评定[D]. 北京:中科院数学与系统科学研究所,2003.
[103] 张金槐,唐雪梅. Bayes 方法[M]. 长沙:国防科学技术大学出版社,1993.
[104] Salsburg D. 女士品茶:20 世纪统计怎样变革了科学[M]. 邱东,等,译. 中国统计出版社,2004.
[105] 唐见兵. 作战仿真系统可信性研究[D]. 长沙:国防科学技术大学,2009.
[106] 张淑丽,叶满昌. 导弹武器系统仿真可信度评估方法[J]. 计算机仿真,2006,23(5):48 – 52.
[107] 李鹏波. 仿真可信性及其在导弹系统一体化研究中的应用[D]. 长沙:国防科学技术大学,1999.
[108] Li Q,Wang H,Liu J. Small sample Bayesian analyses in assessment of weapon performance[J]. Journal of Systems Engineering and Electronics,2007,18(3):545 – 550.
[109] 张士峰,蔡洪. Bayes 分析中的多源信息融合问题[J]. 系统仿真学报,2000,12(1):54 – 57.
[110] 张本,陆军. 子母弹抛撒技术综述[J]. 四川兵工学报,2006,27(3):26 – 29.
[111] 程云门. 评定射击效率原理[M]. 北京:解放军出版社,1986.
[112] 潘承泮. 武器系统射击效力[M]. 北京:兵器工业出版社,1994.
[113] 张金槐. 命中概率的一致最小方差无偏估计[J]. 国防科学技术大学学报,1984,6(4):65 – 76.
[114] 杨经卿. 评定飞航导弹单发命中率的方法研究[J]. 战术导弹技术,1995,16(2):1 – 9.
[115] 周新华. 导弹系统命中概率检验方法研究[J]. 飞行试验,1993,9(2):22 – 27.
[116] 王兆胜. 远程炮武器系统射击精度研究与射击精度战技指标论证[D]. 南京:南京理工大学,2003.
[117] 修智宏,杨美健. 统计试验法在火箭深弹命中概率计算中的应用[J]. 海军大连舰艇学院学报, 2002,25(1):37 – 38.
[118] 胡正东,曹渊,张士峰,等. 特小子样试验下导弹精度评定的 Bootstrap 方法[J]. 系统工程与电子技术,2008,30(8):1493 – 1497.
[119] 宋天莉,王明海. 导弹命中精度评定中贝叶斯方法的应用[J]. 飞行力学,2000,18(3):46 – 49.
[120] 冯静,周经纶,孙权. Bayes 分析中多源验前信息融合的 ML – II 方法[J]. 数学的实践与认识,2006, 36(6):340 – 343.
[121] 国防科学技术工业委员会,军用地面雷达通用规范(GJB 74A—1998)[S]. 1998.

第二章 准 备 知 识

2.1 引 言

　　本章将介绍贝叶斯方法和变动统计的有关理论,这是全书的知识基础。首先,系统介绍贝叶斯方法的有关概念,包括贝叶斯公式、先验分布及其构造方式、后验分布的计算方式,初步介绍贝叶斯方法在装备可靠性等技战术指标评估中的应用。然后,从变动统计的基本概念出发,与其他若干相关领域进行对比,分析变动统计的主要特征,探讨变动统计的基本内涵以及需要解决的若干关键问题。在此基础上,给出了变动统计所涉及的主要数据预处理方法。最后,归纳提出变动统计的三种基本实现方法——基于约束关系的多总体融合估计方法、基于线性模型的变动总体建模与预测方法和基于贝叶斯方法的多源先验信息融合方法。

2.2 贝叶斯方法的基本理论

2.2.1 基本概念

　　目前,统计学中存在经典统计学和贝叶斯统计学两大流派。其中,经典统计学的基础是频率概率思想,主要特征为置信推断;贝叶斯统计学则以贝叶斯公式为核心,数据基础为先验信息和后验信息,主要特征为辩证推断。贝叶斯统计学中的有关推断和决策方法统称为贝叶斯方法。

　　实际生活中,我们能够断言某些现象在一定条件下是否会出现。如"在标准大气压下,冷却水被加热到100℃时一定会沸腾",就是一定会出现的必然现象,这种在一定条件下必然会出现的事件被称为必然事件;反之,在一定条件下必然不出现的事件被称为不可能事件。此外,还有很多现象,在一定的条件下可能出现,也可能不出现,这类现象被称为随机事件。例如,火箭能够成功发射、某电子产品的寿命超过200h等都属于随机事件。

　　通常通过随机试验来观察随机事件。对于某个试验而言,如果不能准确断言其结果,而且该试验能够在相同条件下重复进行,则称该试验为随机试验。从这一角度出发,很多装备试验都可以视为随机试验,例如,火箭发射成功就是通过"发射火箭"这一随机试验观察得到的。在发射之前,无法断言发射是否能够成功。

随机试验的每一个可能的结果,都称为一个基本事件。

为了从数量上研究随机事件及其发生概率,引入随机变量的概念。通常情况下,如果随机试验的结果,可以采用某个数值变量进行表示,这个变量随着试验结果的不同可以取各种不同的数值,而且以确定的概率取这些数值,则称该变量为随机变量。随机变量通常采用希腊字母进行表示。不严格地说,随机变量可以分为离散型变量和连续型变量,如一组电子产品在规定试验时间内的失效次数、多次射击击中靶心的次数等,都属于离散的随机变量;而装备的寿命、导弹落点与预定落点之间的误差等,可以在某个区间内连续取值,这类随机变量可称为连续型随机变量。

2.2.2 贝叶斯公式及其解释

定理2.1(贝叶斯定理):考虑某个随机试验,在这个试验中,有 n 个互不相容的基本事件 $A_1,A_2,\cdots,A_n$。如果以 $P(A_i)$ 表示事件 A_i 的发生概率,则有 $\sum_{i=1}^{n}P(A_i)=1$。记 B 为试验可能产生的任一事件,则有

$$P(A_i|B) = \frac{P(B|A_i)P(A_i)}{\sum_{i=1}^{n}P(B|A_i)P(A_i)} \quad (2.1)$$

这就是著名的贝叶斯公式。$P(A_i)$ 为试验之前就已经知道的信息,称为先验信息;若将其写为概率分布的形式 $\{P(A_1),P(A_2),\cdots,P(A_n)\}$,则对应称为先验分布。当试验中事件 B 发生后,可能对事件 A_i 的发生有了新的认识,这些事件的发生概率也应该随之更新。由于这是在试验之后发生的,因此,这种更新了的信息称为后验信息,它是先验信息和试验信息的综合,概率分布 $\{P(A_1|B),P(A_2|B),\cdots,P(A_n|B)\}$ 则相应的称为后验分布。

这是离散情况下对贝叶斯公式的描述。推广到连续情况,贝叶斯公式则成为

$$\pi(\theta|X) = \frac{f(X|\theta)\pi(\theta)}{\int_{\theta\in\Theta}f(X|\theta)\pi(\theta)d\theta} \quad (2.2)$$

式中:X 为试验得到的样本;$f(X|\theta)$ 为参数 θ 给定之后,X 的密度函数;$\pi(\theta)$ 为先验分布密度函数;$\pi(\theta|X)$ 为得到试验样本 X 之后,θ 的密度函数,称为后验分布密度函数;Θ 为参数空间。例如,某潜艇动力系统的控制电路板配置有红色和绿色指示灯,在上电自检时,若自检未通过,则绿色指示灯灭,红色指示灯亮;考虑到系统存在一定的虚警率,当自检通过时,仍有可能出现绿灯灭、红灯亮的情况。令 A_1 表示"自检通过"事件,A_2 表示"自检未通过"事件,B 表示"红灯亮、绿灯灭"事件。经过统计后已知

$$P(B|A_1)=0.001,\ P(B|A_2)=0.9999,\ P(A_1)=0.99,\ P(A_2)=0.01$$

利用贝叶斯公式,可知当"红灯亮、绿灯灭"时,控制电路自检通过的概率 $P(A_1|B)$ 为

$$P(A_1|B) = \frac{P(B|A_1)P(A_1)}{P(B|A_1)P(A_1) + P(B|A_2)P(A_2)} = 0.09$$

同理,可得当"红灯亮、绿灯灭"时,控制电路自检未通过的概率 $P(A_2|B) = 0.81$。可以看出,当红灯亮时,控制电路的自检仍有可能已经通过,这表明系统中的确存在一定的虚警率。

从贝叶斯公式(2.2)可以看出,样本分布函数中的某些参数被看作不确定的量,如某型电子产品的失效率、工厂产品的废品率和火箭发射的成功率等;而在经典统计学中,这些参数被认为是客观存在的,都是确定性的量。在贝叶斯统计学中,这些参数都被认为存在不确定性。实际上,这也是符合实际的。以产品的废品率为例,工厂每天都要对产品进行抽样,估算出当日产品的废品率,每天的废品率总会存在波动。长期看来,就可以将"一日的废品率"视为随机变量 θ,长期检查积累的数据,则称为废品率的先验信息。如果将这种不确定性的信息采用概率分布的形式进行描述,则可得到先验分布,即 $\pi(\theta)$。有很多种不同类型的先验分布,其确定方式也存在差异。

先验信息有多种不同的来源,包括历史数据、理论分析或者仿真计算信息、领域专家的主观经验等。例如,在装备可靠性评估领域中,同类装备或者类似装备的历史试验信息、分系统的试验信息、对可靠性的理论和仿真计算结果以及专家的主观经验等,经过适当处理后,都可以作为装备可靠性的先验信息。在装备精度鉴定试验中,定型试射之前的各种数据,如各种地面试验数据、阶段性试验信息、同一型号装备不同试验轨道及不同射程之下的试射数据等,以及理论弹道或者落点等,都是精度鉴定的先验信息来源。

这些先验信息经过适当处理后,基本上可以归纳为以下四类:先验试验数据(如某些先验信息可以通过适当折合,等价成为先验试验数据)、装备参数(如精度或可靠性)本身的统计特性(如先验均值、方差、分位数、置信区间或上下限等)、仿真(模拟打靶)信息以及其他相关信息等。

2.2.3 先验分布的构造及后验分布的计算

从贝叶斯公式(2.2)可以看出,无论是否存在相关的先验信息,都必须构造出一个合理的先验分布,以保证后续工作的开展,也就是说,先验分布的构造是贝叶斯试验分析与评估的基础性环节。根据是否存在先验信息,可将先验分布分为有信息先验分布和无信息先验分布。

一、无信息先验分布

当完全没有先验信息可用时,所构造的先验分布即为无信息的先验分布。无

信息先验分布的构造方式包括同等无知原则和Jefferys方法。

1. 同等无知原则

当完全没有先验信息可用时,可以采用同等无知原则来设计先验分布[1]。当参数 θ 为离散变量时,θ 的取值空间为有限集,即参数空间 $\Theta = \{\theta_1, \theta_2, \cdots, \theta_n\}$,由于对参数取值的可能性一无所知,因此,按照同等无知原则,可知此时的先验分布为

$$P\{\theta = \theta_i\} = \frac{1}{n}, \ i = 1, 2, \cdots, n$$

当参数 θ 为连续变量时,若只能在有限区间内取值,即 $\theta \in [a, b]$,a 和 b 皆为实数,那么按照同等无知原则,可得此时的先验分布为

$$\pi(\theta) = \frac{1}{b-a}, \ \theta \in [a, b]$$

可以看出,先验分布为参数有限取值区间内的均匀分布。

这一结论是否能够继续推广到无限区间呢?也就是说,当取值区间的单侧或者双侧为无限时,此时的先验分布是否仍是均匀分布呢?答案是否定的。这种情况下,θ 的先验分布可设定为

$$\pi(\theta) = C$$

式中:C 为常数;θ 的取值区间为单侧或双侧取无限。显然,此时有

$$\int_\Theta \pi(\theta) \mathrm{d}\theta = \infty$$

因此,$\pi(\theta)$ 不再是常规意义下的密度函数,而是一种广义先验分布函数。

定义2.1:(广义先验分布) 考虑总体分布的密度函数 $f(X|\theta)$,$\theta \in \Theta$。若某先验分布 $\pi(\theta)$ 满足下列条件:

(1) $\pi(\theta) \geq 0, \theta \in \Theta$;

(2) $\int_\Theta \pi(\theta) \mathrm{d}\theta = \infty$;

(3) $0 < \int_\Theta f(X|\theta)\pi(\theta) \mathrm{d}\theta < \infty$。

则称 $\pi(\theta)$ 为参数 θ 的广义先验概率密度函数。

在贝叶斯统计学中,主要依托后验分布 $\pi(\theta|X)$ 进行推断或决策,因此,只要保证后验分布满足 $\int_\Theta \pi(\theta|X) \mathrm{d}\theta = 1$ 即可。根据定义2.1中的条件(3)以及贝叶斯公式(2.2),可以推得

$$\int_\Theta \pi(\theta|X) \mathrm{d}\theta = \int_\Theta \frac{f(\theta|X)\pi(\theta)}{\int_\Theta f(\theta|X)\pi(\theta)\mathrm{d}\theta} \mathrm{d}\theta = 1$$

由此可见,即使先验分布为广义先验分布,其对应的后验分布仍然是常规意义

的后验分布。因此,完全可以在推断和决策中放心地使用广义先验分布。

按照同等无知原则,当对参数 θ 一无所知时,可以取均匀分布作为其先验分布密度,但是,这并不是处处适用的。例如,$\varphi = \exp(\theta)$ 为参数 θ 的一一对应函数,由于对 θ 一无所知,那么,对 φ 同样也是一无所知。如果取均匀分布 $\pi(\theta)$ 作为 θ 的先验分布,那么经变换后,可得 φ 的先验分布应为

$$g(\varphi) = (\ln\varphi)'p(\ln\varphi) = \frac{p(\ln\varphi)}{\varphi}$$

很明显,$g(\varphi)$ 并不是均匀分布,这就与同等无知原则相矛盾了。因此,在利用同等无知原则来设计先验分布时,必须非常谨慎。为此,引入不变性的定义。

定义 2.2:(不变性) 考虑参数 θ 及其一一对应函数 $\varphi(\theta)$,从总体分布 $f(X|\theta)$ 得到的后验分布 $\pi(\theta|X)$ 必须和从参数变换后的总体分布 $f(X|\varphi)$ 得到的后验分布 $\pi(\varphi|X)$ 相一致。即对所有的样本 X,有

$$\pi(\theta|X) = \pi(\varphi|X)\left|\frac{\mathrm{d}\varphi}{\mathrm{d}\theta}\right| \tag{2.3}$$

显然,同等无知原则在很多情况下不能满足不变性的要求。因此,接下来引入无信息先验分布中的 Jeffreys 准则。

2. Jeffreys 准则

Jeffreys 准则是常用的无信息先验分布构造准则[2],按照该准则,总体分布 $f(X|\theta)$ 中参数 θ 的先验分布为

$$\pi(\theta) \propto \sqrt{I(\theta)} \tag{2.4}$$

式中:$I(\theta)$ 为 Fisher 信息量:

$$I(\theta) = -E_\theta\left[\frac{\partial^2 \log L(\theta|X)}{\partial \theta^2}\right]$$

式中:$L(\theta|X)$ 为参数 θ 的似然函数。

当参数 $\boldsymbol{\theta}$ 为向量,即 $\boldsymbol{\theta} = (\theta_1, \theta_2, \cdots, \theta_n)$ 时,其先验分布为

$$\pi(\boldsymbol{\theta}) \propto \sqrt{\det \boldsymbol{I}(\boldsymbol{\theta})}$$

其中,$\det \boldsymbol{I}(\boldsymbol{\theta})$ 为 Fisher 信息量矩阵的行列式,可以看出,$\boldsymbol{I}(\boldsymbol{\theta})$ 为 $n \times n$ 的矩阵:

$$I_{ij}(\boldsymbol{\theta}) = -E_\theta\left[\frac{\partial^2 \log L(\boldsymbol{\theta}|X)}{\partial \theta_i \theta_j}\right]$$

$I_{ij}(\boldsymbol{\theta})$ 表示矩阵 $\boldsymbol{I}(\boldsymbol{\theta})$ 第 i 行第 j 列元素。

二、有信息先验分布

总体上,有信息先验分布的构造方式可以分为两种情况:完全主观打分和客观计算的方式。完全主观打分方法指的是组织专家对某事件的发生可能性进行打分,是一种完全凭借经验的"主观概率"方法。主观概率是与频率概率不同的概念,其主要思想是让事件的概率反映对事件发生机会的个人信念。在很多情况下,

即使事件没有频率概率,仍然可能对某些事件在主观上作出判断。例如,对导弹落点位于某个区域,第二天是否会下雨等事件,可能很难或者无法进行频率试验,但是仍能够对其作出判断。而客观计算方法则当存在先验试验数据等先验信息时,可能通过矩等效法等方式,计算得出先验分布,或者求出先验分布的超参数。

1. 完全主观打分方法

有很多种利用专家信息来确定先验分布的方法,如直方图方法、相对似然方法、分布函数矩(分位数)等效法和直接确定累积分布函数法等。相对而言,直方图方法和相对似然方法是应用较为广泛的两种方法。

直方图方法较为简单,当参数的取值范围为某个有限的实区间时,可以将参数空间 Θ 划分为一些小区间,在每个小区间上确定主观概率,然后绘制概率直方图,然后通过直方图绘制出平滑的先验密度函数的草图。

直方图方法存在较多的问题。首先,区间划分的数量及各区间的大小都不存在统一明确的标准,只能根据分析人员的主观经验进行分析判断,而区间划分的不一致最终可能导致先验密度的形状存在区别;其次,由直方图平滑得到的先验密度函数可能并不对应着解析函数,因此,在求解后验分布时可能难以应用;最后,这种先验密度函数是无尾的,密度函数的尾部对于分布的矩或者其他统计量可能都存在较为明显的影响。

相对似然方法比较自然,具体实现过程为针对参数空间 Θ 中的各参数的"可能性(似然)"进行比较,然后按照这些结果直接绘制先验密度的草图。在这种方法中,采用两两比较的方式来确定某个参数值相对于另外一个参数值的相对可能性,这种方式要比直接确定某个参数的可能性更为方便。通常情况下,首先确定"最大可能"和"最小可能"的参数值,以此作为进行比较的锚点。相对似然方法也存在与直方图方法类似的问题,如不同分析人员得到的先验密度难以保持一致、先验密度难以应用以及尾部形状难以确定等问题,详细讨论可参见文献[3]。

2. 先验密度的客观计算方法

目前,存在多种不同的先验密度的客观计算方式。本章将针对先验密度的形式已知和未知两种情况,分别介绍常见的计算方式。

1) 先验密度函数的形式已知

这是可靠性和精度分析过程中最常见的情况之一。已经知道或者指定了先验分布 $\pi(\theta)$ 的函数类:

$$\Gamma = \{\pi: \pi(\theta) = p(\theta|\lambda), \lambda \in \Lambda\}$$

式中:p 为给定的密度函数;λ 为先验分布的超参数(或参数向量);Λ 为超参数空间。这样一来,确定先验密度函数即简化为从 Λ 中选择合适的超参数 λ。

如果能够直接得到参数 θ 的历史样本,那么先验分布超参数的确定就容易多了。即使在先验分布密度函数形式不明确的情况下,如果参数 θ 的历史样本比较丰富,仍可以根据这些样本数据,直接构造出先验密度。

通常可采用矩等效法确定先验密度函数的超参数,所谓矩等效法,即令先验密度的各阶矩(或期望与方差等数字特征)与通过样本数据构建的各阶矩估计值相等,得到关于超参数的方程组并求解这些参数的值。例如,某类电子产品的寿命 T 服从指数分布 $f(t|\lambda) = \lambda\exp(-\lambda t)$,其中,参数 λ 为失效率,假定其先验分布为 Gamma 分布:

$$\pi(\lambda|\alpha,\beta) = \frac{\beta^\alpha}{\Gamma(\alpha)}\lambda^{\alpha-1}\exp(-\beta\lambda), \quad \alpha>0, \beta>0 \qquad (2.5)$$

式中: α 和 β 为超参数。如果已经通过历史数据、仿真实验等手段获得了关于失效率 λ 的样本数据 $\lambda_i, i=1,2,\cdots,n$,即可得先验期望 $E(\lambda)$ 和方差 $D(\lambda)$ 的估计值分别为

$$\bar{\lambda} = \frac{1}{n}\sum_{i=1}^{n}\lambda_i, \quad S^2 = \frac{1}{n-1}\sum_{i=1}^{n}(\lambda_i - \bar{\lambda})^2$$

按照矩等效法,可令

$$E(\lambda) = \frac{\alpha}{\beta} = \bar{\lambda}, \quad D(\lambda) = \frac{\alpha}{\beta^2} = S^2$$

求解上述方程,可得超参数 α 和 β 的估计值:

$$\hat{\alpha} = \left(\frac{\bar{\lambda}}{S}\right)^2, \quad \hat{\beta} = \frac{\bar{\lambda}}{S^2}$$

2) 先验密度函数的形式未知

当先验分布未知时,有很多种方法都可以用来构造先验分布,如最大熵方法和距离方法等。这些方法通常都需要较为复杂的运算,且适用领域受到较多的限制。其中,最大熵方法的应用相对较为广泛,适用领域也相对较宽。

当先验密度函数的形式位置,先验信息仅仅局限为先验均值、方差、不同阶次的中心矩或者分位数时,可以利用最大熵方法来构造先验分布。基于最大熵方法所构造的先验分布的一个最重要的特征为,先验分布尽可能的仅仅体现了已知的先验信息,不人为地增加其他任何信息。因此,某些研究人员将这种先验分布称为"有约束的无信息先验分布"[4]。

定理 2.2: 令 Θ 表示离散的未知参数集, π 表示 Θ 上某个常规的概率密度函数,则可记

$$\varepsilon_n(\pi) = -\sum_{\theta_i \in \Theta}\pi(\theta_i)\ln\pi(\theta_i)$$

为密度函数 π 的熵。注意,当 $\pi(\theta_i)=0$ 时,规定 $\pi(\theta_i)\ln\pi(\theta_i)=0$。

熵是与信息关联密切的概念。从某种意义上讲,熵是概率分布中所固有的不确定性总量的一种度量指标[1,3]。在实际应用中,可能已知关于参数的部分信息,

如参数的先验均值、方差和不同阶次的中心矩,也可能是先验分布的分位数。这些信息可以作为先验分布求解过程中的约束条件,为了便于应用,可以表达为如下形式:

$$E^\pi[g_k(\theta)] = \sum_i \pi(\theta_i)g_k(\theta_i) = \mu_k, \quad k=1,2,\cdots,m$$

当先验信息即为先验分布的 m 阶矩时,$g_1(\theta) = \theta$,$g_k(\theta) = (\theta-\mu_1)^k, 2 \leqslant k \leqslant m$;当先验信息为先验分布的分位数时,有 $g_k(\theta) = I_{(-\infty,z_k]}(\theta)$,其中,$I_A(x)$ 为示性函数。

所谓利用最大熵方法构造先验分布,就是在给定以上约束条件和密度函数积分为1的条件下,寻找使得熵最大化的先验分布的过程。这样一来,所构造的先验分布既包含了已知的先验信息,又尽可能的做到了不包含其他信息(即尽可能做到无信息)。此处不加证明地给出先验分布的构造结果:

$$\pi(\theta_i) = \frac{\exp[\sum_{k=1}^m \lambda_k g_k(\theta_i)]}{\sum_i \exp[\sum_{k=1}^m \lambda_k g_k(\theta_i)]}$$

其中,$\lambda_k, k=1,2,\cdots,m$ 为常数,可通过约束条件确定。

当 Θ 为连续参数空间时,由于并不存在关于熵的明确定义,因此,Janeys 强制性的将熵定义为[1]

$$\varepsilon_n(\pi) = -E^\pi\left[\ln\frac{\pi(\theta)}{\pi_0(\theta)}\right] = -\int_\Theta \pi(\theta)\ln\frac{\pi(\theta)}{\pi_0(\theta)}\mathrm{d}\theta \tag{2.6}$$

式中:$\pi_0(\theta)$ 为能够保持不变性的无信息先验分布。

若先验信息为先验分布的各阶矩或者分位数,即可表示为约束条件:

$$E^\pi[g_k(\theta)] = \int_\Theta g_k(\theta)\pi(\theta)\mathrm{d}\theta, \quad k=1,2,\cdots,m$$

那么,能够使熵最大化的常规先验密度函数为

$$\overline{\pi}(\theta) = \frac{\pi_0(\theta)\exp[\sum_{k=1}^m \lambda_k g_k(\theta)]}{\int_\Theta \pi_0(\theta)\exp[\sum_{k=1}^m \lambda_k g_k(\theta)]\mathrm{d}\theta}$$

其中,$\lambda_k, k=1,2,\cdots,m$ 为常数,可通过约束条件确定。

最大熵方法在应用过程中存在几个明显的困难。首先,在连续情况下,需要首先构造具有不变性的无信息先验分布;其次,可能无法找到一个满足约束条件的先验分布 $\overline{\pi}$,例如,很多情况下,分母中的积分可能不存在。

如果确实存在这样一个能够满足约束条件的最大熵先验分布,那么可注意到,$\overline{\pi}$ 的分母部分与 θ 无关。同时,假定先验信息仅仅为先验期望,即约束条件变为

$$g_1(\theta) = \theta, \quad E^\pi[g_1(\theta)] = \mu_1$$

这样一来,最大熵先验分布可写为如下形式:

$$\overline{\pi}(\theta) = c\pi_0(\theta)\exp(\lambda\theta)$$

前面已经提到过,Jeffreys 准则下的先验分布具有不变性,因此,可将 $\pi_0(\theta)$ 替换为 $\sqrt{I(\theta)}$,即最大熵先验分布可写为

$$\overline{\pi}(\theta) = c\exp(b\theta)\sqrt{I(\theta)}$$

其中,c 和 b 均为常数,由期望约束条件和概率密度函数的积分为 1 这两个条件共同确定。这是 Woods 给出的"有约束无信息先验分布"的形式[4]。

三、后验分布的推导与计算

在贝叶斯统计学中,后验分布是决策和推断的落脚点,所有的决策和推断行为都是基于后验分布展开的。这是因为,后验分布既包括了先验信息,也包括了样本带来的关于参数的新信息。参数 θ 的后验信息实际上是先验信息和似然信息之和。因此,基于后验分布进行统计推断,能够综合利用先验信息和似然信息,有利于提高统计或推断结果的可信度。后验分布的计算有两种基本方式,分别为直接求解析解和利用软件工具求解。

1. 后验分布的解析解

可以直接利用贝叶斯公式来计算参数的后验分布,但是,这种方式的前提条件较为苛刻,要求先验密度具备明确的解析形式。很多情况下,这种方式对运算技巧要求较高,运算量也比较大。考察贝叶斯公式可以发现,其分母实际上是 X 的边际分布密度,由于它不依赖于参数 θ,因此,作为 θ 的函数,后验分布 $\pi(\theta|X)$ 与先验密度和似然函数的乘积成正比,即

$$\pi(\theta|X) \propto \pi(\theta)L(\theta|X) \tag{2.7}$$

式(2.7)是后验密度计算中最为常用的公式,由于它避开了积分运算,因此,能够在很大程度上降低运算复杂度。例如,通常认为电子产品的寿命服从指数分布 $f(t|\lambda) = \lambda\exp(-\lambda t)$,失效率 λ 为未知参数,失效率的先验分布密度为

$$\pi(\lambda) = \text{Gamma}(\lambda|\alpha,\beta) = \frac{\beta^\alpha}{\Gamma(\alpha)}\lambda^{\alpha-1}\exp(-\beta\lambda), \quad \alpha>0, \beta>0$$

进行可靠性试验之后,得到该类电子产品的寿命数据样本 $t = \{t_1, t_2, \cdots, t_n\}$,可知 λ 的似然函数为

$$L(\lambda|t) = \prod_{i=1}^{n}\lambda\exp(-\lambda t_i) = \lambda^n\exp\left(-\lambda\sum_{i=1}^{n}t_i\right)$$

将 $\pi(\lambda)$ 和 $L(\lambda|t)$ 代入到式(2.7)中,可得

$$\pi(\lambda|t) \propto \lambda^{n+\alpha}\exp\left[-\lambda\left(\beta+\sum_{i=1}^{n}t_i\right)\right]$$

很明显,λ 的后验分布也是 Gamma 分布,按照 Gamma 分布密度函数的结构,可知 λ 的后验分布函数为

$$\pi(\lambda|t) = \Gamma(n+\alpha, \beta + \sum_{i=1}^{n} t_i) = \frac{(\beta + \sum_{i=1}^{n} t_i)^{n+\alpha}}{\Gamma(n+\alpha)} \lambda^{n+\alpha} \exp[-\lambda(\beta + \sum_{i=1}^{n} t_i)]$$

2. 共轭分布原则

从前面示例中可以发现,先验分布和后验分布都是 Gamma 分布。这种类型的先验与后验分布被称为共轭分布。

定理 2.3:如果先验分布 $\pi(\theta)$ 与后验分布 $\pi(\theta|X)$ 具备同一分布形式,则称它们是共轭的。令 F 为 θ 的一个分布族,若任取 $\pi(\theta) \in F$ 作为先验分布,对任意的试验样本 X,都有 $\pi(\theta|X) \in F$,则称 F 为关于 $f(X|\theta)$ 的共轭分布族,其中,$f(X|\theta)$ 为 X 所属总体的分布密度函数。

对某装备进行 n 次抽样试验,成功的次数为 s,失败的次数为 $f = n - s$,则成功次数服从二项分布:

$$f(s|\lambda) = C_n^s \lambda^s (1-\lambda)^f$$

式中:λ 为试验成功的概率。当没有先验信息可以利用时,Jefferys 准则下 λ 的先验分布为

$$\pi(\lambda) \propto \frac{1}{\sqrt{\lambda(1-\lambda)}} = \lambda^{\frac{1}{2}-1}(1-\lambda)^{\frac{1}{2}-1}$$

可以看出,$\pi(\lambda)$ 实际上为 Beta 分布 Beta(0.5, 0.5)。后验分布为

$$\pi(\lambda|n,s) \propto \lambda^{s-\frac{1}{2}}(1-\lambda)^{n-s-\frac{1}{2}} = \lambda^{s+\frac{1}{2}-1}(1-\lambda)^{n-s+\frac{1}{2}-1}$$

同样,后验分布也为 Beta 分布,其分布参数分别为 $s + 0.5$ 和 $n - s + 0.5$。这说明,在这种情况下,先验分布和后验分布为共轭分布。实际上,无信息先验分布的作用相当于额外多进行了 1 次试验,成功和失败的可能性均为 0.5。

3. 数值方法和软件工具

只有当先验分布的密度函数具有明确的解析函数形式时,才能够较为方便地通过手工计算获得后验分布密度函数的解析解。很多情况下,先验分布并不能构造为明确的解析形式,如直方图等。在这种情况下,采用手工计算可能将较为复杂,因此,通常采用数值方法来计算后验分布的密度函数。此外,对于某些结构较为复杂的先验密度,也很难采用手工计算的方式获得密度函数,也只能数值方法来计算后验密度函数。目前,有很多软件工具能够以数值方法来计算后验分布,如 MATLAB、R 语言[5]和 WinBUGS[6]等。其中,R 语言是一种开源免费的软件工具,专门用于统计计算与绘图,可以在 http://www.R-project.org/上免费下载。本节将采用示例演示如何利用 R 来计算后验分布的密度函数。关于 R 语言的基础知识以及在贝叶斯统计计算中的应用,请参见文献[7,8]。

在很多情况下,并不需要计算出参数的后验分布,也可以进行统计推断。具体思路就是直接抽取后验样本,利用后验样本进行统计推断。MCMC 方法就是这样

一种方法,该方法不需要直接求取不同参数的边际分布,而是直接从联合概率分布中对参数进行抽样,根据抽样来分析分布的统计特性。因此,MCMC方法非常适合于多维分布中单个参数统计特性的分析,如点估计和假设检验等。关于MCMC方法有关内容,请参见附录A。

2.2.4　贝叶斯方法在装备试验评估中的应用

合理地安排装备的各类试验,并对试验结果作出准确的鉴定,达到缩短武器系统研制周期,节省费用,早日定型和装备部队的目的,是迫切需要解决的问题。考虑到试验费用和国际影响等方面的因素,很多武器装备无法开展大批量的试验,很多新型武器装备在鉴定与评估过程中出现了现场样本非常少,即小样本的特点。经典统计意义下的评估和鉴定方案很难适应这种情形,因此,如何设计新的装备鉴定和评估方案,充分利用各方面信息,是一项重要的工程任务。贝叶斯方法的突出特点就是,在运用现场试验信息的同时,又能够充分利用各种先验信息。从信息论的角度看,可信的先验信息可以弥补现场试验信息的不足,而现场试验信息又可以对先验信息进行修正,因此,当装备的现场试验次数较少时,设计贝叶斯鉴定和评估方案,是一种能够满足工程需求的合理选择。

一、装备精度鉴定与评估

武器装备的精度是非常重要的技战术指标之一,它是关于弹药落点对瞄准点散布特性的刻画,也是对命中目标能力的一种度量。精度可以采用不同的指标进行描述,例如,对于地地导弹,可以采用落点密集度、准确度等作为精度指标;对于子母炸弹等新型弹种,可以采用布撒均匀度和准确度等作为精度指标。而所谓精度评估,指的是通过弹药落点数据,对精度指标进行估计或者检验,例如,通过落点数据,对导弹落点的均匀度和准确度进行估计或者检验精度指标是否达到规定值。

如果弹药落点数据非常充足,那么,完全可以按照经典统计方法开展装备精度评估工作。但是,在实际工程中,尤其是远程弹道导弹等战略性武器,往往无法开展充分的现场试验,只能是在大量仿真试验的基础上,开展少量的现场试验。例如,GJB 2106中规定,对于新型号地地战略导弹的命中精度评估,现场试验超过6次即可[9]。因此,如何在现场样本数据较少的情况下开展精度评估工作,是一个开放性的工程难题。目前,有很多种针对小样本情况下的装备精度评估方法,如Bootstrap方法和随机加权法[10]等,这些方法能够立足于现场样本,通过统计手段,获得再生样本,是对现场样本的一种扩充,有较高的工程应用价值和空间。同时,由于再生样本与现场样本之间的相关性问题,使其应用也受到了一定的限制。通常情况下,在现场试验之前,需要进行一定的仿真试验或者分系统试验,这些试验信息可以视为先验信息,它们的存在,为贝叶斯方法的应用提供了广阔的空间。充分收集和整理相关先验信息,可以为装备的精度鉴定与评估决策提供支持。贝叶斯方法在装备命中精度评估、序贯检验方法设计、命中概率鉴定方案的设计等方面都有充分的应用空间。

二、装备可靠性评估

可靠性是武器装备的基本质量目标之一,也是影响装备质量的重要因素。对装备进行可靠性评估是对可靠性进行定量控制的必要手段,是衡量装备可靠性水平是否达到预期目标并促进可靠性增长的重要途径。装备的可靠性评估就是根据装备的可靠性结构、装备的可靠性或者相关特性的分布类型以及与装备可靠性有关的所有信息,利用统计方法对装备可靠性进行统计推断和决策,如装备可靠度的点估计和区间估计等。

按照数据表现形式的不同,可靠性试验数据可以分为成败型、失效次数型和寿命型三种类型。其中,成败型数据表现为"对设备进行同一条件下的抽样试验,其中失败次数为 f,成功次数为 s",如导弹发射的试验结果要么成功,要么失败,这类数据就可以采用成败型数据进行描述;失效次数型数据则记录的是在某段时间内设备的失效次数,如进行同批次电子产品试验,在固定时间内的失效次数;寿命型数据则记录的是设备的失效时间(或者无失效的持续时间)。受制于试验成本等方面的因素,很多装备无法开展大批次的全机可靠性试验,因此,可靠性试验在很多情况下也面临小样本的问题。同时,在装备的整个寿命周期中,往往存在大量的可靠性相关数据可用,如类似装备的故障数据、分系统的试验数据、具有历史继承性装备的可靠性数据、相关可靠性数据手册等,这些数据可以作为先验信息使用,它们的存在,为贝叶斯方法在装备可靠性评估中的应用提供了广阔的空间。

三、最大探测距离评估

最大探测距离是雷达的重要战术性能指标之一。以预警雷达为例,其最大探测距离是指载机飞行在预定的高度和速度时,雷达按照预定的搜索方式,在某一类地面上空,对给定相对航向、航速与高度的典型目标,在预定的发现概率 P_0 与虚警概率下,雷达能够探测到目标的最大距离。常用的计算方式为根据规定的概率 P_0,从"发现概率-探测距离"曲线中查出对应的探测距离 R_0 即为最大探测距离 R_{max},通常取 $P_0=0.5$。"发现概率-探测距离"曲线是通过雷达检飞试验获得的。检飞架次越多,最大探测距离处对应的发现概率 P_0 的置信区间就越窄。在制定试飞大纲时,需要根据预先设定的置信区间宽度来反向确定检飞架次。按照 GJB 74A—1998 中的规定,在一个科目下,当置信区间宽度为 0.18 左右时,所需要的检飞架次为 10 左右(按照每 10km 进行 9 次扫描进行计算)。完成所有试飞科目所需要的检飞架次可能要达到上百次。因此,在保证鉴定结果可信度的前提下,降低检飞架次是非常必要的。

雷达在正式开展检飞试验之前,需要开展大量的科研试飞试验。这些科研试飞试验数据就可以作为先验信息使用,这些信息的引入,理论上能够降低检飞架次。因此,将贝叶斯方法引入到雷达最大探测距离的评估中也是顺理成章的。

2.3 变动统计方法的基本理论

2.3.1 基本内涵和关键问题

一、基本内涵

从广义上讲,一些传统的研究领域,如随机过程、时间序列分析、多元统计分析、多源信息融合等,其实都涉及了变化的总体。要准确地理解和界定装备试验评估领域中具有工程特点的变动统计的基本内涵,应对变动统计与其他几个相关概念进行比较和剖析。

1. 变动统计与随机过程

随机过程是指随时间顺次发展且遵从概率法则的统计现象[11]。随机过程可以表示为一族随机变量 $\{X(t), t \in T\}$,即对指标集 T 中的每个 t,$X(t)$ 是一个随机变量[12]。如果将每个 t 所对应的随机变量分布看作一个总体,那么随机过程便描述了随时间变动的多总体变化规律。随机过程理论发展至今,已经讨论了很多随机过程模型,如泊松过程、Markov 过程、随机游动与鞅等,并给出了比较丰富的统计结论,但其不足之处在于:随机过程一般具有较为严格的关于各个总体之间关系的假设条件,在应用过程中,需要利用大量数据进行模型的检验与验证。因此,其研究重点即在于模型的检验,即实际变动过程是否与假设的随机过程相吻合。如果总体变动情况可以采用某种随机过程严格地刻画,那么就可以方便地利用上述统计结果进行试验、分析和评估。事实上,传统可靠性增长评估方法充分利用了随机过程理论。例如,描述可靠性增长的 AMSAA 模型之所以获得了广泛的应用,在很大程度上正是由于它所基于的 NHPP 过程模型在数学处理上的方便。对于装备试验评估中更为复杂的指标变动情况,固然可以设想通过设计更为复杂的随机过程的方法来解决。例如,对于多次冲击造成的机械磨损退化过程,可以采用正态-泊松复合随机过程模型来描述[13]。但是,随机过程理论在应用过程中,仍存在一些难以克服的问题。一方面,某些变动过程缺乏清晰、严格的变动关系描述,很难提出合理的随机过程假设;另一方面,由于试验数据的缺乏,复杂的随机过程模型由于缺乏大量试验数据的模型验证而变得不够可信。因此,对于试验评估中的新问题,仅仅依靠随机过程理论是不够的,需要融合其他方法,寻找能够描述装备指标变动过程的恰当形式。

2. 变动统计与时间序列分析

时间序列是指依时间顺序生成的观测值的集合[11]。一般指非确定性时间序列,即统计时间序列,或随机时间序列。一个时间序列可看作是随机过程的一次实现或对随机过程进行的等间隔采样[14]。时间序列的一个典型特征是相邻观测值间的依赖性。时间序列分析即对这种依赖性进行分析,并对未来观测值进行预报。平稳性假设是时间序列分析理论的基础,非平稳时间序列可以通过差分法转化为平稳序列进行研究。时间序列实际上是随机变量序列,平稳性条件严格刻画了时间轴上多个总体的分布参数间的关系,而各态遍历性又以时间换空间,克服了单个总体的小样本问题。因此,从某种意义上讲,时间序列分析与变动统计有某种相似性。然而,二者又存在显著的不同。作为具有时间顺序的一系列观测值,时间序列一般可看作具有相等时间间隔的动态数据,观测值具有快速变化的特点,因此分析方法更侧重于频域分析和对未来观测值的预报。而变动统计所面对的数据为来自多个不同总体的多个样本,总体个数往往不多,且一般不会呈现剧烈变化的过程,每个总体一般对应多个样本,并且一般不考虑多个总体在频率域内的变化特征,虽然有时也预测下一个总体的参数分布,但主要目的仍在于获得各个总体间的内在关联性,并对单个总体下的小样本进行补充,从而获得更为可信的统计结果和评估结论。但是,从另一方面来讲,借鉴非平稳时间序列分析中的一些典型模型(如 ARIMA 模型、季节模型、线性动态模型等),可以对变动统计中随时间变化的多个总体的变动关系进行恰当的描述。

3. 变动统计与多元统计分析

多元统计分析研究的是多个变量的统计规律,即多维随机变量的统计特性[15]。如果将每个随机变量分量看作一个总体,那么多元统计分析即是对多个不同总体间关系的研究,这与变动统计问题的"异总体"特征也具有相似性和类比性。例如,聚类分析根据样本间的相似度进行分类,将其划入不同总体;判别分析则根据样本与已知的两个或多个总体的距离对样本所属总体进行判断;主成分分析在保证数据信息损失最小的前提下,对高维数据集合进行降维处理,迅速揭示系统中的主要因素;回归分析则用于辨识一个或一组变量(自变量)的变动对另一个变量(因变量)变动的影响程度。因此,总体而言,多元统计分析即是揭示多个总体之间的描述性关系(系统特征)和解析性关系(因果关系、相随变动关系等)的统计方法[16]。因此,多元统计方法也可以作为变动统计的重要参考。但是,二者的问题特征又显著不同。多维随机变量的联合分布给出了作为单个总体的各变量边际分布之间的联系,而我们面临的变总体或异总体,所缺失的正是这种单个总体之间的联系。此外,多元统计分析大多考虑截面样本数据(或称静态数据)[16],其主要的问题难点在于大样本、高维度。而变动统计更多地考虑随时间变动的样本数据,并且样本量较小,一般不具有高维度特征,分析的目的虽然也包括对多总体关系的描述和解析，但最终目的还在于多总体样本的融合，从而增强单个总体小样本条件下的评估结果的可信性。

4. 变动统计与多源信息融合

变动统计通过对不同总体的变动关系的研究，达到融合多个总体样本信息获得统计结果的目的。从这个意义上讲，变动统计也是一种信息融合。同时需要对变动统计与一般意义上的"多源信息融合"加以区分。多源信息融合又称为多传感信息融合[17]，最初诞生于军事领域，通过多层次、多方面的处理过程，对多源数据进行检测、相关、组合和估计，达到状态估计、身份判断、态势和威胁评估的目的[18]。目前，多源信息融合已经扩展到多个方面，如图像融合、机器人多传感器融合、人体生物特征融合等。信息类型的高度互异性和内容的模糊性是多源信息融合需要面对的主要问题之一，因此，多源信息融合并不刻意强调数据的随机性或统计分布特性，而是更关注于数据的多样性和复杂性。例如，多源数据可能来自于不同时段、不同空间分布、不同类别、不同层级或粒度的多个传感系统，因此数据的预处理和数据配准是多源信息融合的重要内容。而变动统计问题所面临的试验数据大多具有较为明确的随机分布特性，变动统计方法更加关注于各个不同总体的统计特性。此外，多源信息融合所处理的传感器数据量普遍较大，需要通过数据压缩技术提取主要特征，实现特征级和决策级融合。多源数据之间的冗余性和互补性是实现融合的基础。而变动统计所需处理的大多是小样本数据，信息冗余性较弱，依据样本的互补性和多个总体间的内在关联特性实现融合评估。尽管多源信息融合与变动统计之间存在上述差别，但是，由于二者同属广泛意义上的信息融合的范畴，因此变动统计可以充分借鉴多源信息融合的研究成果。例如多源信息融合中对应于特征层和决策层的很多融合方法都可以应用到试验数据的变动统计过程中来，如模糊理论、证据理论、贝叶斯网络等[19,20]。

通过以上分析可以看出，变动统计与其他几个相关领域存在着紧密的联系，同时又有着显著的区别。可以说，装备试验评估中的变动统计方法建立在随机过程、时间序列分析、多元统计分析、多源信息融合的基础之上，但与此同时，装备试验评估领域自身的一些特点又决定了变动统计问题的特殊性。基于此，本书将"变动统计"定义为对于多个相互关联的不同总体，例如，具有不同来源的多组样本，或者同一对象在不同阶段、不同时段所生成的样本，通过统计建模和参数估计，获得关于某一总体的更多知识或各个总体之间的内在关联和变动关系，完成统计推断、趋势预测和统计决策等。对于变动统计的内涵而言，一方面，对各个总体间的差异情况或变化趋势作出估计，获得总体之间的变化规律，这也是它有别于其他传统统计推断方法的特点和难点；另一方面，利用多个总体的样本数据对其中或其他某个总体的数据进行补充，在小样本情况下作出统计推断并增强其可信性。"变动统计"有时也称为"异总体"或"变总体""变母体"问题，各个总体之间的差异可以是分布类型上的差异,也可以是分布参数上的差异,这取决于问题类型以及建模者的需要。通常,大多数问题都可以建模为分布类型相同而分布参数不同的情况,这种情况下的变动统计问题也称为"动态分布参数"或"分布参数可变"[7]的统计问题,可以看作是变动统计问题的狭义内涵。

二、需要解决的关键问题

对于装备试验评估中存在的多阶段、多信源、变环境等异总体试验数据,必须抓住变动统计问题的几个主要特征,并综合利用随机过程、时间序列分析、多元统计分析、多源信息融合等若干相关领域中的研究成果,寻找描述多总体差异、变动的建模方法以及恰当的多总体数据融合方法,才能较好地解决工程实际中存在的变动统计问题。变动统计需要解决以下关键问题:

1. 异总体样本数据之间的比较与鉴别

在进行变动关系分析之前,需要对同组样本是否来自同一总体、不同组样本是否存在显著差别进行比较和鉴别。此外,还需要分析样本分布是否与假设分布相一致、是否存在异常值等。

2. 不明晰变动关系的合理描述

在试验评估中,很多异总体问题通常不存在非常明晰的变动关系,无法直接应用现有的成熟模型来描述。

3. 多维样本数据条件下的综合指标提取

某些情况下,异总体数据统计特性的差异并不直接反映在分布参数的变化上,而需要从中提取某个综合指标,以反映总体的变动情况。这在样本数据为二维或多维的情况下更为常见。

4. 多种先验信息的充分利用

变动统计的小样本特性要求必须充分利用各类先验信息。先验信息在类别和形式上并不完全一致,需要借助恰当的数学语言加以描述,将其转化为可以直接应用的数据结构。

5. 不同总体的融合结构设计

融合多个不同总体的样本数据,对单总体小样本数据进行补充,是变动统计的一个主要目的。在对异总体变动关系进行合理描述的基础上,需要寻找恰当的融合结构,获得可信的融合结果。

2.3.2 变动统计中的数据预处理方法

变动统计问题的基本假设是不同组别的试验数据来自于不同总体。在进行异总体分析之前,需要深入分析多个总体之间的差异情况,这里涉及多种数据预处理方法,具体包括:两总体的一致性检验、序化关系检验、变点识别等。

一、两总体的一致性检验

对于实际获得的多组试验数据,需要判断是否为同一总体。这里包含着两个问题:一是判断试验数据是否与设定的总体分布形式相吻合;二是判断两组试验数据的统计特性是否存在显著差异。

对于第一个问题,实际上是分布拟合或模型检验的问题,常用方法有 Pearson 的 χ^2 检验、基于经验分布函数的 Kolmogorov-Smirnov 检验、Cramer-Von Mises 检验等。此外针对特定的分布形式,还包括各种参数或非参数检验方法,如针对指数分布的 Gnedenko 检验,针对正态分布的 W 检验、D 检验、偏度与峰度检验等[21]。在可靠性增长分析中,一般采用 Cramer-Von Mises 方法对 AMSAA 模型进行检验。而对于装备发射试验中的落点数据的评估,一般需要对其是否服从正态分布进行检验。此外,为了比较不同分布假设的适用性,可以采用似然比的方法进行分布间的鉴别。

对于第二个问题,则涉及试验数据的分组与合并。如果两组试验数据不存在显著差异,则可以将两类数据合并,看做同一总体。如果两组数据存在显著差异,则说明两组数据确实来自不同的总体。两总体的一致性检验也称为两总体的相容性检验,检验结果将对后续的处理过程产生影响。例如,应用贝叶斯方法时,要求先验信息和现场试验信息近似服从同一总体。如果不满足这一条件,直接应用贝叶斯方法所获得的结果将偏离真实估计。正确的做法应当是根据偏离程度的大小,设计合理的融合框架,以融合权重或样本容量体现两总体的一致性程度。一致性检验包括静态一致性检验和动态一致性检验。静态一致性检验是对多个随机变量分布特性的一致性进行检验,可以采用参数检验方法(如比较两个正态分布均值和方差的 t 检验、F 检验)、非参数检验法(如 Kolmogorov-Smirnov 检验、Wilcoxon 秩和检验等)。此外,还可以定义某种指标(如 Kullback 信息量)来直接比较两个密度分布函数之间的差别。动态一致性检验一般指的是对两个时间序列的统计特性进行检验,可以采用多种时域和频域方法[22]。时间序列可以看做是随机过程的实现值,因此可以将动态一致性检验进一步引申为两个随机过程的检验。在多阶段可靠性增长分析中,有时需要对多个随机过程的一致性进行检验。例如,对于多台设备各自服从的 Weibull 过程,需要检验其分布参数是否相同[23]。

二、序化关系检验

序化关系检验是一种特殊的一致性检验,不仅需要判断两总体是否一致,还需要对两总体参数间的大小顺序关系作出鉴别。可以采用多种方法进行序化关系检验,如图示法、参数检验法、非参数检验法等。可靠性增长中最为常见的序化关系检验就是增长趋势检验,包括图示法、Laplace 法等。此外,在多阶段可靠性增长中,需要对多个阶段特定时刻(阶段衔接处或阶段结束时刻)的可靠性指标进行序化关系检验,以检查可靠性水平随阶段进行所发生的变化。又如,在武器多批次发射试验中,可以通过参数方法检验落点正态分布均值或方差是否随批次发生了变化。

当试验样本较多时,可以完全从数据出发进行序化关系的检验。如果试验样本较小,检验结果不够显著时,可以通过试验过程的物理机理的分析,获得序化关系。此外,还可以充分采纳专家经验对序化关系进行判断。

三、变点识别

在大多数情况下,试验数据通常可以按照其自然分组划分为不同总体。但是,在某些情况下,样本的分组情况与总体的真实划分情况并不完全一致。主要存在以下两种情况:一是两组数据经过检验具有相同的统计特性,可以看做来自同一总体,因而可以进行组间合并;二是某个组内数据并不与假定的总体分布情况相一致,可以看做是来自多个总体的样本混合而成,此时需要拆分成两组或多组数据。这种样本数据统计特性所发生的改变,可以称为变动统计中的变点问题。变点统计分析最初用于研究生产过程中的质量控制问题,通过对生产线的监督识别产品质量发生质变的时刻,从而及时报警,避免产生更多次品[24]。对于某些异总体问题,同样存在着变点识别问题。例如,在产品寿命周期中,通过检测产品从偶然失效期到耗损失效期的转变点,可以为选择合理的维修策略提供依据[25]。在可靠性增长试验分析中,某些情况下,需要根据变点分析结果对试验数据进行分段,分别使用不同参数的 AMSAA 模型来拟合[26]。

2.3.3 变动统计的基本方法

变动统计的难点在于如果要利用多个母体进行统计推断,必须抓住母体变动的本质,找到各个母体之间的联系。对于某些典型的总体变动关系,可以直接采用现有的典型随机过程来描述。然而,实际的试验评估过程并不完全与随机过程假设相一致,因此,一种较为直接的想法就是在现有随机过程基础上加以改进,使其与实际变动过程相吻合,如灰色系统模型与 Markov 模型相结合的灰色马氏链模型[27]、正态分布或指数分布与泊松过程相结合的非齐次复合泊松过程模型[28,29]等。这类模型一般假设条件较强,需要进行长期的试验数据积累和细致的模型检验。比较而言,线性模型具有较为宽泛的模型假设和较好的拟合能力,是描述参数变动的一般方法,可以据此构建合理的多总体模型以反映各个总体分布形式或分布参数的变动情况。相应地,多总体模型相对传统的单总体模型必然在形式上较为复杂,在参数估计中可能涉及较为复杂的参数估计方法,需要根据样本容量和统计目的加以选择。线性模型的参数估计值对试验数据有较强的依赖,如果单纯依靠样本数据进行多总体试验分析,仍然无法解决现实中遇到的所有异总体问题。尤其是在小样本情况下,必须借助样本数据之外的其他信息来建立各个总体之间的联系,例如专家对各个总体之间的变化情况的估计信息(如两总体均值的比例关系)、各总体之间所满足的一些约束关系(如等式约束、序化约束)、各总体样本数据之外的其他统计信息(如相似产品信息、各总体自身数据的可信性等)。此外,这些约束关系甚至还可能包括一些因果关系、逻辑推理关系等。如何采用数学语言描述这些约束关系,以及如何将这些约束关系融入多母体统计推断过程,都是需要考虑的问题。综上所述,可以将实现变动统计的方法大致归纳为三大类:基于约束关系的多总体融合估计、基于线性模型的变动总体建模与预测、基于贝叶斯方法多源先验信息融合。

1. 基于约束关系的多总体融合估计

在变动统计问题中,各总体分布在样本数据之外可能存在约束关系上的其他联系。例如,可靠性增长中,在有效的纠正措施之后,后一个阶段的可靠性水平必不低于前一个阶段的可靠性水平。需要将各个总体间的这种约束关系应用于统计推断,具体方法大致包括序化关系方法、增长因子法、环境因子法、可交换量模型、整体推断法等方法。

前面已经多次提到基于序化关系(顺序约束关系)的建模方法。序化关系最初由 Barlow 提出[30],文献[31,32]最早利用序化关系对指数寿命型可靠性增长进行了贝叶斯分析,并将其看作实现变动统计的重要方法。此外,序化模型已成功应用于成败型可靠性增长[31,33]、精度分析[33-35]、维修性增长[34]等。它一般假设各不同总体分布参数之间存在一定的大小关系:

$$\theta_1 \leq \theta_2 \leq \cdots \leq \theta_m$$

在上述假设下,一般可以采用贝叶斯方法计算后验分布,并在上式所指定的参数定义域内积分获得参数均值与方差的估计。各参数的先验分布可以采用无信息先验,也可以采用次序 Dirichlet 分布[36]或新 Dirichlet 分布[37]等。一般而言,序化关系模型稳健性较好,适用面较广,但由于在试验数据之外仅仅利用了序化关系,因而信息的综合利用率相对较低。此外,在样本量允许的条件下,应注意序化关系的检验,如果样本量较小,应寻求专家对序化关系的认可。

序化关系是一种大小关系,是对异总体间关系的相对保守的描述。要更加准确地反映异总体间的关系,需要在各总体分布参数之间寻找数量上的关系,即比例关系。借助于这种关系,可以在不同总体的数据或参数分布之间进行折合和转换,这也是实现变动统计的常见方法。在不同情况下,转换因子有不同的名称,如折合因子、环境因子、增长因子等。这些转换因子的确定方法有一定的原则和约束条件,如方差相等的原则、期望值成比例的原则等。

与上述思想类似的是可交换量模型和整体推断法。可交换量模型是指同一系统或相似系统在不同环境、不同条件、不同阶段下,某些参数是相同的或者是可以相互交换的[38],通过分析其物理机理分离出这些共同参数,再利用贝叶斯方法、经验贝叶斯方法等进行统计推断,达到信息融合估计的目的。可交换量本质上是一种等式约束,通过发掘多个总体分布参数间的相等关系,达到补充样本的目的。在整体推断法中[39,40],将产品在不同状态下的试验数据作为一个相互关联的整体进行统计推断,从而获得参数的极大似然估计及其区间估计,适用于产品各种状态下试样数较少的情况。应用可交换量模型和整体推断法时,需要借助于较强的物理背景,因而一般不需要进行模型的检验,但应用面相对较窄。

在实际的多总体统计问题中,除了上述各种约束关系之外,可能还存在一些因果关系或逻辑推理关系,可以通过产生式方法、模糊推理方法、人工神经网络、贝叶斯网络等方法来描述这些约束关系,它们对于揭示异总体之间的内在关联具有重要意义。

2. 基于线性模型的变动总体建模与预测

在变动统计所面临的问题中,有时各个总体之间总会存在时间上或空间上的变化关系,如果能够对这种不同总体间的更新变化关系有比较清晰的把握,在这种更新变化关系满足特定条件时,可以用随机过程理论来处理这种广义的变动统计问题,从而对母体间变动趋势作出估计。例如,同一种产品在不同研制水平下的样本,可以划分为多个具有明显边界的阶段,每个阶段可看作同一总体,相邻阶段之间存在比较紧密的联系,因而,所有阶段在总体上呈现出一定的变化趋势。此时,可以利用各个不同阶段的数据进行分布(或分布参数)的变化趋势预测或阶段水平估计。线性模型(包括广义线性模型)是解决趋势预测问题的一般方法。

线性模型是现代统计学中应用最为广泛的模型之一,它通过自变量(也称协变量、伴随变量或解释变量)来描述不同总体之间的差异或变化趋势。从这个角度上讲,线性模型似乎是实现变动统计的天然方法。在实际应用过程中,可以通过Box-Cox变换(包括对数变换、平方根变换、倒数变换等)或其他变换方式(如Logistic变换)将非线性问题转化为一般线性模型来分析。对于观测变量不服从正态分布的情况,可以采用广义线性模型(Generalized Linear Model,GLM)建立不同总体分布均值之间的线性关系(称为联系函数或均值结构)。GLM 最初由 Nelder 和 Wedderburn 于 1972 年提出[41],其中的一些重要模型在生物医学和社会科学中得到了广泛应用。GLM 适用于指数分布族,如正态分布、Bernoulli 分布、泊松分布和 Gamma 分布等。因此,当试验数据存在多总体变动情况时,可以采用线性模型或 GLM 进行回归拟合,从而有效地估计总体变化趋势。例如,在含协变量的生存分析领域中,较为常见的位置刻度模型、比例危险率模型等都是由线性模型经过适当变换所得到的,它们可以很好地描述温度、压力等系统性因素对产品寿命的影响。在成败型试验分析中,也可以采用 Logistic 回归模型来分析不同因素对成功概率的影响。又如,文献[42]所提出的"动态分布参数""分布参数可变"的试验评估方法,就是基于最为常见的正态分布线性模型而建立的,其基本结构为

$$\theta_i = H_i\boldsymbol{\beta} + \varepsilon_i, \ \varepsilon_i \sim N(0, \delta_i^2)$$
$$X_{ij} \sim N(\theta_i, \sigma_i^2), j = 1, 2, \cdots, n_i$$

式中:X_{ij}为第i个总体中的样本,各个不同总体均值θ_i存在一定的线性关系;H_i为设计矩阵(常数矩阵);$\boldsymbol{\beta}$为协变量。借助 GLM 模型,可以将上述模型进一步扩展,得到更为一般的模型结构:

$$\theta_i \sim G(\boldsymbol{\beta}, H_i)$$
$$X_{ij} \sim F_i(\theta_i), j = 1, 2, \cdots, n_i$$

在上述模型中,第i个总体的样本X_{ij}服从参数为θ_i的随机分布F_i,而参数θ_i则服从参数为$\boldsymbol{\beta}$、H_i的分布G。一般为处理问题的方便,常常将G假设为正态分布,其均值函数具有线性或非线性结构,并以$\boldsymbol{\beta}$为协变量。基于上述假设,可以采用极大似然估计(Maximum Likelihood Estimation, MLE)或第二类极大似然估计(ML-II)方法获得参数或超参数的估计,从而进一步获得其他相关参数的估计。

可以看出,上述动态分布参数模型具有多层结构,并且具有趋势预测能力。对于此类估计问题,贝叶斯方法具有极大的优势。通过设置多层先验,贝叶斯方法不仅能够获得超参数的合理估计,并且能够对未来下一总体的分布参数进行预测,从而方便地实现递推估计。与上述思想类似的是时间序列分析中的贝叶斯动态预测方法[43],最初仅用于正态结构,目前已逐步发展出各种非正态分布的动态预测结构[44,45]。

上述方法提供了一种描述超参数变动和总体分布变动的一般结构,将多个总体之间的变化和差异反映在超参数或其分布上,并能够以递推的形式进行参数的估计和预测,可以在获得观测数据之后对超参数的分布进行估计和修改,这对于普通的贝叶斯相继律是一种有益的补充。此外,其本身递推的形式有利于在模型中进行干预,充分反映总体的各种变动情况,因而,对于异总体试验评估具有良好的适应性。在具体应用中,应当注意模型结构的设计、协变量的选取以及递推初值的计算。

3. 基于贝叶斯方法的多源先验信息融合

前已述及,变动统计方法与多源信息融合存在很多相似之处。为了克服单总体条件下小样本统计的困难,变动统计方法综合利用了多个总体的样本信息获得融合估计结果。基于贝叶斯方法的多源先验信息融合方法通过构造加权的先验分布,为不同来源的先验信息施以不同权重,通过贝叶斯推理获得融合的后验分布,是一种有效的融合方法。Berger 给出了基本的融合框架以及融合后验分布的计算方法[46]:

设由 m 个信息源获得的先验分布样本为 $x_1^{(i)}, \cdots, x_{n_i}^{(i)}, i = 1, 2, \cdots, m$,从而获得 m 个先验分布 $\pi_i(\theta)$ 及其融合权重 ε_i,混合先验分布为

$$\pi(\theta) = \sum_{i=1}^{m} \varepsilon_i \pi_i(\theta) \tag{2.8}$$

在获得现场样本 X 之后,贝叶斯后验分布为

$$\pi(\theta \mid X) = \sum_{i=1}^{m} \lambda_i \pi_i(\theta \mid X) \tag{2.9}$$

其中,后验融合权重为 $\lambda_i = \varepsilon_i m(X \mid \pi_i)/m(X \mid \pi)$,$m(X \mid \pi_i)$ 为先验取 π_i 时的边际分布。

可以看出,上述方法的核心是各个先验分布参数及其融合权重的计算。目前,关于融合权重,已有多种不同的可行方法,如以相容性水平来确定融合权重,或者定义某种"距离"来确定权重等[47]。

此外,由于变动统计问题一般不具备多传感器信息融合的数据冗余性和多样性,因此,在融合方法上,不能仅仅依靠样本本身的质量来决定融合权重(如根据各总体样本方差的大小施以不同权重),而需要考虑各个总体在样本数据之外的其他联系,如样本来源的可信度、专家经验的判断等。此外,在权重计算和先验分布的融合规则上,可以考虑多种约束条件,从而有效地加入样本之外的其他信息,通过挖掘多个相关总体的内在联系达到有机地融合估计的目的。

2.3.4 变动统计在装备试验评估中的应用

一、可靠性增长试验评估的研究思路

在可靠性增长过程中,按照故障纠正模式,可以分为即时纠正、延缓纠正和含延缓纠正三种类型。即时纠正模式较为简单,一般可以采用 AMSAA 模型进行分析。在延缓纠正和含延缓纠正模式下,一般将整个可靠性增长过程划分为多个阶段,阶段衔接处对多种故障进行集中纠正,因此产品可靠性水平呈现出跳跃式变化,需要对此类可靠性指标随阶段变化的情况作出评估。本书将充分挖掘多阶段可靠性增长过程中各个阶段之间的内在约束关系,通过顺序约束或增长因子建立不同阶段试验数据之间的联系。此外,针对某些可靠性过程阶段数较多的情况,考虑建立线性模型的方法进行多阶段数据的融合估计。

增长因子方法是解决多阶段可靠性增长评估的重要方法。它主要面临两个问题:一是如何确定折合系数;二是在折合系数确定之后如何进行折合。折合系数一般由专家给出,或者通过对历史数据、相似产品数据的比较和分析得出。在确定折合系数之后,对于折合方法(即折合系数的利用形式)的选择,本书将讨论不同的转换方法,提出一般的转换原则。此外,拟采用概率化的顺序约束条件(一种以概率形式表示的不等式约束),作为折合关系(一种等式约束)的补充,进而推导出前后两阶段特征参数或其分布参数应满足的关系。

含延缓纠正是多阶段可靠性增长分析的难点。对于此类试验,各个阶段参数

之间同样存在着一定的约束关系,但需要选择合适的参数建立顺序约束关系或增长因子。目前,顺序约束方法仅应用于多阶段延缓纠正试验。本书考虑将其推广到多阶段含延缓纠正试验评估中去。比较而言,在含延缓纠正的多阶段可靠性增长试验中,具有顺序约束的参数不易提取。此时,可以采用两种思路进行分析。一种思路是:选择每个阶段末尾的任务可靠度建立顺序约束关系;另外一种思路是:选择上阶段末尾的任务可靠度和下阶段起始时刻的任务可靠度建立顺序约束关系。第一种思路适用于多阶段试验的一般情况,即下阶段结束时刻的任务可靠度不低于上阶段结束时刻的任务可靠度,在此假设下的模型推理方法与延缓纠正模式下的多阶段顺序约束方法类似。第二种思路则更符合含延缓纠正可靠性增长的一般情况,由于阶段结束时进行了多个故障的集中维修,因此下阶段起始时刻的可靠度应高于上阶段结束时的可靠度,呈现阶跃式的变化。但在此思路下的建模方法需要新的 NHPP 过程模型,不能再沿用传统的 AMSAA 模型。因为,传统的 AMSAA 模型认为,在 $t=0$ 时刻的任务可靠度为 0,对于多阶段试验而言,这种假设就不再成立。因此本书拟在一般 NHPP 模型的基础上,提出多阶段 NHPP 模型,并分析模型的使用范围和选择原则,从而更加真实地描述多阶段可靠性增长过程中质量指标的变动情况。

对于可靠性增长试验阶段数较多的情况,本书将尝试采用 GLM 和多层贝叶斯方法进行多阶段可靠性增长试验数据的建模。在 GLM 建模过程中,难点在于构建自变量的线性组合与观测变量均值之间的函数关系,即联系函数。对于自变量,本书拟选择试验阶段数或试验进行时间,在必要时也可以选择试验阶段数、试验条件和其他外部因素等。在 GLM 的计算过程中,可以计算参数的 MLE,并通过渐进正态分布获得参数的区间估计。此外还可以借鉴贝叶斯动态预测方法,设计参数的递推计算方法。由于传统的贝叶斯动态预测方法仅适用于正态分布总体,要将其应用到多阶段可靠性增长中,必须将其修改以适用于其他分布类型。目前已有文献推导了指数分布总体、泊松分布总体、Gamma 分布总体下的贝叶斯动态预测方法。

二、武器战技指标评估的研究思路

导弹命中概率的评估是武器战技指标评估的重要内容。在评估过程中,不仅面临着试验数据少的小样本问题,还涉及子母弹、目标运动情况下的计算方法。并且,受限于武器成本和研制任务要求,试验往往分多个批次展开,各批次之间存在技术状态的变化,需要根据多批次试验数据,对主要性能参数的变动情况展开分析,获得融合评估结果。此外,仿真技术的利用为试验评估提供了较为充足的仿真试验数据,但却带来了仿真数据与飞行数据的融合评估问题。针对这些变动统计问题,本书将采用顺序约束方法分析多批次试验条件下的命中概率评定方法,并针对仿真信息与试验信息的融合应用展开讨论,建立新的贝叶斯多源信息融合方法,更好地解决仿真信息淹没试验信息的问题。

对于武器装备命中概率的多批次试验评估,将针对不同类型的试验数据,建立参数分布假设,研究小样本、子母弹情况下的命中概率计算方法。由于命中概率主要受到准确度和密集度两方面的共同影响,是一个综合指标,因此,本书考虑同时建立准确度和密集度指标的顺序约束关系,并在此假设下进行命中概率的融合计算,力争较为全面地解决多批次试验条件下命中概率指标的评定问题。

基于两类试验信息(仿真信息与飞行试验信息)的加权混合先验分布融合方法,是贝叶斯多源先验信息融合方法的一个典型应用。目前,常见的融合方式是首先利用仿真信息构建一个有信息先验分布,然后将其与无信息先验分布进行加权融合(权值依赖于仿真可信度),获得混合先验分布,进而将试验数据作为现场数据计算贝叶斯后验分布。这种方式虽然可以在一定程度上避免仿真数据淹没现场数据,但是由于无信息先验分布大多不是严格的密度函数(即积分不为1),因此,在无信息先验分布常数的选择上带有一定的人为性,将导致后验权重失去意义。本书拟对混合后验分布中的融合权重加以分析,讨论原始方法在估计性能上的缺陷,并对权重计算方法加以改进,对两种方法的性能加以比较。此外,考虑将这种方法进一步推广到多元正态分布和多源先验信息融合的情况,从而较为全面地解决多源信息条件下的命中概率评估问题。

参 考 文 献

[1] 张金槐,唐雪梅. Bayes 方法(修订版)[M]. 长沙:国防科学技术大学出版社,1993.
[2] 吴喜之. 现代贝叶斯统计学[M]. 北京:中国统计出版社,2000.
[3] Berger J O. Statistical decision theory and Bayesian analysis[M]. 2nd Eds. New York: Springer Verlag, 1985.
[4] Atwood C L. Constrained noninformative priors in risk assessment[J]. Reliability Engineering and System Safety, 1996, 53(1):37 – 46.
[5] R Development Core Team. R: A language and environment for statistical computing. R Foundation for Statistical Computing [OL]. Vienna, Austria. 2009, http://www.R-project.org.
[6] Ntzoufras I. Bayesian modeling using WinBUGS[M]. New Jersey: John Wiely & Sons, 2009.
[7] Albert J. Bayes computation with R[M]. 2nd Eds. New York: Springer, 2009.
[8] Zuur A F, Ieno E N, Meesters E, et al. A Beginner's Guide to R[M]. New York: Springer, 2009.
[9] 国防科学技术工业委员会. 地地战略导弹武器系统命中精度鉴定试验方法(GJB 2106—1994)[S]. 1995.
[10] 张金槐,刘琦,冯静. Bayes 试验分析方法[M]. 长沙:国防科学技术大学出版社,2007.
[11] Box G E P, Jenkins G M. 时间序列分析:预测与控制[M]. 顾岚译. 北京:中国统计出版社,1997.
[12] Ross S M. 随机过程[M]. 何声武,等,译. 北京:中国统计出版社,1997.

[13] 张永强,冯静,刘琦,等. 基于 Poisson – Normal 过程性能退化模型的可靠性分析[J]. 系统工程与电子技术,2006,28(11):1775 – 1778.

[14] 徐利治,等. 现代数学手册(随机数学卷)[M]. 武汉:华中科技大学出版社,2000.

[15] 吴翊,李永乐,胡庆军. 应用数理统计[M]. 长沙:国防科学技术大学出版社,1995.

[16] 任若恩,王惠文. 多元统计数据分析——理论、方法、实例[M]. 北京:国防工业出版社,1997.

[17] 韩崇昭,朱洪艳,段战胜. 多源信息融合[M]. 北京:清华大学出版社,2006.

[18] 谢红卫,汪浩,苏建志. 数据融合的技术观点[J]. 系统工程理论与实践,1994,14(6):13 – 18.

[19] 胡正东,李鹏奎,张士峰,等. 基于 Bayes 网络的惯导系统多源试验信息融合方法[J]. 宇航学报,2008,29(1):215 – 219.

[20] 冯静. 小子样复杂系统信息融合方法与应用研究[D]. 长沙:国防科学技术大学,2004.

[21] 周源泉. 质量可靠性增长与评定方法[M]. 北京:北京航空航天大学出版社,1997.

[22] 李鹏波. 仿真可信性及其在导弹系统一体化研究中的应用[D]. 长沙:国防科学技术大学1999.

[23] 刘鸿翔,田国梁. 尺度参数不相等时多个 Weibull 过程的统计分析[J]. 湖北教育学院学报,2003,20(5):1 – 6.

[24] 王黎明. 变点统计分析问题及其应用[J]. 内蒙古统计,2004(3):32 – 34.

[25] 张志华,王胜兵,金家善. 现场可靠性数据的变点分析[J]. 系统工程与电子技术,2006,28(6):937 – 940.

[26] 郭建英,周源泉. 可靠性增长数据突变点的辨识方法[J]. 系统工程与电子技术,1998,20(12):98 – 102.

[27] 钱峰,田蔚风,金志华,等. 惯性器件长期贮存性能可靠性灰色马氏链预测[J]. 上海交通大学学报,2004,38(10):1761 – 1763.

[28] Hsieh M H,Jeng S L,Shen P S. Assessing device reliability based on scheduled discrete degradation measurements[J]. Probabilistic Engineering Mechanics,2009,24(2):151 – 158.

[29] 张永强,冯静,刘琦,等. 基于 Poisson – Normal 过程性能退化模型的可靠性分析[J]. 系统工程与电子技术,2006,28(11):1775 – 1778.

[30] Barlow R E,Scheuer E M. Reliability growth during a development testing program[J]. Technometrics,1966,8(1):53 – 60.

[31] 周源泉,郭建英. 故障分类时顺序约束指数可靠性增长的 Bayes 精确限[J]. 仪器仪表学报,1999,20(6):626 – 629.

[32] 何国伟. 评估电子产品平均寿命的一种变动统计方法[J]. 电子学报,1981,16(9):70 – 74.

[33] 张士峰,杨万君. 异总体统计问题的 Bayes 分析[J]. 战术导弹技术,2003,24(2):33 – 37.

[34] 周源泉. 维修性增长的 Bayes 方法[J]. 质量与可靠性,2005,20(3):19 – 23.

[35] 周源泉. 估计逐次提高试制产品精度的 Bayes 方法[J]. 电子学报,1984,12(4):51 – 56.

[36] 刘飞. 固体火箭发动机可靠性增长试验理论及应用研究[D]. 长沙:国防科学技术大学,2006.

[37] 明志茂,张云安,陶俊勇,等. 基于新 Dirichlet 先验分布的超参数确定方法研究[J]. 宇航学报,2008,29(6):2062 – 2067.

[38] 蔡洪,张士峰,张金槐. Bayes 试验分析与评估[M]. 长沙:国防科学技术大学出版社,2004.

[39] 傅惠民. 解非线性方程组的一元化方法[J]. 机械强度,1999,21(3):205 – 207.

[40] 傅惠民. 整体推断的极大似然方法[J]. 机械强度,2002,24(1):1 – 5.

[41] Nelder J A,M R W. Wedderburn Generalized linear models[J]. Journal of the Royal Statistical society,1972,A(135):370 – 384.

[42] 张金槐. 分布参数可变时的 Bayes 估计[J]. 飞行器测控学报,2001,20(4):34–38.

[43] 张孝令,刘福升,张承进,等. 贝叶斯动态模型及其预测[M]. 济南:山东科学技术出版社,1992.

[44] 齐静. 动态 Poisson 模型及其贝叶斯预测[D]. 广州:中山大学,2005.

[45] 陈传勇. 双参数动态 Gamma 分布模型及贝叶斯预测[J]. 贵州师范大学学报(自然科学版),2004,22(4):64–66.

[46] Berger J O. Statistical decision theory and Bayesian analysis[M]. 2nd Eds. New York:Springer Verlag,1985.

[47] 任开军,吴孟达,刘琦. 先验分布融合的 KULLBACK 信息方法[J]. 装备指挥技术学院学报,2002,13(41):90–92.

第三章 多阶段延缓纠正可靠性增长试验评估方法

3.1 引　　言

本章主要研究指数寿命型产品的多阶段延缓纠正可靠性增长过程建模与评估。首先分析了此类可靠性增长过程的内部机理及建模方法,然后分别采用顺序约束方法、折合因子法、增长因子法、线性模型法进行分析,并比较这些方法的特点、适用范围和估计效果。

可靠性增长是一个广义的概念,在产品研制过程中可以通过改进设计来实现,在产品使用过程中可以通过连续的维修动作来实现。可靠性增长是指"随着产品设计、研制、生产阶段工作的逐步进行,产品的可靠性特征量逐步提高的过程",周源泉指出,可靠性增长应当还包括可修系统的使用阶段,也即在整个寿命周期中,随着可靠性工作的逐渐进行,产品的可靠性特征量逐渐提高的过程。产品在研制过程中需要进行可靠性试验,通过更改设计以提高产品可靠性参数,对其中所积累的可靠性试验数据进行及时的评估,有助于对产品可靠性进行跟踪、预测和鉴定。可修产品(非一次性产品)在使用过程中如果发生故障需要进行及时的维修,利用其中所积累的运行时间数据,可以有效地对产品当前的可靠性水平进行评估,从而制定相应的维修策略。因此,产品研制过程中的可靠性试验数据和可修系统使用过程中的运行时间数据具有相似的问题结构,可以采用类似的方法来分析。一般可以用故障发生时间 T_i 或故障间隔时间 $X_i = T_i - T_{i-1}$ 来描述。按照试验结束方式或数据收集方式,可以将试验分为时间截尾(I 型截尾或定时截尾)和故障截尾(II 型截尾或定数截尾)两种类型。

按照故障纠正策略,可以分为即时纠正、延缓纠正和含延缓纠正三种类型。对于即时纠正,目前已有大量文献进行了研究,最常见的是 Duane 给出的学习曲线模型和 Crow 给出的 AMSAA 模型。AMSAA 模型也称 NHPP 幂律模型(PLP 模型),被看做是 Duane 模型的概率解释。一般系统的可靠性增长过程由一系列连续的即时纠正措施组成,可以用 AMSAA 模型进行分析。但对于某些复杂系统或产品而言,在实际的可靠性增长过程中,由于试验成本或操作规程的影响,可靠性增长试验通常划分为多个阶段进行,对于阶段内的故障不采用纠正措施,当故障发生时,只进行简单的换件维修,所有故障都一并在阶段结束后统一进行纠正,这种方式被称为多阶段延缓纠正模式。Benton所提出的Step Intensity模型[1]即描述了此种现象。在某些可靠性增长过程中,对阶段内出现的故障采用不同的纠正措施,某些故障采用即时纠正方式,而某些采用简单的换件维修,最终一并在阶段结束时进行集中的设计改进或维修。例如,某些复杂的机电系统包含机械、电子等多种部件,对于电子器件或电子组成部分,失效分析经验丰富,纠正措施容易实现,多采用即时纠正措施,而对于较难纠正或纠正耗时较长、代价较大的故障,如机械设计缺陷导致的磨损、断裂等故障,则一并在阶段结束时统一进行纠正。这种可靠性增长方式被称为多阶段含延缓纠正模式。这种纠正模型下的可靠性增长试验评估方法将在第四章进行详细分析。

3.2 多阶段延缓纠正可靠性增长过程建模

对于多阶段延缓纠正模式,阶段内的失效数据可以采用更新过程或非齐次泊松过程(Homogeneous Poisson Process,HPP)过程模型来描述,阶段间则呈现可靠性特征量的跳跃变化。更新过程假设各故障间隔时间为独立同分布的随机变量。由于阶段内故障采用简单的换件维修,因此阶段内故障间隔时间符合更新过程假设。对于指数寿命型产品,阶段内故障数据服从指数更新过程。设第i阶段内的故障发生时间变量为$T_{ij},j=1,2,\cdots,n_i$,故障间隔时间变量为$X_{ij}=T_{ij}-T_{i(j-1)}$,n_i为第i阶段内故障发生次数,$T_{i0}=0$,则故障间隔时间X_{ij}服从指数分布$X_{ij}\sim\exp(\lambda_i)$,$\lambda_i$为阶段$i$内的系统失效率。对于阶段内的故障发生过程,也可以看作是故障个数随时间逐步累加的过程,因而也是一种计数过程,可以用泊松过程来描述。HPP是一种特殊的泊松过程,其强度函数为恒定值。在泊松过程中,时间t时刻的累积故障数$N(t)$满足以下假设。

(1) $N(0)=0$;

(2) 对于任何$m<n\leq p<q$,随机变量$N(m,n]$和$N(p,q]$相互独立,即非重叠区间上的故障数相互独立;

(3) 存在失效强度函数$\lambda(t)$,满足$\lambda(t)=\lim\limits_{\Delta t\to 0}\dfrac{P\{N(t,t+\Delta t]=1\}}{\Delta t}$;

(4) 同时发生两个或两个以上故障的概率为0,即$\lim\limits_{\Delta t\to 0}\dfrac{P\{N(t,t+\Delta t]\geq 2\}}{\Delta t}=0$。

在上述假设下,故障数$N(t)$服从泊松分布,即

$$P\{N(t)=k\}=\frac{\Lambda(t)^k}{k!}\exp[-\Lambda(t)]$$

均值函数$\Lambda(t)=\int_0^t\lambda(z)\mathrm{d}z$。进而可推导出,区间$(m,n]$上的故障数$N(m,n]$服从

泊松分布：

$$P\{N(m,n)=k\} = \frac{[\Lambda(n)-\Lambda(m)]^k}{k!}\exp[-\Lambda(n)+\Lambda(m)]$$

$$E(N(m,n)) = \mathrm{Var}(N(m,n)) = \Lambda(n) - \Lambda(m)$$

对于 HPP，$\lambda(t)$ 为恒定值，即 $\lambda(t) = \lambda, \Lambda(t) = \lambda t$。可以看出，指数更新过程与 HPP 过程是等价的，HPP 过程中的失效强度即等价于指数更新过程中的失效率。如果各个试验阶段采用延缓纠正模式，那么阶段内的可靠性水平将保持不变，而阶段之间呈现可靠性水平的跳跃式增长。整个可靠性增长过程是一个可靠性水平随阶段数不断变动的过程。

对于多阶段延缓纠正可靠性增长过程，设第 i 阶段内故障数服从强度为 λ_i 的 HPP 过程。该阶段内的故障发生时刻为 $t_{ij}, j=1,2,\cdots,n_i$，则对于时间截尾情况（设截尾时间为 t_{ci}），似然函数为式(3.1)，失效强度的极大似然估计为 $\hat{\lambda}_{iML} = t_{ci}/n_i$。

$$\begin{aligned}f(t_{ij},j=1,2,\cdots,n_i|\lambda_i) &= \prod_{j=1}^{n_i}\lambda_i\exp[-\lambda_i(t_{ij}-t_{ij-1})]\exp[-\lambda_i(t_{ci}-t_{n_i})]\\ &=\lambda_i^{n_i}\exp(-\lambda_i t_{ci})\end{aligned} \quad (3.1)$$

对于故障截尾情况，似然函数为式(3.2)，失效强度的极大似然估计为 $\hat{\lambda}_{iML} = t_{n_i}/n_i$。

$$f(t_{ij},j=1,2,\cdots,n_i|\lambda_i) = \prod_{j=1}^{n_i}\lambda_i\exp(-\lambda_i(t_{ij}-t_{ij-1})) = \lambda_i^{n_i}\exp(-\lambda_i t_{n_i}) \quad (3.2)$$

如果采用贝叶斯分析方法，一般取参数 λ_i 的先验分布为共轭分布，即 Gamma 分布，$\lambda_i \sim \Gamma(\alpha_{0i},\beta_{0i})$。$\Gamma(\alpha_{0i},\beta_{0i})$ 表示形状参数为 α_{0i}，尺度参数为 β_{0i} 的 Gamma 分布：

$$\pi_0(\lambda_i) = \frac{\beta_{0i}^{\alpha_{0i}}}{\Gamma(\alpha_{0i})}x^{\alpha_{0i}-1}\exp(-\beta_{0i}x)$$

对于定时截尾，相应的贝叶斯后验分布为

$$\pi(\lambda_i) \propto \lambda_i^{n_i+\alpha_{0i}-1}\exp[-(\beta_{0i}+t_{ci})\lambda_i]$$

即

$$\lambda_i|D_i \sim \Gamma(\alpha_{0i}+n_i,\beta_{0i}+t_{ci})$$

对于定数截尾，相应的贝叶斯后验分布为

$$\pi(\lambda_i) \propto \lambda_i^{n_i+\alpha_{0i}-1}\exp[-(\beta_{0i}+t_{n_i})\lambda_i]$$

即

$$\lambda_i|D_i \sim \Gamma(\alpha_{0i}+n_i,\beta_{0i}+t_{n_i})$$

式中：D_i 表示第 i 阶段的试验数据。需要说明的是，上述两种情况下的似然函数及贝叶斯分析过程同样适用于阶段内存在多台设备同时试验的情况,其中,t_{ci}为预设截尾时间到达时所有设备试验时间之和,t_{n_i}取预设故障数出现时的所有设备试验时间之和,n_i为所有设备的总故障数,其他分析过程不变。

对于多阶段延缓纠正可靠性增长试验,如果阶段内故障数据较多,可以仅利用单个阶段的失效数据,采用极大似然方法或贝叶斯方法来估计单个阶段内的可靠性水平。如果阶段内故障数据较少,单独利用阶段内的数据获得的失效率估计置信区间较大,因而不够准确。但考虑到阶段间存在明显的设计改进或者大量的维修操作,因此一般认为阶段间失效率存在一定的关联,即如果纠正措施有效,则$\lambda_i > \lambda_{i+1}$。此时可以采用顺序约束方法或增长因子来描述阶段间的这种关联关系。此外,如果有多个阶段的失效数据可以利用,还可以对多阶段失效率的变动情况进行线性模型建模和预测。由于同时利用了多个阶段的失效数据,所得估计结果将比仅利用单阶段数据获得的估计结果更加准确。下面将基于变动统计思路,分别讨论顺序约束法及其贝叶斯后验计算、增长因子的确定及转换原则、线性模型建模及贝叶斯预测方法。

3.3 顺序约束建模法

顺序约束建模方法是一种典型的变动统计方法,通过发掘各个参数间的序化关系,在贝叶斯后验求解时缩短参数置信区间,达到融合各阶段数据的目的。本节首先分析不同截尾情况下的序化关系检验方法,然后讨论先验分布及贝叶斯后验分布的不同计算方法,最后通过实例对MCMC方法和传统的近似计算方法进行比较。

3.3.1 序化关系分析与检验

对于指数寿命型产品的多阶段延缓纠正试验,一般可以假设阶段内产品失效率不发生变化。如果阶段间纠正措施有效,实现了可靠性增长,则各阶段失效率之间存在顺序约束关系:$\lambda_1 > \lambda_2 > \cdots > \lambda_m$,或可写为$R_1 < R_2 < \cdots < R_m$,即各阶段可靠性水平随试验进行而不断提高。其中,$R_i$表示$\lambda_i$所对应的任务时间可靠度。有时也可以写为$\lambda_1 \geq \lambda_2 \geq \cdots \geq \lambda_m$或$R_1 \leq R_2 \leq \cdots \leq R_m$,即可靠性水平随试验阶段推进不发生降低。

应用顺序约束关系之前需要进行检验。原假设为$H_0: \lambda_i \geq \lambda_{i-1}$,备择假设为$H_1: \lambda_i < \lambda_{i-1}$。考虑到原假设为复杂假设,不易进行检验,可以将其修改为$H_0: \lambda_i = \lambda_{i-1}$。若相邻两个段都采用定数截尾,则有$2\lambda_i t_{n_i} \sim \chi^2(2n_i)$,$2\lambda_{i-1} t_{n_{i-1}} \sim \chi^2(2n_{i-1})$,故

$$\frac{2\lambda_i t_{n_i}/2n_i}{2\lambda_{i-1}t_{n_{i-1}}/2n_{i-1}} = \frac{\lambda_i t_{n_i} n_{i-1}}{\lambda_{i-1} t_{n_{i-1}} n_i} \sim F(2n_i, 2n_{i-1}) \quad (3.3)$$

若 $(t_{n_i} n_{i-1})/(t_{n_{i-1}} n_i) \geqslant F_{1-\alpha}(2n_i, 2n_{i-1})$，则拒绝原假设，认为从 $i-1$ 阶段到 i 阶段产品的 MTBF 有显著增长，即 $\lambda_i < \lambda_{i-1}$。若相邻两个阶段均采用定时截尾，则近似有 $2\lambda_i t_{n_i} \sim \chi^2(2n_i+1), 2\lambda_{i-1}t_{n_{i-1}} \sim \chi^2(2n_{i-1}+1)$，故

$$\frac{2\lambda_i t_{n_i}/(2n_i+1)}{2\lambda_{i-1}t_{n_{i-1}}/(2n_{i-1}+1)} = \frac{\lambda_i t_{n_i}(2n_{i-1}+1)}{\lambda_{i-1}t_{n_{i-1}}(2n_i+1)} \sim F(2n_i+1, 2n_{i-1}+1) \quad (3.4)$$

若 $t_{n_i}(2n_{i-1}+1)/t_{n_{i-1}}(2n_i+1) \geqslant F_{1-\alpha}(2n_i+1, 2n_{i-1}+1)$，则拒绝原假设，认为 $\lambda_i \leqslant \lambda_{i-1}$。若相邻阶段采用不同的截尾方式，如第 $i-1$ 阶段采用定数截尾，而第 i 阶段采用定时截尾，则 $2\lambda_{i-1}t_{n_{i-1}} \sim \chi^2(2n_{i-1}), 2\lambda_i t_{n_i} \sim \chi^2(2n_i+1)$，故

$$\frac{2\lambda_i t_{n_i}/(2n_i+1)}{2\lambda_{i-1}t_{n_{i-1}}/(2n_{i-1})} = \frac{2\lambda_i t_{n_i} n_{i-1}}{\lambda_{i-1}t_{n_{i-1}}(2n_i+1)} \sim F(2n_i+1, 2n_{i-1}) \quad (3.5)$$

若 $\dfrac{2t_{n_i} n_{i-1}}{t_{n_{i-1}}(2n_i+1)} \geqslant F_{1-\alpha}(2n_i+1, 2n_{i-1})$，则拒绝原假设，认为 $\lambda_i \leqslant \lambda_{i-1}$。

如果试验数据较少，上述检验方法有可能产生偏差。此时，可以对产品失效机理和维修过程加以分析，并借助于专家经验来判断产品 MTBF 是否确有增长。

3.3.2 贝叶斯分析与后验计算

假设可靠性增长试验由 m 个阶段构成。对于第 i 个阶段，若采用定时截尾，设截尾时间为 t_{ci}，则第 i 阶段失效数据的分布密度为

$$\begin{aligned} f(t_{ij}, j=1,2,\cdots,n_i \mid \lambda_i) &= \prod_{j=1}^{n_i} \lambda_i \exp[-\lambda_i(t_{ij}-t_{i(j-1)})] \exp[-\lambda_i(t_{ci}-t_{n_i})] \\ &= \lambda_i^{n_i} \exp(-\lambda_i t_{ci}) \end{aligned} \quad (3.6)$$

则综合利用 m 个阶段试验数据构成的似然函数为

$$L(\lambda_1, \lambda_2, \cdots, \lambda_m) = \prod_{i=1}^m L(\lambda_i) = \prod_{i=1}^m \lambda_i^{n_i} \exp(-\lambda_i t_{ci}) \quad (3.7)$$

若采用定数截尾，失效数设定为 n_i，则似然函数为

$$L(\lambda_1, \lambda_2, \cdots, \lambda_m) = \prod_{i=1}^m L(\lambda_i) = \prod_{i=1}^m \lambda_i^{n_i} \exp(-\lambda_i t_{n_i}) \quad (3.8)$$

将 t_{ci} 或 t_{n_i} 简记为 τ_i，表示第 i 阶段的试验时间，则两种截尾下的似然函数为

$$L(\lambda_1, \lambda_2, \cdots, \lambda_m) = \prod_{i=1}^m \lambda_i^{n_i} \exp(-\lambda_i \tau_i) \quad (3.9)$$

若取 λ_i 先验分布为 $\pi_0(\lambda_i) = \Gamma(\lambda_i \mid \alpha_{i0}, \beta_{i0})$，可得后验分布为

$$\pi(\lambda_1, \lambda_2, \cdots, \lambda_m) \propto \prod_{i=1}^m \lambda_i^{\alpha_{i0}+n_i-1} \exp[-\lambda_i(\beta_{i0}+\tau_i)] \quad (3.10)$$

记 $\alpha_{i0}+n_i=\alpha_i$,$\beta_{i0}+\tau_i=\beta_i$,可得 $\pi(\lambda_1,\lambda_2,\cdots,\lambda_m)\propto \prod_{i=1}^{m}\lambda_i^{\alpha_i-1}\exp(-\lambda_i\beta_i)$。
利用序化关系 $\lambda_1>\lambda_2>\cdots>\lambda_m$,可得 λ_m 的边际密度函数为

$$\pi(\lambda_m)=\frac{\int_{\lambda_m}^{\infty}\int_{\lambda_{m-1}}^{\infty}\cdots\int_{\lambda_2}^{\infty}\prod_{i=1}^{m}\lambda_i^{\alpha_i-1}\exp(-\lambda_i\beta_i)\mathrm{d}\lambda_1\cdots\mathrm{d}\lambda_{m-2}\mathrm{d}\lambda_{m-1}}{\int_{0}^{\infty}\int_{\lambda_m}^{\infty}\cdots\int_{\lambda_2}^{\infty}\prod_{i=1}^{m}\lambda_i^{\alpha_i-1}\exp(-\lambda_i\beta_i)\mathrm{d}\lambda_1\cdots\mathrm{d}\lambda_{m-1}\mathrm{d}\lambda_m} \quad (3.11)$$

利用关系式 $\int_{\lambda}^{\infty}\Gamma(x;\alpha,\beta)\mathrm{d}x=\sum_{k=0}^{\alpha-1}\frac{(\lambda\beta)^k}{k!}e^{-\lambda\beta}$ 可得[2,3]:

$$\pi(\lambda_m)=A^{-1}\sum_{k_1=0}^{\alpha_1-1}\sum_{k_2=0}^{k_1+\alpha_2-1}\cdots\sum_{k_{m-1}=0}^{k_{m-2}+\alpha_{m-1}-1}[\omega(k_1,k_2,\cdots,k_{m-1})\Gamma(\lambda_m;k_{m-1}+\alpha_m,\beta_{(m)})]$$
$$(3.12)$$

其中

$$A=\sum_{k_1=0}^{\alpha_1-1}\sum_{k_2=0}^{k_1+\alpha_2-1}\cdots\sum_{k_{m-1}=0}^{k_{m-2}+\alpha_{m-1}-1}\omega(k_1,k_2,\cdots,k_{m-1})$$

$$\omega(k_1,k_2,\cdots,k_{m-1})=\prod_{i=1}^{m-1}\frac{\Gamma(k_i+\alpha_{i+1})}{k_i!}\left[\frac{\beta_{(i)}}{\beta_{(i+1)}}\right]^{k_i},\beta_{(m)}=\sum_{i=1}^{m}\beta_i \quad (3.13)$$

由式(3.13)可得,λ_m 的置信度为 γ 的置信上限 $\lambda_{m,U}$,但计算较为繁琐,可以按照矩相等的原则将其拟合为 Gamma 分布。首先求取一、二阶矩:

$$u=E(\lambda_m)=A^{-1}\sum_{k_1=0}^{\alpha_1-1}\sum_{k_2=0}^{k_1+\alpha_2-1}\cdots\sum_{k_{m-1}=0}^{k_{m-2}+\alpha_{m-1}-1}\left[\omega(k_1,k_2,\cdots,k_{m-1})\frac{k_{m-1}+\alpha_m}{\beta_{(m)}}\right]$$

$$v=E(\lambda_m^2)=A^{-1}\sum_{k_1=0}^{\alpha_1-1}\sum_{k_2=0}^{k_1+\alpha_2-1}\cdots\sum_{k_{m-1}=0}^{k_{m-2}+\alpha_{m-1}-1}\left[\omega(k_1,k_2,\cdots,k_{m-1})\frac{(k_{m-1}+\alpha_m)(k_{m-1}+\alpha_m+1)}{\beta_{(m)}^2}\right]$$
$$(3.14)$$

如果假设 λ_m 的后验分布为 $\lambda_m\sim\Gamma(\alpha_2',\beta_2')$,则有

$$\beta_2'=\frac{u}{v-u^2},\alpha_2'=\beta_2'u$$

需要注意的是,上述方法仅是近似解,如果 u、v 计算式中的参数 α_i、β_i 不是整数,那么存在计算上的偏差,只能通过插值的方式求解。为了避免烦琐的积分计算和近似计算,可采用 MCMC 方法对后验分布进行抽样。后验分布为

$$\pi(\lambda_1,\lambda_2,\cdots,\lambda_m)\propto\prod_{i=1}^{m}\lambda_i^{\alpha_i-1}\exp(-\lambda_i\beta_i),\lambda_1>\lambda_2>\cdots>\lambda_m \quad (3.15)$$

则满条件分布为截尾的 Gamma 分布:

$$\pi(\lambda_i|\lambda_1,\cdots,\lambda_{i-1},\lambda_{i+1},\cdots,\lambda_m)\propto\lambda_i^{\alpha_i-1}\exp(-\lambda_i\beta_i) \quad (3.16)$$

且 $\lambda_i\in(\lambda_{i+1},\lambda_{i-1})$,$i=1,2,\cdots,m$,并记 $\lambda_0=\infty$,$\lambda_{m+1}=0$。因此,各个参数后验求

解的 MCMC 方法如下。

(1) 首先对参数向量赋初值 $\lambda_i^{(0)}, i=1,2,\cdots,m$。注意初值应满足约束关系式。假定对于 $\forall k \in Z, \lambda_0^{(k)} = \infty, \lambda_{(m+1)}^{(k)} = 0$。取 $k=1, i=1$。

(2) 由 $\Gamma(\alpha_i, \beta_i)$ 抽样产生 λ_i^*，如果 $\lambda_i^* \notin (\lambda_{i+1}^{(k)}, \lambda_{i-1}^{(k-1)})$，则转向(2)；否则转向(3)。

(3) 令 $\lambda_i^{(k)} = \lambda_i^*$，若 $i \leq m$，则令 $i = i+1$ 并转向(2)，否则令 $i=1, k=k+1$ 并转向(2)。

按照上述步骤可以产生一系列抽样值，当抽样次数 k 足够大时，可以选取 $M(M>5000)$ 个抽样点之后的点来估计参数 $\lambda_i, i=1,2,\cdots,m$ 的贝叶斯后验分布。

如果没有先验信息可以利用，可以设计无信息先验分布密度函数。对于第 i 阶段的数据 (n_i, τ_i)，若为定时截尾，按照 Jeffreys 准则，由似然函数 $L = \lambda_i^{n_i} \exp(-\lambda_i \tau_i)$ 可得先验分布为

$$\pi(\lambda_i) = [\det(I(\lambda_i))]^{1/2} = \left[\det\left(-E\left(\frac{\partial^2 \ln L(\lambda_i)}{\partial \lambda_i^2}\right)\right)\right]^{1/2}$$

$$= \frac{1}{\lambda_i}[E(n_i)]^{1/2} = \frac{1}{\lambda_i}(\lambda_i \tau_i)^{1/2} \propto \frac{1}{\sqrt{\lambda_i}} \tag{3.17}$$

则无信息情况下的贝叶斯后验分布为 $\pi(\lambda_i | D_i) \propto \lambda_i^{n_i - 0.5} e^{-\lambda_i \tau_i}$，即 $\lambda_i | D_i \sim \Gamma(n_i + 0.5, \tau_i)$，其中 D_i 表示第 i 阶段的试验数据 (n_i, τ_i)。如果阶段内为定数截尾，则同理可得无信息先验为 $\pi(\lambda_i) \propto 1/\lambda_i$，后验分布为 $\pi(\lambda_i | D_i) \propto \lambda_i^{n_i - 1} e^{-\lambda_i \tau_i}$，即 $\lambda_i | D_i \sim \Gamma(n_i, \tau_i)$。

此外，关于上述序化关系及先验分布的设定，有不同的形式。文献[3]采用任务可靠度 R 的序化关系进行分析，并设其先验分布为对数 Gamma 分布，推导了相应的精确解与近似解。此外，还可以采用次序 Dirichlet 分布[4]或新 Dirichlet 分布[5]进行分析。

3.3.3 示例分析与比较

采用文献[3]中例 7.22 的数据，两阶段试验数据分别为 $(n_1, \tau_1) = (2,300)$ 和 $(n_2, \tau_2) = (1,1200)$。为了便于对结果进行比较，这里将利用 MCMC 方法所得到的 λ_2 的后验分布，通过矩等效原则转换为 Gamma 分布 $\lambda_2 \sim \Gamma(\alpha_2', \beta_2')$，并求出相应的置信度为 0.9 的置信上限 λ_{2H} 以及 MTBF 的置信下限 $M_{2L}(M_{2L} = 1/\lambda_{2H})$，对两种方法求出的分布参数 $\alpha_2'、\beta'$ 和 MTBF 置信下限 M_{2L} 进行比较，比较结果如表 3.1 所列。

表 3.1 近似方法与 MCMC 方法的结果比较

估计值	定时截尾 近似方法	MCMC	相对偏差	定数截尾 近似方法	MCMC	相对偏差
$E(\lambda_2)$	1.1849×10^{-3}	1.2040×10^{-3}	1.6%	7.7781×10^{-4}	7.7252×10^{-4}	-0.7%
$\mathrm{Var}(\lambda_2)$	9.0057×10^{-7}	9.2375×10^{-7}	2.6%	5.8027×10^{-7}	5.7581×10^{-7}	-0.8%
α_2'	1.5590	1.5692	0.7%	1.0426	1.0364	-0.6%
β_2'	1315.7235	1303.3571	-1.0%	1340.4255	1341.6360	0.1%
λ_{2H}	2.4460×10^{-3}	2.4815×10^{-3}	1.5%	1.7726×10^{-3}	1.7632×10^{-3}	-0.5%
M_{2L}	408.8228	402.9881	-1.4%	564.15	567.16	0.5%

从表 3.1 中可以看出,两种方法的结果相差不大,说明在这个例子中,采用 MCMC 方法进行后验分布的计算是可行的,具有较好的操作性和较高的计算精度。

3.4 折合因子法

可靠性增长试验在每一个阶段的故障数据是有限的,评价当前阶段(第 $k+1$ 阶段)系统的可靠性,需要利用此前所有阶段的试验信息。改进和利用贝叶斯定理的相继律,通过失效率 λ_k 的先验分布,将历史试验信息从一个阶段传递到下一个阶段,是一种比较合理的做法。

在可靠性工程或其他工程领域,折合因子的思想被广泛运用于在不同阶段之间、不同环境之间进行信息传递或等效处理,如用于地面试验和飞行试验等效转换的天地因子,用于加速寿命试验研究的环境折合因子等。这是一种工程化的方法。在可靠性增长研究中,通常的做法是将折合因子定义为 $\zeta_k = \lambda_{k+1}/\lambda_k$,即相邻试验阶段的失效率之比,通过折合因子的估计值这种外源约束,在相邻试验阶段之间建立联系。

目前,具有一定工程实用性的做法是先利用 F 分布的分位点或者其他方法[6]来估计确定折合因子,再用折合因子将前一阶段的试验结果折算成当前阶段的先验试验结果,得到归一化和扩增后的试验结果(样本扩容),然后进行统计推断。但是,这样的做法忽略了折合因子在统计方面的特性,精度也难以保证。本节首先讨论利用 F 分布的分位点来估计确定折合因子的工程折算方法,并对它进行了修正;然后研究将折合因子 ζ_k 视为一个随机变量[7,8]的处理方法。在后一种方法中,认为折合因子服从某种分布参数未知,但类型已知的分布,可以根据经验贝叶斯方法确定未知的分布参数,于是,在得到 ζ_k 的分布和 λ_k 的后验分布后,可以求出 λ_{k+1} 的先验分布,再根据第 $k+1$ 阶段的试验数据,得到 λ_{k+1} 的后验分布,这样就可以得到一个闭合的递推公式,对可靠性增长进行贝叶斯可靠性评定。

3.4.1 折合因子的定义及其F分布分位点估计

定义折合因子为相邻两个试验阶段的失效率之比,即

$$\zeta_k = \frac{\lambda_{k+1}}{\lambda_k}, \qquad k=1,2,\cdots,n, 0<\zeta_k<1 \tag{3.18}$$

注意到指数寿命型产品定时截尾试验的特点,可得

$$2\lambda_k\tau_k \sim \chi^2(2z_k+2), k=1,2,\cdots,n \tag{3.19}$$

假定各阶段的可靠性增长试验是相互独立的,有

$$\frac{2\lambda_{k+1}\tau_{k+1}/(2z_{k+1}+2)}{2\lambda_k\tau_k/(2z_k+2)} = \frac{\zeta_k\tau_{k+1}(z_k+1)}{\tau_k(z_{k+1}+1)} \sim F(2z_{k+1}+2, 2z_k+2) \tag{3.20}$$

利用置信水平为 γ 的F分布分位点,可以得到 ζ_k 置信度为 $1-\gamma$ 的置信下限估计为

$$\zeta_k(L,\gamma) = \frac{\tau_k(z_{k+1}+1)}{\tau_{k+1}(z_k+1)} F_{L,\gamma}(2z_{k+1}+2, 2z_k+2) \tag{3.21}$$

对于定时截尾试验,可以将第 k 阶段的试验结果 (z_k, τ_k),等效折算成第 $k+1$ 阶段的先验试验结果,即 $(z_k\zeta_k(L,\gamma), \tau_k)$。其含义为如果在第 k 阶段投试的产品与改进之后的第 $k+1$ 阶段的产品基本相同,故障次数应该按照折合因子打上相应的折扣。考虑到F分布同时使用了第 k 阶段和第 $k+1$ 阶段的试验信息,这种做法具有一定的合理性。因此,可以综合得到第 $k+1$ 阶段失效率的后验点估计为

$$\hat{\lambda}_{k+1} = \frac{z_{k+1} + z_k\zeta_k}{\tau_k + \tau_{k+1}} \tag{3.22}$$

一个明显的问题是在这种方法中,取不同的置信水平, ζ_k 的取值也会不同,从而影响阶段间的信息传递以及可靠性评估。下面通过算例来说明置信度对可靠性评估结果的影响。

例 3.1 采用文献[9]讨论过的一部分数据。若对某系统进行了3个阶段的可靠性增长试验,每个阶段结束后,有效地改进了系统设计,得到如下3组试验数据:$(z_1,\tau_1)=(19,125)$,$(z_2,\tau_2)=(13,250)$,$(z_3,\tau_3)=(3,125)$。试分析不同的置信水平对系统可靠性增长评估结果的影响。

在第1阶段试验之前,没有先验的试验信息,可以得到 λ_1 的点估计为

$$\hat{\lambda}_1 = 19/125 = 0.152$$

取折合因子的置信水平为 $\gamma=0.3$,则 $\zeta_1(L,\gamma)=0.4173$,即折算得到的第2阶段的先验试验信息为 $(z_2', \tau_2')=(19\times 0.4173, 125)=(7.93, 125)$;综合现场信息,第2阶段失效率的后验点估计为

$$\hat{\lambda}_2 = 0.0558$$

置信水平为20%对应的置信上限$\lambda_{2,U}=0.0657$,第2阶段的后验试验信息为$[z_1\zeta_1(L,\gamma)+z_2,\tau_1+\tau_2]=(20.93,375)$。再将此信息折算转化为第3阶段的先验试验信息。仍取折合因子的置信水平为$\gamma=0.3$,有$\zeta_2(L,\gamma)=0.532$,于是,第3阶段的先验试验信息为$(z_2',\tau_2')=(11.15,375)$,综合第3阶段现场信息,失效率的后验点估计为

$$\hat{\lambda}_3=0.0283$$

置信水平为20%对应的置信上限为$\lambda_{3,U}=0.0345$。系统MTBF的点估计为$\hat{\theta}_3=38.023$,其置信水平为20%,置信下限为$\theta_{3,L,0.8}=28.32$。

表3.2给出了取不同的置信水平时,估计得到的折合因子以及失效率的计算结果。

表3.2 不同置信水平下的折合因子及可靠性参数

置信水平	$\zeta_1(L,\gamma)$	$\hat{\lambda}_2$	$\zeta_2(L,\gamma)$	$\hat{\lambda}_3$	$\lambda_{3,U,0.8}$	$\hat{\theta}_3$	$\theta_{3,L,0.8}$
0.20	0.466	0.0583	0.599	0.0322	0.0387	33.11	25.81
0.25	0.439	0.0569	0.564	0.0301	0.0363	35.60	27.50
0.30	0.417	0.0558	0.533	0.0283	0.0344	38.02	28.32
0.35	0.397	0.0548	0.504	0.0267	0.0326	40.44	30.62
0.40	0.379	0.0539	0.477	0.0254	0.0310	42.90	32.22
0.45	0.363	0.0531	0.452	0.0240	0.0296	45.44	33.82
0.50	0.347	0.0523	0.428	0.0228	0.0282	48.08	35.42

从表3.2中可以看出,取不同的置信水平时,折合因子取值也会不同,失效率和MTBF的点估计的差别比较大,这在工程应用中给失效率的评估带来了不确定性。一般情况下,置信水平γ应在$0.25 \sim 0.5$之间。

为了尽量克服不同的置信水平给评估结果带来的不稳定,也可以采用第二类最大似然法(ML-II)来估计折合因子,将前一阶段的试验信息折合到下一阶段,再对系统进行可靠性评估。

设第k阶段的后验试验信息为(z_{kD},τ_{kD}),第$k+1$阶段的现场试验信息为(z_{k+1},τ_{k+1})。引入折合因子ζ,对于定时截尾试验,第k阶段的试验信息(z_{kD},τ_{kD})将被折算成第$k+1$阶段的先验信息为$(\zeta z_{kD},\tau_{kD})$,根据顺序约束的假设,可认为$0<\zeta<1$。

部分样本z_{k+1}的边际分布$m(z_{k+1})$为

$$m(z_{k+1})=\frac{\tau_{k+1}^{z_{k+1}}}{z_{k+1}!}\frac{\Gamma(z_{k+1}+\zeta\cdot z_{kD})}{\Gamma(\zeta z_{kD})}\frac{\tau_{kD}^{\zeta z_{kD}}}{(\tau_{k+1}+\tau_{kD})^{z_{k+1}+\zeta z_{kD}}} \quad (3.23)$$

令$\partial \ln m(z_{k+1})/\partial \zeta=0$,可得

$$I(z_{k+1}+\zeta z_{kD})-I(\zeta z_{kD})+\ln\tau_{kD}-\ln(\tau_{k+1}+\tau_{kD})=0 \quad (3.24)$$

利用数值解法,可以解出满足式(3.24)的$\hat{\zeta}$。

得到$\hat{\zeta}$后,就确定了第$k+1$阶段的先验试验信息$(\hat{\zeta}z_{kD},\tau_{kD})$,与前述类似,就可以估计得到系统当前阶段的失效率和MTBF。

例3.2 仍使用例3.1的试验数据,试采用第二类最大似然法(ML-II)来估计折合因子,并评估系统的可靠性。

第1阶段试验之前,没有先验的试验信息。首先考虑将第1阶段试验数据折合到第2阶段,计算折合因子的迭代精度取为0.0001,使用数值解法可得$\hat{\zeta}_{1,2}=0.368$。因此,折算得到的第2阶段的先验试验信息为

$$(\hat{\zeta}_{1,2}z_1,\tau_1)=(6.992,125)$$

结合第2阶段的现场试验数据,可以得到第2阶段失效率的点估计为

$$\hat{\lambda}_2=0.0533$$

而第2阶段的后验试验数据为

$$(z_{2D},\tau_{2D})=(19.992,375)$$

与F分布分位点方法得到的估计结果(表3.2)相比,这相当于在估计折合因子时,置信水平取为0.435,处于0.25~0.5之间。

然后,考虑将第2阶段后验数据折合到第3阶段,计算折合因子的迭代精度仍取为0.0001,使用数值解法可得$\hat{\zeta}_{2,3}=0.475$。因此,折算得到的第3阶段的先验试验信息为

$$(\hat{\zeta}_{2,3}z_{2D},\tau_{2D})=(9.496,375)$$

第3阶段失效率的点估计为$\hat{\lambda}_3=0.0250$。后验试验信息为

$$(z_{3D},\tau_{3D})=(12.496,500)$$

这相当于置信水平取为0.411,处在0.25~0.5之间。此时,第3阶段失效率置信度为80%的置信上限为$\lambda_{3,U,0.8}=0.0307$,而MTBF的点估计为$\hat{\theta}_3=43.49$,置信度为80%的置信下限为$\theta_{3,L,0.8}=32.57$。

与利用F分布分位点的折合方法相比,这种修正的折合方法排除了因置信水平选择导致的不确定性问题,而且计算并不复杂,简单的一维搜索方法即可迅速得到满意解,计算结果较好。这种折合方法使用纯数学方法,没有涉及主观经验,是一种比较具有工程实用价值的方法。还要提及的是,当阶段内数据较多时,也可以直接分阶段估计失效率,用它们的比值作为折合因子的估计,即有$\zeta_k=\hat{\lambda}_{k+1}/\hat{\lambda}_k$。

3.4.2 折合因子的随机化方法

F分布分位点折合方法及其修正,都将折合因子视为一个常数,而忽略了折合因子在统计方面的特性。

1. 折合因子的分布

与文献[10]类似,将折合因子 ζ_k 视为一个随机变量,并认定它服从逆 Gamma 分布[11],其概率密度函数为

$$\Gamma^{-1}(\zeta_k; a_k, b_k) = \frac{a_k^{b_k}}{\Gamma(b_k)} \zeta_k^{-(b_k+1)} e^{-\frac{a_k}{\zeta_k}} \quad (3.25)$$

式中:a_k、b_k 为待估参数;$\Gamma(\cdot)$ 为 Gamma 函数。

选定逆 Gamma 分布作为 ζ_k 的分布,是基于以下两个方面的原因,一是逆 Gamma 分布具有比较好的适应性,选择合适的分布参数,它可以迫近一大类概率分布函数;二是在绝大多数情况下,失效率将服从 Gamma 分布。因此,逆 Gamma 分布不仅合理,而且计算也比较方便。由式(3.25)可以得到折合因子 ζ_k 的均值为 $a_k/(b_k-1)$,方差为 $a_k^2/[(b_k-1)^2(b_k-2)]$。

由式(3.20),可以得到折合因子 ζ_k 的均值和方差分别为

$$\mu_k = \frac{(z_{k+1}+1)\tau_k}{z_k \tau_{k+1}} \quad (3.26)$$

$$\sigma_k^2 = \frac{(z_{k+1}+1)(z_{k+1}+z_k+1)\tau_k^2}{z_k^2(z_k-1)\tau_{k+1}^2} \quad (3.27)$$

采用矩等效原则,有

$$\begin{cases} \dfrac{a_k}{b_k-1} = \mu_k \\ \dfrac{a_k^2}{(b_k-1)^2(b_k-2)} = \sigma_k^2 \end{cases} \quad (3.28)$$

于是,可以由相邻两阶段的试验数据,求解得到折合因子逆 Gamma 分布中的参数:

$$\hat{b}_k = \frac{\mu_k^2}{\sigma_k^2} + 2 \quad (3.29)$$

$$\hat{a}_k = \mu_k(\hat{b}_k - 1) \quad (3.30)$$

至此,可以得到折合因子所服从的逆 Gamma 分布,继而可以进行不同试验阶段间的信息传递。

2. 先验分布的确定及可靠性评估

假设第 k 阶段失效率 λ_k 的先验分布 $\pi(\lambda_k)$ 为 Gamma 分布 $\Gamma(\alpha_k, \beta_k)$,当获得第 k 阶段数据 (z_k, τ_k) 后,其后验分布 $\pi(\lambda_k|X_k)$ 也是 Gamma 分布 $\Gamma(\lambda_k; \alpha_k + \tau_k, \beta_k + z_k)$。

通常认为折合因子 ζ_k 和失效率 λ_k 为独立的随机变量,根据 Mellin 变换,可以得到 λ_{k+1} 的先验分布为

$$\pi(\lambda_{k+1}) = \int_0^\infty \frac{\Gamma(\lambda_k;\alpha_k+\tau_k,\beta_k+z_k)\Gamma^{-1}\left(\frac{\lambda_{k+1}}{\lambda_k};\hat{a}_k,\hat{b}_k\right)}{\lambda_k}\mathrm{d}\lambda_k$$

$$= \frac{(\alpha_k+\tau_k)^{\beta_k+z_k}}{\Gamma(\beta_k+z_k)}\frac{\hat{a}_k^{\hat{b}_k}\Gamma(\beta_k+z_k+\hat{b}_k)}{\Gamma(\hat{b}_k)}\frac{\lambda_{k+1}^{\beta_k+z_k-1}}{(\hat{a}_k+\alpha_k\lambda_{k+1}+\tau_k\lambda_{k+1})^{\hat{b}_k+\beta_k+z_k}}$$

(3.31)

当获得第 $k+1$ 阶段的试验信息 (z_{k+1},τ_{k+1}) 后，其似然函数为

$$L[(z_{k+1},\tau_{k+1})\mid\lambda_{k+1}] = \frac{(\lambda_{k+1}\tau_{k+1})^{z_{k+1}}}{z_{k+1}!}\mathrm{e}^{-\lambda_{k+1}\tau_{k+1}} \quad (3.32)$$

运用贝叶斯定理进行第 k 阶段试验信息与第 $k+1$ 阶段试验信息的转换，可以得到 λ_{k+1} 的后验分布为

$$\pi(\lambda_{k+1}\mid z_{k+1},\tau_{k+1}) = \frac{\pi(\lambda_{k+1})L[(z_{k+1},\tau_{k+1})\mid\lambda_{k+1}]}{\int_0^\infty \pi(\lambda_{k+1})L[(z_{k+1},\tau_{k+1})\mid\lambda_{k+1}]\mathrm{d}\lambda}$$

$$= \frac{\dfrac{\lambda_{k+1}^{\beta_k+z_k+z_{k+1}-1}\mathrm{e}^{-\lambda_{k+1}\tau_{k+1}}}{(\hat{a}_k+\alpha_k\lambda_{k+1}+\tau_k\lambda_{k+1})^{\hat{b}_k+\beta_k+z_k}}}{\int_0^\infty \dfrac{\lambda_{k+1}^{\beta_k+z_k+z_{k+1}-1}\mathrm{e}^{-\lambda_{k+1}\tau_{k+1}}}{(\hat{a}_k+\alpha_k\lambda_{k+1}+\tau_k\lambda_{k+1})^{\hat{b}_k+\beta_k+z_k}}\mathrm{d}\lambda_{k+1}}$$

(3.33)

基于式(3.33)给出的后验分布，就可以对产品的可靠性进行贝叶斯统计推断，例如，在 $1-\gamma$ 的置信度下，λ_{k+1} 的点估计 $\hat{\lambda}_{k+1}$ 和置信上限估计 λ_U 分别为

$$\hat{\lambda}_{k+1} = \int_0^\infty \lambda_{k+1}\pi(\lambda_{k+1}\mid z_{k+1},\tau_{k+1})\mathrm{d}\lambda_{k+1} \quad (3.34)$$

$$\int_0^{\lambda_U} \pi(\lambda_{k+1}\mid z_{k+1},\tau_{k+1})\mathrm{d}\lambda_{k+1} = 1-\gamma \quad (3.35)$$

3. 模型的等效转换

由于 λ_{k+1} 的后验分布形式比较复杂，为了在多阶段试验的可靠性评定中，能够方便地运用前一阶段的后验分布，需要进一步对后验分布做模型的等效变换。注意到 Gamma 分布是指数分布和 Poisson 分布的自然共轭先验分布，计算方便且先验分布参数有较明确的物理意义。另外，Gamma 分布也是一种适应性较好的分布，分布参数变化时，能以很高的精度迫近一大类分布。因此，可以将 λ_{k+1} 的后验分布等效转换为 Gamma 分布，转换原则为 Gamma 分布的前两阶矩和 $\pi(\lambda_{k+1}\mid(z_{k+1},\tau_{k+1}))$ 的两阶矩对应相等。

λ_{k+1} 的一阶矩为

$$\hat{\lambda}_{k+1} = \int_0^\infty \lambda_{k+1} \pi[\lambda_{k+1} \mid (z_{k+1}, \tau_{k+1})] d\lambda_{k+1} \tag{3.36}$$

λ_{k+1} 的二阶矩为

$$\gamma_{k+1} = \int_0^\infty \lambda_{k+1}^2 \pi[\lambda_{k+1} \mid (z_{k+1}, \tau_{k+1})] d\lambda_{k+1} \tag{3.37}$$

记 λ_{k+1} 的后验分布为 $\Gamma(\lambda_{k+1}; \alpha_{k+1}, \beta_{k+1})$，根据转换原则有

$$\begin{cases} \hat{\lambda}_{k+1} = \dfrac{\beta_{k+1}}{\alpha_{k+1}} \\ \gamma_{k+1} = \dfrac{(\beta_{k+1}+1)\beta_{k+1}}{\alpha_{k+1}^2} \end{cases} \tag{3.38}$$

则

$$\begin{cases} \hat{\alpha}_{k+1} = \dfrac{\hat{\lambda}_{k+1}}{\gamma_{k+1} - \hat{\lambda}_{k+1}^2} \\ \hat{\beta}_{k+1} = \dfrac{\hat{\lambda}_{k+1}^2}{\gamma_{k+1} - \hat{\lambda}_{k+1}^2} \end{cases} \tag{3.39}$$

从而确定了 λ_{k+1} 的近似后验分布 $\Gamma(\lambda_{k+1}; \hat{\alpha}_{k+1}, \hat{\beta}_{k+1})$。据此，也可以方便地对第 $k+1$ 阶段及其后各阶段产品的可靠性进行贝叶斯推断。依此类推，可以分析可靠性增长试验最后阶段所得到的产品失效率，从而预测推断产品在可靠性增长结束时的可靠性水平。

例 3.3 对某指数寿命型系统实施了两个阶段的可靠性增长试验（表 3.3）。第 1 阶段的试验时间为 100h，失效 2 次，第 1 阶段结束后，开展了一次有效的大修改；第 2 阶段的试验时间为 389h，失效 3 次，试评定该系统的可靠性。

表 3.3 某指数寿命型系统可靠性增长试验数据

阶段数(失效次数,试验时间)	第1阶段(2,100)		第2阶段(3,389)		
累计失效时间(h)	36.25	76.34	138.49	252.63	367.54

接下来将采用三种方法评定该系统的可靠性，并对结果加以比较。

（1）利用 F 分布分位点来估计作为未知常数的折合因子，对试验数据进行直接折算，即

$$\zeta_k = \dfrac{\tau_k(z_{k+1}+1)}{\tau_{k+1}(z_k+1)} F_{L,r}(2z_{k+1}+2, 2z_k+2)$$

取置信度为 50%，可以求出

$$\zeta_1 = 0.3530$$

由此可得等效试验数据为$(0.706,100)$。λ_2的贝叶斯点估计为
$$\lambda_2 = 0.0078$$
方差为
$$\sigma^2 = 1.8394 \times 10^{-5}$$

（2）通过普通的极大似然法来估计作为未知常数的折合因子，对试验数据进行直接折算，即
$$\zeta_k = \frac{\hat{\lambda}_{k+1}}{\hat{\lambda}_k} = \frac{z_{k+1}\tau_k}{z_k\tau_{k+1}}$$

计算得到
$$\zeta_1 = 0.3856$$
可得等效试验数据为$(0.751,100)$。λ_2的贝叶斯点估计为
$$\lambda_2 = 0.0079$$
方差为
$$\sigma^2 = 1.8444 \times 10^{-5}$$

（3）采用本节提出的折合因子随机化方法，用贝叶斯定理间接折合，综合使用第k阶段与第$k+1$阶段的试验信息，评定系统的可靠性。将试验数据$(z_1,\tau_1) = (2,100)$和$(z_2,\tau_2) = (3,389)$代入式(3.26)和式(3.27)，可得
$$\mu_1 = 0.5141, \sigma_1^2 = 0.3965$$

将μ_1、σ_1^2代入式(3.21)可得
$$\hat{b}_1 = 2.6666, \hat{a}_1 = 0.8568$$

取第1阶段失效率的先验分布为无信息先验分布，即$\pi(\alpha_1,\beta_1) = \Gamma(0,1/2)$

由式(3.31)~式(3.38)可得λ_2的一阶矩和二阶矩分别为
$$\hat{\lambda}_2 = 0.008053, \hat{\gamma}_2 = 7.9606 \times 10^{-5}$$

后验方差为
$$\sigma^2 = 1.4755 \times 10^{-5}$$

为求近似典型分布，代入式(3.39)可得
$$\alpha_2 = 554.7740, \beta_2 = 4.3951$$

于是，λ_2的典型后验分布为$\Gamma(\lambda_2;545.7740,4.3951)$。

比较以上三种方法的结果，可以发现失效率的点估计没有大的变化，而随机变量法的方差要小很多。这说明，以密度分布的形式来描述先验信息，用贝叶斯定理间接转换而不是直接折算前一阶段的试验信息，信息的综合利用率更高，对于参数估计的修正作用更大一些，因此，在小样本情况下，采用随机变量法处理折合因子，比工程上曾经实际使用的直接折算方法更为合理。

3.5 增长因子法

可靠性增长试验阶段间的信息传递,可以借鉴增长因子的思想。前提是第 k 阶段系统失效率的后验分布与第 $k+1$ 阶段的先验分布相互联系,第 $k+1$ 阶段先验分布均值为第 k 阶段后验分布均值与一个增长因子 $\eta_k(0<\eta_k<1)$ 的函数,而第 $k+1$ 阶段先验分布方差与第 k 阶段后验分布方差相等。

从增长因子的定义开始,试验信息就以分布的形式表示,利用相邻阶段均值和方差的等式约束,引入了必要的约束信息,可以用更多的方法对试验信息进行有机的传递和综合,扬弃了折合因子方法中对试验数据直接折算的做法。η_k 的大小反映了纠正措施的有效性,纠正措施越有效,η_k 值应越大。

3.5.1 增长因子的定义及现有的确定方法

考虑到在试验阶段之间,对产品故障进行了排除和修正,产品的失效率会有阶跃性减小。如果在第 $k+1$ 阶段,失效率 λ_{k+1} 的先验分布为 $\pi(\lambda_{k+1})=\Gamma(\alpha_{k+1},\beta_{k+1})$,其均值将为第 k 阶段后验分布均值与一个增长因子 η_k 的函数,即

$$E[\lambda_{k+1}]=E[\lambda_k|z_k,\tau_k](1-\eta_k),0<\eta_k<1 \tag{3.40}$$

由于 Gamma 分布的均值为

$$E[\lambda_k]=\alpha_k/\beta_k \tag{3.41}$$

于是

$$\frac{\alpha_{k+1}}{\beta_{k+1}}=\frac{\alpha_k+z_k}{\beta_k+\tau_k}(1-\eta_k) \tag{3.42}$$

再考虑到在可靠性增长试验中,相邻两阶段的试验条件、测试条件、环境条件等因素保持不变或变化很小,因此,通常又认为在相邻两阶段,产品失效率分布的方差保持不变,即第 $k+1$ 阶段先验分布方差与第 k 阶段后验分布方差相等,于是又有

$$\frac{\alpha_{k+1}}{\beta_{k+1}^2}=\frac{\alpha_k+z_k}{(\beta_k+\tau_k)^2} \tag{3.43}$$

由式(3.42)和式(3.43)可以解得

$$\begin{cases}\alpha_{k+1}=(\alpha_k+z_k)(1-\eta_k)^2\\ \beta_{k+1}=(\beta_k+\tau_k)(1-\eta_k)\end{cases} \tag{3.44}$$

在确定 η_k 之后,由式(3.44)就可以得到失效率 λ_{k+1} 在第 $k+1$ 阶段的先验分布,实现对贝叶斯相继律的改进。现在的问题是如何确定增长因子 η_k。

对于增长因子的确定,已有不少文献进行研究,文献[12]研究了服从 Weibull 分布的产品的可靠性验证试验,认为验证试验与前期所做的试验之间有继承性,从

而可以假定形状参数在不同阶段之间保持不变,并可以利用经典估计方法确定增长因子。具体来说,就是用经典估计方法直接估计出各阶段试验的失效率:

$$\lambda_k = \frac{n_k}{\tau_k}, \lambda_{k-1} = \frac{n_{k-1}}{\tau_{k-1}}$$

可得增长因子为

$$\eta_k = \frac{\lambda_{k-1} - \lambda_k}{\lambda_{k-1}}$$

文献[13-15]采用一种非参数贝叶斯可靠性增长模型,即试验阶段内可靠性增长服从幂率分布,而试验阶段之间的失效率通过增长因子联系。不过,他们选取增长因子的依据是改正措施的效果,而专家经验是效果界定的决定性因素。

文献[16]考虑延缓模式和含延缓模式下阶段间信息的传递时,也采取了增长因子的思想,并通过绘制先验和后验密度函数曲线,来直观地判断和验证增长因子的选取,以及先验分布参数的选取是趋于保守还是趋于乐观。例如,当先验分布密度曲线在后验分布密度曲线的右边时,说明对失效率的先验估计偏大,因而,该先验分布参数的选取趋于保守,增长因子的选取偏小。这种选取方法是一种试错验证法,也难免带有主观的色彩。

文献[17]针对液体火箭发动机的可靠性增长进行分析,认为液体火箭发动机的可靠性增长属于含延缓纠正模式,因此,先将阶段内的增长数据折合为指数寿命型试验数据,而对于阶段间信息的传递采用了增长因子的思想,但并没有给出增长因子的确定方法和后验分布及可靠性指标的计算方法。

还有些研究人员通过专家信息库来获取不同试验阶段的历史信息,从而确定增长因子。如 Benton 和 Crow 经过对大量产品进行估计分析后指出,η_i 的平均值为 0.7,η_i 的范围为 0.55~0.85[1]。IEC1164 指出,η_i 的平均值为 0.7,而其典型的取值范围是 0.65~0.75。

上述这些文献虽然都采用了增长因子的方法进行试验阶段之间的信息传递,但普遍存在的问题是,增长因子的确定方法缺乏客观性,这将导致最终的评估结果稳健性欠佳。

3.5.2　增长因子的 F 分布分位数确定方法

如果只考虑到折合因子对失效率均值阶跃变化的描述特性,仍然可以用 F 分布的 γ 分位数来估计增长因子。对指数寿命型产品的定时截尾试验而言,有

$$2\lambda_k \tau_k \sim \chi^2(2z_k + 2), k = 1, 2, \cdots, n \tag{3.45}$$

假定各阶段的可靠性增长试验是相互独立的,有

$$\frac{2\lambda_k \tau_k / (2z_k + 2)}{2\lambda_{k+1} \tau_{k+1} / (2z_{k+1} + 2)} = \frac{C \cdot \tau_k (z_{k+1} + 1)}{\tau_{k+1} (z_{k+1} + 1)} \sim F(2z_k + 2, 2z_{k+1} + 2) \tag{3.46}$$

式中：$C=\lambda_k/\lambda_{k+1}$，$C>1$，等于两个阶段试验中系统失效率之比。

定义 C 的显著性水平为 γ 的置信下限为 $C_{L,\gamma}$，则

$$C_{L,\gamma} = \frac{\tau_{k+1}(z_k+1)F_{L,\gamma}(2z_k+2,2z_{k+1}+2)}{\tau_k(z_k+1)} \tag{3.47}$$

式中：$F_{L,\gamma}(2z_k+2,2z_{k+1}+2)$ 为自由度 $(2z_k+2,2z_{k+1}+2)$ 的 F 分布的 γ 分位数。

根据 η_k 的计算公式，结合式(3.47)可推导出增长因子 η_k 为

$$\eta_k = 1 - 1/C_{L,\gamma} \tag{3.48}$$

增长因子的计算式(3.48)中，用到了 C 的置信下限，因此，相对于经典统计方法得到估计值

$$\eta_k = \frac{\hat{\lambda}_{k-1} - \hat{\lambda}_k}{\hat{\lambda}_{k-1}}$$

而言，η_k 的选取是较为保守的。

3.5.3　增长因子的 ML-Ⅱ 确定方法

ML-Ⅱ方法是 Robbins 和 Berger 等人所倡导的一种"超前的方法"，因为它在构造当前阶段的先验信息时，不仅利用了该阶段以前的历史信息，还融合了该阶段当前的试验信息。但在指数寿命型的情况下，直接运用 ML-Ⅱ方法并不能真正实现信息综合的目的，计算上也有较大的局限性。本节分析了这种局限性，并对 ML-Ⅱ方法的运用进行了改进，能够克服现存文献的不足。

记第 $k+1$ 阶段获取的试验信息为 (z_{k+1},τ_{k+1})，将它看作是边际分布 $m(z_{k+1})$ 所产生的样本。边际分布为

$$m(z_{k+1}) = \int_0^\infty \pi(\lambda_{k+1})f(z_{k+1}|\lambda_{k+1})\mathrm{d}\lambda_{k+1} \tag{3.49}$$

式中：$f(z_{k+1}|\lambda_{k+1})$ 为泊松分布；$\pi(\lambda_{k+1})$ 为失效率 λ_{k+1} 的先验分布密度函数，即 $\Gamma(\alpha_{k+1},\beta_{k+1})$。

按照传统的贝叶斯方法，先验密度 $\pi(\lambda_{k+1})$ 应取为第 k 阶段的后验密度，而在考虑了可靠性增长之后，分布参数 α_{k+1}、β_{k+1} 的表达式应为式(3.44)所示，η_k 是待估计的参数。故有

$$\begin{aligned}
m(z_{k+1}) &= \frac{\beta_{k+1}^{\alpha_{k+1}}\tau_{k+1}^{z_{k+1}}}{\Gamma(\alpha_{k+1})z_{k+1}!}\int_0^\infty \lambda_{k+1}^{\alpha_{k+1}+z_{k+1}-1}e^{-\lambda_{k+1}(\beta_{k+1}+\tau_{k+1})}\mathrm{d}\lambda_{k+1} \\
&= \frac{\tau_{k+1}^{z_{k+1}}}{z_{k+1}!}\frac{\Gamma(\alpha_{k+1}+z_{k+1})}{\Gamma(\alpha_{k+1})}\frac{\beta_{k+1}^{\alpha_{k+1}}}{(\beta_{k+1}+\tau_{k+1})^{\alpha_{k+1}+z_{k+1}}} \\
&= \frac{\tau_{k+1}^{z_{k+1}}}{z_{k+1}!}\frac{\beta_{k+1}^{\alpha_{k+1}}}{(\beta_{k+1}+\tau_{k+1})^{\alpha_{k+1}+z_{k+1}}}\prod_{i=0}^{z_{k+1}-1}(\alpha_{k+1}+i) \tag{3.50}
\end{aligned}$$

为了使边际分布 $m(z_{k+1})$ 达到极大，同时令

$$\partial \ln m(z_{k+1})/\partial \alpha_{k+1} = 0, \partial \ln m(z_{k+1})/\partial \beta_{k+1} = 0$$

即

$$\begin{cases} \dfrac{\partial \ln m(z_{k+1})}{\partial \alpha_{k+1}} = \ln\beta_{k+1} - \ln(\beta_{k+1} + \tau_{k+1}) + \dfrac{\Gamma'(z_{k+1}+\alpha_{k+1})}{\Gamma(z_{k+1}+\alpha_{k+1})} - \dfrac{\Gamma'(\alpha_{k+1})}{\Gamma(\alpha_{k+1})} = 0 \\ \dfrac{\partial \ln m(z_{k+1})}{\partial \beta_{k+1}} = \dfrac{\alpha_{k+1}}{\beta_{k+1}} - \dfrac{\alpha_{k+1}+z_{k+1}}{\beta_{k+1}+\tau_{k+1}} = 0 \end{cases}$$

(3.51)

进一步推导可以得出

$$\begin{cases} \beta_{k+1} = \dfrac{\tau_{k+1}}{z_{k+1}}\alpha_{k+1} \\ I(z_{k+1}+\alpha_{k+1}) - I(\alpha_{k+1}) = \ln\left(1 + \dfrac{z_{k+1}}{\alpha_{k+1}}\right) \end{cases}$$

(3.52)

其中，$I(a) = \int_0^1 \dfrac{1-t^{a-1}}{1-t}\mathrm{d}t$。

由式(3.52)可以看出，如此求解得出的 α_{k+1}、β_{k+1}，其实只与当前阶段的试验信息(z_{k+1}, τ_{k+1})有关，而并没有真正利用前一阶段的试验信息，这和指数寿命型分布情况下，直接使用(z_{k+1}, τ_{k+1})估计的结果没有任何区别，因此，并没有真正实现综合应用试验信息价值的目的。文献[13,14]曾经提出了本方法，但都没有注意这个问题，也没有给出任何仿真示例。本书发现了这一问题，同时还发现本方法在实际计算中存在的一些问题，将在稍后的仿真示例对此加以说明。

为解决这个问题，提出一种改进的 ML - Ⅱ方法，通过式(3.44)将试验阶段之间的可靠性增长联系起来，从而真正考虑了可靠性增长对现阶段的影响。

该方法的具体做法是将式(3.44)代入式(3.50)，在边际分布 $m(z_{k+1})$ 中，仅有 η_k 为未知的参数。对式(3.50)取对数，且令 $\partial \ln m(z_{k+1})/\partial \eta_k = 0$，可得

$$\dfrac{\partial \ln m(z_{k+1})}{\partial \eta_k} = \dfrac{\partial \ln m(z_{k+1})}{\partial \alpha_{k+1}}\dfrac{\partial \alpha_{k+1}}{\partial \eta_k} + \dfrac{\partial \ln m(z_{k+1})}{\partial \beta_{k+1}}\dfrac{\partial \beta_{k+1}}{\partial \eta_k} = 0 \quad (3.53)$$

其中，

$$\begin{cases} \dfrac{\partial \ln m(z_{k+1})}{\partial \alpha_{k+1}} = \ln\beta_{k+1} - \ln(\beta_{k+1}+\tau_{k+1}) + \sum_{i=0}^{z_{k+1}-1}\dfrac{1}{\alpha_{k+1}+i} \\ \dfrac{\partial \ln m(z_{k+1})}{\partial \beta_{k+1}} = \dfrac{\alpha_{k+1}}{\beta_{k+1}} - \dfrac{\alpha_{k+1}+z_{k+1}}{\beta_{k+1}+\tau_{k+1}} \\ \dfrac{\partial \alpha_{k+1}}{\partial \eta_k} = 2(\alpha_k + z_k)(\eta_k - 1) \\ \dfrac{\partial \beta_{k+1}}{\partial \eta_k} = -(\beta_k + \tau_k) \end{cases}$$

利用数值方法求解 η_k，便能得到 α_{k+1}、β_{k+1}。这样，也就确定了 λ_{k+1} 的先验分布参数。改进之后的 ML-Ⅱ方法，真正利用了当前阶段和前一阶段的试验信息，能够对可靠性做出更准确的评估。

例如，某产品实施了 3 个阶段的可靠性增长试验，故障纠正模式为延缓纠正，试验结果为

$$(z_1,\tau_1)=(5,40),(z_2,\tau_2)=(5,113),(z_3,\tau_3)=(1,128)$$

时间单位为小时。利用增长因子点估计法、ML-Ⅱ方法和改进的 ML-Ⅱ方法来估计增长因子，再利用贝叶斯公式综合多阶段的试验信息，在失效率后验分布的基础上，对系统进行可靠性增长分析，各个阶段的增长因子、失效率、MTBF 的估计结果如表 3.4 所列。

表 3.4　利用增长因子点估计法和两种 ML-Ⅱ方法的评估结果

	阶　　段	λ_k	$MTBF_k$	增长因子 η_k
F 分位点法 $\gamma=5\%$	第 1 阶段 第 2 阶段 第 3 阶段	0.125 0.0631 0.0358	10 17.7053 31.1087	— 0.0478 0.0407
F 分位点法 $\gamma=10\%$	第 1 阶段 第 2 阶段 第 3 阶段	0.125 0.0557 0.0226	10 20.5046 54.7442	— 0.2390 0.2702
F 分位点法 $\gamma=25\%$	第 1 阶段 第 2 阶段 第 3 阶段	0.125 0.0477 0.0123	10 24.8750 142.3121	— 0.4726 0.5439
ML-Ⅱ法	第 1 阶段 第 2 阶段 第 3 阶段	— 0.0442 —	— 28.2416 —	— — —
改进的 ML-Ⅱ法	第 1 阶段 第 2 阶段 第 3 阶段	0.125 0.0494 0.0109	10 23.7855 187.0294	— 0.4094 0.6227

从原理上讲，改进前的 ML-Ⅱ方法并没有真正利用前一阶段的先验试验信息。而表 3.4 的计算结果表明，式(3.52)只对第 2 阶段的数据有解，能够计算出参数 α、β 的值，从而计算出失效率 λ 和平均无故障间隔时间 MTBF，而对第 1 阶段、第 3 阶段的数据，根据方程式(3.52)求解时，α、β 是无解的。由此可见，改进前的 ML-Ⅱ方法在应用于可靠性增长分析时，有很大的局限性。而改进后的 ML-Ⅱ方法计算中，真正考虑了可靠性的阶段性增长和试验信息的综合，能够通过数值计算求出增长因子 η 以及参数 α、β，而且计算的结果较为客观。

增长因子点估计法的计算结果表明，显著性水平 γ 的选择会对结果产生较大的影响，当 γ 取 5% 或 10% 时，第 3 阶段的可靠性增长不显著，是一种保守的估计。当 γ 取 25%，第 3 阶段的估计结果接近于 ML-Ⅱ方法的结果。因此，γ 的选择将

为计算结果带来一定的主观性。

3.6 线性模型建模法

对于多阶段可靠性增长试验,随着产品可靠性水平的逐渐提高,试验最后阶段的失效数一般较少。相对而言,高可靠性产品最后阶段的样本数则更少,甚至有可能为0。这属于极小样本的估计问题,如果采用基于大样本数据的经典统计方法,很难获得可信的评估结果。此时必须综合利用可靠性增长过程中的历史阶段数据进行分析。一般而言,顺序约束法仅利用了阶段间的序化关系,信息利用率有限,增长因子法利用相邻两个阶段的数据来估计增长趋势,当相邻两阶段内试验数据较少时,估计偏差较大,并且依赖于专家信息的准确性。如果存在较多的试验阶段,那么可以采用线性模型或广义线性模型对多阶段可靠性变化情况进行建模,从而有效地利用历史数据进行参数估计。这种直接从数据本身出发的方法避免了主观因素的影响,只要设计合理的增长趋势模型,就可以有效地融合多阶段试验数据,对当前阶段的可靠性水平进行可信的估计。本节将对线性模型建模方法、超参数初值的估计方法、失效率预测方法、超参数的递推估计方法进行分析,最后通过实例分析其估计性能。

3.6.1 多阶段指数寿命模型的建模方法

设可靠性增长试验分为多个试验进行,第 i 阶段产品 MTBF 的期望 $E_i = 1/\lambda_i$。对多阶段的期望值 E_i 建立广义线性模型:

$$E_i = h(\eta_i) = h(\pmb{x}'_i\pmb{\theta}), \eta_i = \pmb{x}'_i\pmb{\theta}$$

式中:$\pmb{x}'_i$ 为与阶段 i 有关的 p 维因素向量;$\pmb{\theta}$ 为 p 维待估参数向量。对于联系函数 h 有不同的选取方法,如文献[18]选择 $h(\eta_i) = 1/\eta_i$,$\pmb{x}_i = (1 \quad i \quad \mathrm{e}^{-i})'$,即 $\lambda_i = (1 \quad i \quad \mathrm{e}^{-i})\pmb{\theta}$。文献[19]选择 $h(\eta_i) = 1/\exp(\eta_i)$,$\pmb{x}_i = (1 \quad \ln i)'$,即 $\ln\lambda_i = (1 \quad \ln i)\pmb{\theta}$。这两种建模方法都将阶段数 i 作为因素变量,在阶段数较多时也能获得较为满意的拟合效果。但 i 的取值本身并无数量意义,为了更好地描述阶段间的变化关系,这里选取 $h(\eta_i) = 1/\exp(\eta_i)$,$\pmb{x}_i = (1 \quad \ln\gamma_i)'$,定义

$$\gamma_i = \sum_{k=1}^{i} \frac{\tau_k}{n_k}$$

可得,$E_i = 1/\lambda_i = h(\eta_i) = 1/\exp(\eta_i)$,故有

$$\eta_i = \ln\lambda_i = \pmb{x}'_i\pmb{\theta} = (1 \quad \ln\gamma_i)\pmb{\theta} \tag{3.54}$$

下面分析选择该模型的理由。在即时纠正的可靠性增长试验中,Duane 发现了学习曲线模型 $\lambda = abt^{b-1}$,即 $\ln\lambda = \ln(ab) + (b-1)\ln t$。而对于延缓纠正的可靠性增长试验,目前尚没有广为接受的增长模型形式,但可以发现延缓纠正模式和即时纠正模式之间的相似性,从而模仿 Duane 模型建立适用于延缓纠正试验的可靠

性增长模型。事实上,在即时纠正试验中,如果将相邻两次失效之间的时间段看做一个试验阶段的话,那么该试验阶段就是故障数为1的定数截尾试验,在该阶段内,MTBF的极大似然估计为$\tau_i/n_i = \tau_i/1 = \tau_i$,阶段截尾时刻的试验总时间为

$$\gamma_i = \sum_{k=1}^{i} \tau_k = \sum_{k=1}^{i} \frac{\tau_k}{n_k}$$

据此可以将Duane学习曲线模型等效改写为$\ln\lambda_i = \ln(ab) + (b-1)\ln\gamma_i$。将此结果推广到阶段内故障数$n_i \geq 1$的情况,即为延缓纠正的多阶段试验,一般应同样满足:

即
$$\ln\lambda_i = \ln(ab) + (b-1)\ln\gamma_i$$
$$\ln\lambda_i = (1 \cdot \ln\gamma_i)\boldsymbol{\theta}$$
$$\boldsymbol{\theta} = [\ln(ab), b-1]'$$
$$\gamma_i = \sum_{k=1}^{i} \frac{\tau_k}{n_k}, n_k \geq 1$$

其中,τ_k/n_k为阶段k内MTBF的极大似然估计值,适用于有替换的定时截尾试验和有替换的定数截尾试验。对于高可靠性产品而言,如果出现阶段i内失效数为0的情况,可以按照贝叶斯方法,取其先验为$\pi(\lambda_i) \propto 1/\sqrt{\lambda_i}$,则其后验为$\lambda_i \sim \Gamma(0.5, \tau_i)$,据此可得MTBF的估计为

$$\frac{\tau_i}{0.5} = 2\tau_i, \gamma_i = \sum_{k=1}^{i-1} \frac{\tau_k}{n_k} + 2\tau_i = \gamma_{i-1} + 2\tau_i$$

当阶段内所有故障时间数据都已知时,可以通过指数分布来检验上述线性模型是否成立,即:$\lambda_i(t_{ij} - t_{ij-1}) \sim \exp(1)$,其中$i = 1, 2, \cdots, m, j = 1, 2, \cdots, n_i$。当阶段内试验数据仅有$(n_i, \tau_i)$时,可以按照$\lambda_i\tau_i/n_i \sim \exp(1)$进行检验。

3.6.2 超参数估计的贝叶斯 – Monte Carlo方法

对于广义线性模型,一般可以通过极大似然方法进行超参数的估计[21]。这种方法通常需要利用数值解法进行计算,计算较为烦琐,求解困难。另外,还可以对分布参数引入贝叶斯先验分布,进而转化为该先验分布超参数的估计,然后基于贝叶斯方法,按照边际分布最大化的原则求取参数估计值[22],计算仍需采用数值方法。为了避免复杂的数值计算过程,这里采用贝叶斯 – Monte Carlo方法,即首先求取各阶段失效率的无信息贝叶斯后验分布,然后在此基础上进行反复抽样,由抽样值获得超参数的期望与方差估计。

首先计算阶段失效率λ_i在无信息先验分布下的后验分布。由3.2.2节可知,对于第i阶段的数据$D_i = (n_i, \tau_i)$,按照Jeffreys准则,定时截尾情况下的无信息先验分布为$\pi(\lambda_i) \propto \lambda_i^{-0.5}$,其后验分布为$\lambda_i | D_i \sim \Gamma(n_i + 0.5, \tau_i)$。定数截尾情况下的无信息先验为$\pi(\lambda_i) \propto \lambda_i^{-1}$,其后验分布为$\lambda_i | D_i \sim \Gamma(n_i, \tau_i)$。如果已知前$k$个

历史阶段数据$(n_i,\tau_i),i=1,2,\cdots,k$,则超参数$\theta$的分布按照下列步骤进行计算。

(1)分别计算这k个历史阶段中,失效率λ_i在无信息先验分布下的后验分布。对于定时截尾,$\lambda_i|D_i \sim \Gamma(n_i+0.5,\tau_i)$;对于定数截尾,$\lambda_i|D_i \sim \Gamma(n_i,\tau_i)$。

(2)分别从这k个后验分布中进行一次抽样,得到k个样本$\lambda_{i1},i=1,2,\cdots,k$。然后按照等式$\ln\lambda_i=(1\ \ \ln\gamma_i)'\boldsymbol{\theta}$,进行最小二乘线性回归,得到$\boldsymbol{\theta}$的估计值$\hat{\boldsymbol{\theta}}_1$。

(3)重复步骤2 N次$(N \geq 1000)$,得到$\boldsymbol{\theta}$的N个估计值$\hat{\boldsymbol{\theta}}_i,i=1,2,\cdots,N$。

(4)将$\boldsymbol{\theta}$的N个估计值组合成矩阵$\boldsymbol{X}=(\hat{\boldsymbol{\theta}}_1,\hat{\boldsymbol{\theta}}_2,\cdots,\hat{\boldsymbol{\theta}}_N)$,则矩阵$\boldsymbol{X}\in\mathcal{R}^{p\times N}$,则参数的期望和方差的估计结果为

$$E(\boldsymbol{\theta})\approx\frac{1}{n}\sum_{i=1}^{N}(\hat{\boldsymbol{\theta}}_i),\mathrm{Var}(\boldsymbol{\theta})\approx\frac{1}{n-1}[\boldsymbol{X}-E(\boldsymbol{X})][\boldsymbol{X}-E(\boldsymbol{X})]' \quad (3.55)$$

其中,$E(\boldsymbol{X})=[E(\boldsymbol{\theta}),E(\boldsymbol{\theta}),\cdots,E(\boldsymbol{\theta})]\in\mathcal{R}^{p\times N},E(\boldsymbol{\theta})\in\mathcal{R}^{p\times 1},\mathrm{Var}(\boldsymbol{\theta})\in\mathcal{R}^{p\times p}$。此即为综合利用了前$k$个历史阶段数据获得的参数$\boldsymbol{\theta}$的后验均值和方差。这里对$\boldsymbol{\theta}$的分布形式未作假定。记$E(\boldsymbol{\theta})=\boldsymbol{m}_k,\mathrm{Var}(\boldsymbol{\theta})\in\boldsymbol{C}_k$,则$\boldsymbol{\theta}|D'_k \sim (\boldsymbol{m}_k,\boldsymbol{C}_k)$。$D'_k=(D_1,\cdots,D_k)=[(n_1,\tau_1),\cdots,(n_k,\tau_k)]$。

3.6.3 基于贝叶斯预测的失效率后验分布

设当前试验阶段为$k+1$阶段,此时由前k个历史阶段获得的后验分布$\boldsymbol{\theta}|D'_k \sim (\boldsymbol{m}_k,\boldsymbol{C}_k)$可以直接作为当前阶段$\boldsymbol{\theta}$的先验分布。则由$\eta_{k+1}=\ln\lambda_{k+1}=\boldsymbol{x}'_{k+1}\boldsymbol{\theta}=(1\ \ \ln\gamma_{k+1})'\boldsymbol{\theta}$,可得

$$E(\eta_{k+1}|D'_k)=\boldsymbol{x}'_{k+1}E(\boldsymbol{\theta})=\boldsymbol{x}'_{k+1}\boldsymbol{m}_{k+1}$$
$$\mathrm{Var}(\eta_{k+1}|D'_k)=\boldsymbol{x}'_{k+1}\mathrm{Var}(\boldsymbol{\theta})\boldsymbol{x}_{k+1}=\boldsymbol{x}'_{k+1}\boldsymbol{C}_{k+1}\boldsymbol{x}_{k+1} \quad (3.56)$$

记$f_{k+1}=E(\eta_{k+1}|D'_k),q_{k+1}=\mathrm{Var}(\eta_{k+1}|D'_k)$。设$k+1$阶段失效率$\lambda_{k+1}$的先验分布为$\lambda_{k+1}|D'_k \sim \Gamma(\alpha_{k+1},\beta_{k+1})$,则

$$f_{k+1}=E(\eta_{k+1}|D'_k)=\int_0^\infty \ln\lambda_{k+1}\Gamma(\lambda_{k+1}|\alpha_{k+1},\beta_{k+1})\mathrm{d}\lambda_{k+1}$$
$$q_{k+1}=\mathrm{Var}(\eta_{k+1}|D_k)=E[(\ln\lambda_{k+1})^2|D_k]-E^2(\ln\lambda_{k+1}|D_k) \quad (3.57)$$

其中,$\Gamma(\lambda_{k+1}|\alpha_{k+1},\beta_{k+1})$表示以$\alpha_{k+1},\beta_{k+1}$为参数的Gamma分布密度函数。

经过推导可得如下近似关系[23]:

$$f_{k+1}\approx\ln\alpha_{k+1}-\frac{1}{2\alpha_{k+1}}-\ln\beta_{k+1},q_{k+1}\approx\frac{1}{\alpha_{k+1}}+\frac{1}{2\alpha_{k+1}^2} \quad (3.58)$$

即

$$\alpha_{k+1}\approx\frac{1+\sqrt{1+2q_{k+1}}}{2q_{k+1}},\beta_{k+1}\approx\exp(\ln\alpha_{k+1}-\frac{1}{2\alpha_{k+1}}-f_{k+1}) \quad (3.59)$$

利用上述近似计算式,可由η_{k+1}的预测分布(f_{k+1},q_{k+1})得到λ_{k+1}的预测先验

分布 $\Gamma(\alpha_{k+1},\beta_{k+1})$。此时,利用 $k+1$ 阶段试验数据 (n_{k+1},τ_{k+1}) 可得 λ_{k+1} 的后验分布为 $\lambda\mid D_{k+1}\sim\Gamma(\alpha_{k+1}+n_{k+1},\beta_{k+1}+\tau_{k+1})$。利用该分布可进行当前阶段失效率、MTBF 的统计推断,得到失效率的期望和方差:

$$E(\lambda_{k+1})=\frac{\alpha_{k+1}+n_{k+1}}{\beta_{k+1}+\tau_{k+1}},\text{Var}(\lambda_{k+1})=\frac{\alpha_{k+1}+n_{k+1}}{(\beta_{k+1}+\tau_{k+1})^2} \tag{3.60}$$

另外,还可求出其置信水平为 p 的置信上限:

$$\bar{\lambda}_{k+1,p}=\frac{\chi_p^2(2\alpha_{k+1}+2n_{k+1})}{2\beta_{k+1}+2\tau_{k+1}} \tag{3.61}$$

式中:$\chi_p^2(2\alpha_{k+1}+2n_{k+1})$ 为自由度为 $(2\alpha_{k+1}+2n_{k+1})$ 的 χ^2 分布的 p 分位数。

3.6.4 参数后验分布的递推计算方法

在前面的方法中,首先需要利用前面多个阶段信息构造参数 $\boldsymbol{\theta}$ 的先验分布。当有新的阶段数据到来时,仍需对所有历史数据进行综合处理,从而带来计算上的困难。为了直接利用上阶段的后验分布,可以考虑利用贝叶斯相继律,建立递推的贝叶斯估计方法。设新的试验阶段为 $k+2$,由于阶段间失效率存在跳跃变化,因此不能将上阶段失效率 λ_{k+1} 的后验分布直接作为本阶段失效率 λ_{k+2} 的先验分布。但在多阶段试验中,参数 $\boldsymbol{\theta}$ 被认为是不变的,因此可以直接将上阶段 $\boldsymbol{\theta}$ 的后验分布 $\boldsymbol{\theta}\mid D_{k+1}\sim N(\boldsymbol{m}_{k+1},\boldsymbol{C}_{k+1})$ 作为 $k+2$ 阶段 $\boldsymbol{\theta}$ 的先验分布,然后按照上节的方法进行贝叶斯后验计算。此时的难点即在于如何由上阶段 λ_{k+1} 的后验分布 $\Gamma(\alpha_{k+1}+n_{k+1},\beta_{k+1}+\tau_{k+1})$ 获取 $\boldsymbol{\theta}$ 的后验分布 $\boldsymbol{\theta}\mid D_{k+1}\sim N(\boldsymbol{m}_{k+1},\boldsymbol{C}_{k+1})$。

设 $k+1$ 阶段 η_{k+1} 的后验分布为 $\eta_{k+1}\mid D_{k+1}\sim(f'_{k+1},q'_{k+1})$,由式(3.58)可得

$$\begin{aligned} f'_{k+1} &\approx \ln(\alpha_{k+1}+n_{k+1})-\frac{1}{2(\alpha_{k+1}+n_{k+1})}-\ln(\beta_{k+1}+\tau_{k+1}) \\ q'_{k+1} &\approx \frac{1}{(\alpha_{k+1}+n_{k+1})}+\frac{1}{2(\alpha_{k+1}+n_{k+1})^2} \end{aligned} \tag{3.62}$$

又由于 $\eta_{k+1},\boldsymbol{\theta}$ 的联合分布为

$$\begin{pmatrix}\eta_{k+1}\\ \boldsymbol{\theta}\end{pmatrix}\bigg| D_k \sim \left[\begin{pmatrix}f_{k+1}\\ \boldsymbol{m}_k\end{pmatrix},\begin{pmatrix}q_{k+1} & \boldsymbol{x}'_{k+1}\boldsymbol{C}_k\\ \boldsymbol{C}_k\boldsymbol{x}_{k+1} & \boldsymbol{C}_k\end{pmatrix}\right]$$

则由线性贝叶斯估计理论可得条件分布[24]:

$$\begin{aligned} E(\boldsymbol{\theta}\mid\eta_{k+1},D_k) &= \boldsymbol{m}_k+\boldsymbol{C}_k\boldsymbol{x}_{k+1}(\eta_{k+1}-f_{k+1})/q_{k+1}\\ \text{Var}(\boldsymbol{\theta}\mid\eta_{k+1},D_k) &= \boldsymbol{C}_k-\boldsymbol{C}_k\boldsymbol{x}_{k+1}\boldsymbol{x}'_{k+1}\boldsymbol{C}_k/q_{k+1} \end{aligned} \tag{3.63}$$

$$\begin{aligned} E(\boldsymbol{\theta}\mid D_{k+1}) &= E[E(\boldsymbol{\theta}\mid\eta_{k+1},D_k)\mid D_{k+1}]\\ &= \boldsymbol{m}_k+\boldsymbol{C}_k\boldsymbol{x}_{k+1}[E(\eta_{k+1}\mid D_{k+1})-f_{k+1}]/q_{k+1}\\ &= \boldsymbol{m}_k+\boldsymbol{C}_k\boldsymbol{x}_{k+1}[E(\eta_{k+1}\mid D_{k+1})-f_{k+1}]/q_{k+1}\\ &= \boldsymbol{m}_k+\boldsymbol{C}_k\boldsymbol{x}_{k+1}[f'_{k+1}-f_{k+1}]/q_{k+1} \end{aligned} \tag{3.64}$$

$$\begin{aligned}
\mathrm{Var}(\boldsymbol{\theta}|D_{k+1}) &= \mathrm{Var}[E(\boldsymbol{\theta}|\eta_{k+1},D_k)|D_{k+1}] + E[\mathrm{Var}(\boldsymbol{\theta}|\eta_{k+1},D_k)|D_{k+1}]\\
&= \mathrm{Var}[\boldsymbol{m}_k + \boldsymbol{C}_k\boldsymbol{x}_{k+1}(\eta_{k+1}-f_{k+1})/q_{k+1}|D_{k+1}] + \\
&\quad E[\boldsymbol{C}_k - \boldsymbol{C}_k\boldsymbol{x}_{k+1}\boldsymbol{x}'_{k+1}\boldsymbol{C}_k/q_{k+1}|D_{k+1}]\\
&= \boldsymbol{C}_k\boldsymbol{x}_{k+1}\mathrm{Var}(\eta_{k+1}|D_{k+1})\boldsymbol{x}'_{k+1}\boldsymbol{C}_k/q_{k+1}^2 + \boldsymbol{C}_k - \boldsymbol{C}_k\boldsymbol{x}_{k+1}\boldsymbol{x}'_{k+1}\boldsymbol{C}_k/q_{k+1}\\
&= \boldsymbol{C}_k\boldsymbol{x}_{k+1}\boldsymbol{x}'_{k+1}\boldsymbol{C}_kq'_{k+1}/q_{k+1}^2 + \boldsymbol{C}_k - \boldsymbol{C}_k\boldsymbol{x}_{k+1}\boldsymbol{x}'_{k+1}\boldsymbol{C}_k/q_{k+1}\\
&= \boldsymbol{C}_k + \boldsymbol{C}_k\boldsymbol{x}_{k+1}\boldsymbol{x}'_{k+1}\boldsymbol{C}_k(q'_{k+1}-q_{k+1})/q_{k+1}^2
\end{aligned} \tag{3.65}$$

记 $\boldsymbol{m}_{k+1} = E(\boldsymbol{\theta}|D_{k+1})$,$\boldsymbol{C}_{k+1} = \mathrm{Var}(\boldsymbol{\theta}|D_{k+1})$,则 $\boldsymbol{\theta}|D_{k+1} \sim N(\boldsymbol{m}_{k+1},\boldsymbol{C}_{k+1})$。此即为获得第 $k+1$ 阶段数据之后参数 $\boldsymbol{\theta}$ 的后验分布。可以直接使用贝叶斯相继律,将此后验分布作为第 $k+2$ 阶段的先验分布,进行贝叶斯分析。

3.6.5 示例分析

多阶段延缓纠正可靠性增长试验数据如表 3.5 所列,各阶段均采用定时截尾方式。设当前试验阶段为阶段 4,历史阶段数据为 (n_i,τ_i),$i=1,2,3$。可见当前阶段试验出现的失效数较少,如果直接用经典统计方法,可得失效率的极大似然估计为 $\lambda_{4,ML} = n_4/\tau_4 = 0.001$,置信度为 0.9 的置信上限为

$$\overline{\lambda}_{4,0.9} = \frac{\chi^2_{0.9}(2n_4+2)}{2\tau_4} = 0.0039$$

表 3.5 多阶段延缓纠正可靠性增长试验数据

阶段数 i	故障数 n_i	截尾时间 τ_i/h
1	7	200
2	5	500
3	3	1000
4	1	1000
5	1	2000

首先按照贝叶斯 – Monte Carlo 方法估计参数 $\boldsymbol{\theta}$ 的分布。前 3 个阶段失效率的无信息后验分布为 $\lambda_1 \sim \varGamma(7.5,200)$,$\lambda_2 \sim \varGamma(5.5,500)$,$\lambda_3 \sim \varGamma(3.5,1000)$。进行 $N(N=1000)$ 次抽样,获得参数 $\boldsymbol{\theta}$ 估计值的散点图如图 3.1 所示,进而得到 $\boldsymbol{\theta}$ 的期望和方差为

$$\boldsymbol{m}_3 = (-0.39974, -0.87543)', \boldsymbol{C}_3 = \begin{pmatrix} 1.044 & -0.2232 \\ -0.2232 & 0.05094 \end{pmatrix}$$

然后,以此作为当前阶段(阶段 4)参数 $\boldsymbol{\theta}$ 的先验分布,得到 λ_4 的预测先验分布为 $\lambda_4 \sim \varGamma(2.43,1739.8)$,于是其后验分布为 $\lambda_4 \sim \varGamma(3.43,2739.8)$,则 $E(\lambda_4) = 0.0013$,$\mathrm{Var}(\lambda_4) = 4.5694 \times 10^{-7}$,置信度为 0.9 的置信上限为 $0.0022 < 0.0039$。

当新的阶段数据(阶段 5)到来时,为了实现递推计算,可以按照第 3.6.4 节的

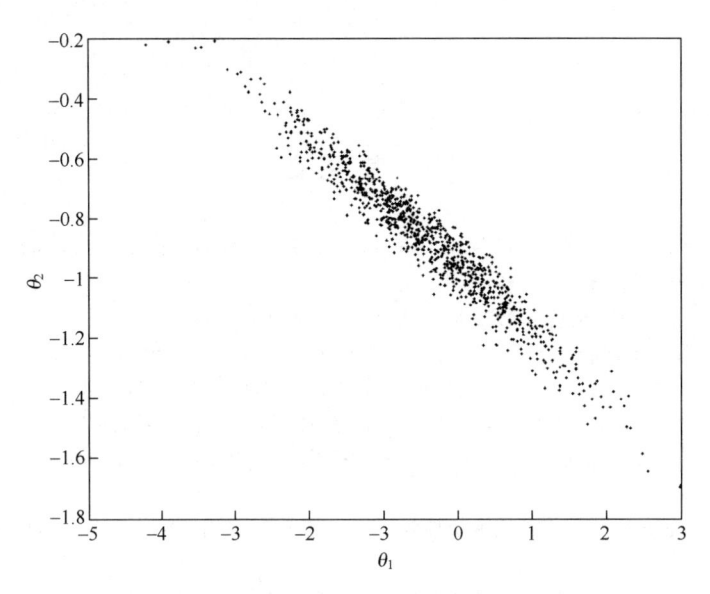

图 3.1 参数 $\boldsymbol{\theta}$ 估计值的散点图

注:横坐标为向量 $\boldsymbol{\theta}$ 中的第一个分量,纵坐标为第二个分量。

方法获得参数 $\boldsymbol{\theta}$ 基于第 4 阶段数据的验后分布 $\boldsymbol{\theta} \sim N(\boldsymbol{m}_4, \boldsymbol{C}_4)$,其中

$$\boldsymbol{m}_4 = \begin{pmatrix} -0.34169 \\ -0.89018 \end{pmatrix}, \boldsymbol{C}_4 = \begin{pmatrix} 0.82053 & -1.6641 \\ -0.16641 & 0.036509 \end{pmatrix}$$

由此得到 λ_5 的预测先验分布为 $\lambda_5 \sim \Gamma(1.6507, 2427.4)$,利用第 5 阶段数据之后的后验分布为 $\lambda_5 \sim \Gamma(2.6507, 4427.4)$,则 $E(\lambda_5) = 5.987 \times 10^{-4}$,$\text{Var}(\lambda_5) = 1.3523 \times 10^{-7}$,置信度为 0.9 的置信上限为 0.0011。如果针对第 5 阶段数据按照传统方法仅利用本阶段数据进行估计,则可得 $\lambda_{5,ML} = n_4/\tau_4 = 0.0005$,置信度为 0.9 的置信上限为

$$\bar{\lambda}_{5,0.9} = \frac{\chi^2_{0.9}(2n_5+2)}{2\tau_5} = 0.00195 > 0.0011$$

通过上面的数值示例可以看出,对于第 4 和第 5 阶段的试验数据,按照前面的方法所获得的估计结果优于仅利用本阶段数据的经典估计结果。新的方法综合利用了历史阶段数据,所得结果更为可信,并且有效地缩短了失效率估计的置信区间,降低了置信上限。针对高可靠性产品可靠性增长试验最后阶段试验数据较少的问题,利用历史数据建立广义线性模型,并采用贝叶斯预测的方法进行参数估计,可以有效地利用历史数据对增长趋势进行估计,从中获得的先验分布可以作为现场样本的有力补充,使得当前阶段失效率的估计更加可信,并且能够有效地缩短置信区间。此外,对超参数建立递推估计方法能够大大简化分析过程。因此,基于广义线性模型的贝叶斯预测估计方法是实现变动统计、解决特小样本统计问题的

有力工具。

参 考 文 献

[1] Benton A W, Crow L H. Integrated reliability growth testing[C]. Proceedings Annual Reliability and Maintainability Symposium,1989,160 – 166.

[2] 周源泉. 维修性增长的贝叶斯方法[J]. 质量与可靠性,2005,20(3):19 – 23.

[3] 周源泉. 质量可靠性增长与评定方法[M]. 北京:北京航空航天大学出版社,1997.

[4] 田国梁. 二项分布的可靠性增长模型[J]. 宇航学报,1992,13(1):55 – 61.

[5] 刘飞. 固体火箭发动机可靠性增长试验理论及应用研究[D]. 长沙:国防科学技术大学,2006.

[6] 张金槐. 贝叶斯可靠性增长分析中验前分布的不同确定方法及其剖析[J]. 质量与可靠性,2004,19(4):10 – 13.

[7] 杨华波,张士峰,蔡洪. 指数分布可靠性增长分析的Bayesian整体推断技术[J]. 强度与环境,2007,34(2):12 – 16.

[8] 蒋英杰. 面向变总体的Bayes验前分布的确定及可靠性评定[D]. 长沙:国防科学技术大学,2007.

[9] Crow L H, Basu A P. Reliability growth estimation with missing data – II[C]. Proceedings of Annual Symposium of Reliability and Maintainability,1988,248 – 253

[10] 杨华波. 可靠性增长试验技术研究[D]. 长沙:国防科学技术大学,2004.

[11] 张士峰. Bayes小子样理论及其在武器系统评估中的运用研究[D]. 长沙:国防科学技术大学,2000.

[12] Maurizio G, Gianpaolo P. Automotive reliability inference based on past data and technical knowledge[J]. Reliability Engineering and System Safety,2002,76(2):129 – 137.

[13] Raffaela C, Maurizio G. A reliability-growth model in a Bayes-decision framework[J]. IEEE Transactions on Reliability,1996,45(3):505 – 510.

[14] Robinson D G, Dietrich D. A new nonparametric growth model[J]. IEEE Transactions on Reliability,1987,36(10):411 – 418.

[15] Robinson D G, Dietrich D. A nonparametric – Bayes reliability – growth model[J]. IEEE Transactions on Reliability,1989,38(11):591 – 59.

[16] 党晓玲. 柔性制造系统的可靠性增长[D]. 长沙:国防科学技术大学,2000.

[17] 王华伟. 液体火箭发动机可靠性增长分析与决策研究[J]. 宇航学报,2004,25(6):655 – 658.

[18] 张金槐. 指数寿命型可靠性增长试验的Bayes分析[J]. 飞行器测控学报,2003,22(2):49 – 53.

[19] Yan Z Q, Xie H W. The reliability growth evaluation for exponential life model based on linear model bayesian recursive estimation [C]. Proceedings of First International Conference of Modelling and Simulation (Vol. 5),2008,460 – 463.

[20] Fahrmeir L. multivariate statistical modeling based on generalized linear model[M]. New York:Springer – Verlag,1994.

[21] Tua W, Piegorsch W W. Empirical bayes analysis for a hierarchical poisson generalized linear model[J]. Journal of Statistical Planning and Inference,2003,111(1):235 – 248.

[22] 葛颜祥,刘福升,张孝令. 动态Poisson模型及Bayes预测[J]. 系统工程理论与实践,1997,17(2):84 – 87.

[23] 张金槐. 多层验前信息下多维动态参数的Bayes试验分析[J]. 飞行器测控学报,2005,24(1):51 – 54.

第四章 多阶段含延缓纠正可靠性增长试验评估方法

4.1 引　　言

　　含延缓纠正模式下的多阶段可靠性增长试验评估是可靠性增长评估领域中的难点问题。本章首先分析了此类可靠性增长过程的故障纠正机理,提出了描述此类过程的两类模型 MS－NHPP－I 和 MS－NHPP－II(Multistage Nonhomogeneous Poisson Process Type I&II,即多阶段 NHPP 过程类型 I 和类型 II),推导了参数的极大似然估计,分析了不同模型的适用范围和选择原则。然后针对不同的模型假设,分别采用顺序约束方法、增长因子法和基于比例强度的线性模型方法进行了分析。

　　简单系统研制阶段的可靠性增长过程由一系列连续的即时纠正措施组成,可以用 AMSAA 模型进行分析。但是,对于某些复杂的机电系统,一般包含机械、电子等多种部件,可靠性增长试验通常划分为多个阶段进行,对于阶段内出现的故障采用不同的纠正措施。例如,对电子器件或电子组成部分,失效分析经验丰富,纠正措施容易实现,多采用即时纠正措施;而对于较难纠正或纠正耗时较长、代价较大的故障,如机械设计缺陷导致的磨损、断裂等故障,则一并在阶段结束时统一进行纠正[1]。此类可靠性增长过程被称为多阶段含延缓纠正模式下的可靠性增长过程,是即时纠正与延缓纠正的结合。由于对阶段内的大多数故障采用了即时纠正措施,一般认为阶段内呈现连续的增长趋势,相应的失效数据服从 Weibull 过程,也即失效强度为 $\lambda(t) = abt^{b-1}$ 的非齐次泊松过程(Nonhomogeneous Poisson Process,NHPP),或称 AMSAA 模型。系统失效强度在阶段衔接处呈现明显的可靠性水平的跳跃式变化。所有阶段的数据整体往往不服从 Weibull 过程,即不能用一个 AMSAA 模型来分析多阶段试验数据整体。如果单个阶段内的数据点较多,也可以单独针对各个阶段内的数据分别应用 AMSAA 模型进行分析。但随着系统可靠性的逐渐提高,后续阶段的数据点逐渐减少,在小样本情况下获得的分析结果往往缺乏可信性,甚至出现与前几个阶段数据统计结果不一致的情况。要获得切实可信的评估结果,必须考虑各阶段数据内在的约束条件,并融合前几个阶段的数据,对最后阶段数据进行融合评估[2]。由于各个阶段的随机过程参数不同,各个阶段数据来自不同母体,相应的估计问题属于变动统计的范畴。

4.2 多阶段含延缓纠正可靠性增长过程建模

对于单个阶段内的 Weibull 过程的分析,Crow 等人已经给出了大量的经典统计结果[3]。NHPP 是一种特殊的泊松过程,其强度函数非恒定值。AMSAA 模型即基于 NHPP 过程的假设,其强度函数为 $\lambda(t) = abt^{b-1}$,故障数 $N(t)$ 的期望(也称均值函数)为 $E[N(t)] = \Lambda(t) = at^b$。若存在可靠性增长,则 $0 < b < 1$,即故障强度随时间递减;若 $b > 1$,则故障强度随时间递增,系统呈现可靠性退化。上述 NHPP 过程也称为幂律过程(Power Law Process,PLP)或 Weibull 过程,具有以下性质[4]:

(1) 设故障发生时间依次为 $t_1, t_2, \cdots, t_n$。记 $z_i = \Lambda(t_i) - \Lambda(t_{i-1}) = at_i^b - at_{i-1}^b$,$i \geq 1, t_0 = 0$,则 $\{z_i\}$ 独立同分布,服从参数为 1 的指数分布,即 $z_i \sim \exp(1)$。

(2) 在 $N(t) = n$ 的条件下,故障发生时间 $t_1, t_2, \cdots, t_n$ 的条件联合分布与 n 个独立同分布的随机变量 $U_1, U_2, \cdots, U_n$ 的次序统计量 $U_{(1)}, U_{(2)}, \cdots, U_{(n)}$ 的联合分布相同,其中 U_i 的分布密度为

$$f(u) = \frac{bu^{b-1}}{t^b}, 0 \leq u \leq t$$

根据上述性质,可以通过 Monte Carlo 仿真的方式获得 PLP 过程的实现值[5,6]。如果同一阶段内有多台设备同时投试并同时截尾,可以采用 AMSAA – BISE 模型进行分析[7]。考虑到 NHPP 过程在工程应用方面广泛的认可度及其在处理问题方法上的便利,在多阶段含延缓纠正可靠性增长试验中,我们假设各个阶段试验数据分别服从参数不同的 NHPP 过程。根据不同的试验方式,可以将此类纠正措施下的多阶段可靠性增长过程分为 MS – NHPP – Ⅰ 和 MS – NHPP – Ⅱ,如图 4.1 所示。

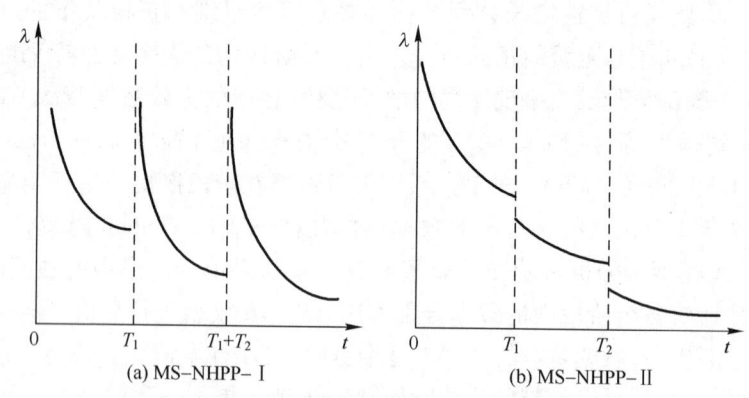

图 4.1 多阶段含延缓纠正可靠性增长的两类模型

对于第一种多阶段可靠性增长模型 MS – NHPP – Ⅰ,其特点为在某个试验阶段结束之后,根据故障发生情况,分析故障发生原因进而改进设计,重新制造新的样

机投入下个阶段的试验。由于阶段起始时刻为新型样机,其失效率仍然较大,但由于比上个阶段已经改进了设计,并且故障纠正经验更加丰富,因此失效率下降速度更快,能够更早地达到较低的失效率水平。对于此类试验,单个阶段内数据一般可以用 AMSAA 模型来描述,分析所用的故障数据为相对于各个阶段起始时刻的失效时间,即以每个阶段起始时刻为计时零点,此时系统失效强度为无穷大,即单位时间可靠度为 0。各阶段间的差别体现在模型参数上,一般随着阶段数的进行,单位时间内的故障数逐渐减小,即对于相同的时间长度 τ,第 i 阶段的均值函数 $\Lambda_i(\tau)$ 小于第 $i-1$ 阶段的均值函数 $\Lambda_{i-1}(\tau)$。

对于 MS – NHPP – I 模型,第 i 阶段数据的似然函数为

$$L_i^{(I)}(a_i,b_i) = a_i^{n_i} b_i^{n_i} \prod_{j=1}^{n_i} t_{ij}^{b_i-1} \exp(-a_i T_i^{b_i}), 1 \leq i \leq m \qquad (4.1)$$

综合利用 m 个阶段试验数据的似然函数为

$$L^{(I)}(a_i,b_i,i=1,2,\cdots,m) = \prod_{i=1}^{m} L_i^{(I)}(a_i,b_i) \qquad (4.2)$$

式中:n_i 为第 i 阶段故障发生数;T_i 为第 i 阶段试验结束时间,$t_{ij}(j=1,2,\cdots,n_i)$ 为故障发生时间点,注意 T_i 和 t_{ij} 以第 i 阶段初始时刻为计时零点。若采用定时截尾,则 T_i 预先给定,t_{ij} 为观测获得的故障时间点;若采用定数截尾,则故障数 n_i 预先给定,t_{ij} 为观测获得的故障时间点,且 $T_i = t_{in_i}$。可得参数 a_i、b_i 的极大似然估计为

$$\hat{a}_i = n_i / T_i^{\hat{b}_i}, \hat{b}_i = n_i \Big/ \sum_{j=1}^{n_i} \ln(T_i/t_{ij})$$

第 i 阶段的拟合优度检验统计量为

$$C_{M_i}^2 = \frac{1}{12M_i} + \sum_{j=1}^{M_i} \left(\frac{t_{ij}^{\bar{b}_i}}{T_i^{\bar{b}_i}} - \frac{2j-1}{2M_i} \right)^2$$

对于定数截尾时,$M_i = n_i - 1$,$\bar{b}_i = (n_i - 2) \Big/ \sum_{j=1}^{n_i-1} \ln(T_i/t_{ij})$;定时截尾时,$M_i = n_i$,$\bar{b}_i = (n_i - 1) \Big/ \sum_{j=1}^{n_i} \ln(T_i/t_{ij})$。

对于第二种多阶段可靠性增长模型 MS – NHPP – II,其特点为在某个试验阶段结束之后,根据故障发生情况,分析故障发生原因,不再重新制造样机,而是直接在上个阶段样机的基础上改进设计,则下个阶段起始时刻的失效强度较上个阶段结束时刻的失效强度有显著降低,因此可靠性水平在阶段衔接处呈现跳跃式增长。对于此类试验,所有阶段的所有故障点数据一般无法用一个 AMSAA 模型来拟合。此外,除第一阶段之外的其他阶段内的数据一般也不能用 AMSAA 模型来拟合。这是因为 AMSAA 模型假设在 $t = 0$ 时刻失效强度为 ∞,这与实际情况不符。因此对于此类试验,可以采用含间断区间的 AMSAA 模型来拟合各

个阶段内的数据,即第 i 阶段数据服从均值函数为 $\Lambda_i(t) - \Lambda_i(t_{i0})$ 的泊松过程,其中 t_{i0} 为第 i 阶段起始时刻,$t_{i0} \leqslant t \leqslant t_{in_i}$。所有的故障时间数据均以第 1 阶段起始时刻为计时零点。

对于 MS-NHPP-Ⅱ模型,第 i 阶段数据的似然函数为

$$L_i^{(\text{II})}(a_i, b_i) = a_i^{n_i} b_i^{n_i} \prod_{j=1}^{n_i} t_{ij}^{b_i-1} \exp(-a_i T_i^{b_i} + a_i T_{i-1}^{b_i}), 1 \leqslant i \leqslant m \quad (4.3)$$

式中:n_i 为第 i 阶段故障发生数;T_i 为第 i 阶段试验结束时间,且 $T_0 = 0$;$t_{ij}(j=1,2,\cdots,n_i)$ 为故障发生时间点,注意 T_i 和 t_{ij} 均从第 1 阶段初始时刻为计时零点。则综合利用 m 个阶段试验数据的似然函数为

$$L^{(\text{II})}(a_i, b_i, i = 1, 2, \cdots, m) = \prod_{i=1}^{m} L_i^{(\text{II})}(a_i, b_i) \quad (4.4)$$

对于第 1 阶段,可得极大似然估计(MLE)为

$$\hat{a}_1 = n_1 / T_1^{\hat{b}_1}, \hat{b}_1 = n_1 / \sum_{j=1}^{n_1} \ln\left(\frac{T_1}{t_{1j}}\right) \quad (4.5)$$

对于后续阶段$(i > 1)$,有

$$\frac{n_i}{\hat{b}_i} + \sum_{j}^{n_i} \ln t_{ij} = \hat{a}_i T_i^{\hat{b}_i} \ln T_i - \hat{a}_i T_{i-1}^{\hat{b}_i} \ln T_{i-1}$$

$$\hat{a}_i = n_i / (T_i^{\hat{b}_i} - T_{i-1}^{\hat{b}_i}), i = 2, 3, \cdots, m \quad (4.6)$$

上述两式没有显式表达式,可以采用迭代方式求解,获得参数 a_i、b_i 的 MLE。

若设 $z_{ij} = \Lambda(t_{ij}) - \Lambda(t_{ij-1}) = at_{ij}^b - at_{i(j-1)}^b$,则 $z_{ij} \sim \exp(1)$,故 $\Lambda(t_{ij})$ 服从区间 $[T_i, T_{i+1}]$ 上的均匀分布。于是经验分布函数为

$$F(t_{ij}) = \frac{t_{ij}^b - T_i^b}{T_{i+1}^b - T_i^b}, T_i \leqslant t_{ij} \leqslant T_{i+1}$$

由此可得第 i 阶段的模型拟合优度检验统计量为

$$C_{M_i}^2 = \frac{1}{12 M_i} + \sum_{j=1}^{M_i} \left(\frac{t_{ij}^{\bar{b}_i} - T_i^{\bar{b}_i}}{T_i^{\bar{b}_i} - T_i^{\bar{b}_i}} - \frac{2j-1}{2 M_i}\right)^2 \quad (4.7)$$

定数截尾时,$M_i = n_i - 1$;定时截尾时,$M_i = n_i$。$\bar{b}_i$ 可取极大似然估计值 $\hat{b}_i$。

上述两类 MS-NHPP 模型,可以较好地描述多阶段含延缓纠正可靠性增长试验中的可靠性水平变化情况。在实际使用时,具体选择哪类模型可以依据以下原则进行。

(1)如果阶段结束时重新制造了样机投入下个阶段试验,一般应选择 MS-NHPP-Ⅰ;如果阶段结束时仍在原样机基础上改进设计投入下个阶段试验,一般应选择 MS-NHPP-Ⅱ。

(2)如果数据样本有限,直接利用数据进行模型的选择难以获得可信的分析

结果时,应利用专家经验、历史试验数据、相似产品数据等多种信息对试验中可靠性变化情况作出判断,从而选择一种合适的模型。

(3) 当各个阶段内的数据量较多时,可以采用拟合优度检验或似然比检验的方法分析哪种模型能够更好地与数据吻合。如果采用拟合优度检验法,可以单独针对各个阶段数据分别比较检验统计量 $C_{M_i}^2$ 的大小,$C_{M_i}^2$ 越小说明该模型的拟合优度越高;也可以综合多阶段数据,比较 $\sum_{i=1}^{m} C_{M_i}^2$ 的大小。如果采用似然比检验法,可以单独针对各阶段数据分别进行检验。对于第 i 阶段,可以通过似然比检验统计量:

$$r = \frac{L_i^{(\text{II})}(\hat{a}_i, \hat{b}_i)}{L_i^{(\text{I})}(\hat{a}_i, \hat{b}_i)}$$

进行模型选择。r 的分布一般较难获得,但可以将 r 与 1 进行比较,$r > 1$ 说明 MS – NHPP – II 模型能够更好地拟合第 i 阶段数据。类似地,可以通过

$$r' = \frac{\prod_{i=1}^{n} L_i^{(\text{II})}(\hat{a}_i, \hat{b}_i)}{\prod_{i=1}^{n} L_i^{(\text{I})}(\hat{a}_i, \hat{b}_i)}$$

是否大于 1 来判断哪种模型能够更好地拟合所有阶段数据,n 表示阶段数。

对于传统的单阶段 NHPP 过程的分析,可以采用贝叶斯方法进行估计。选择合适的先验信息,将其转化为先验分布,进而计算贝叶斯后验分布[8-10],并进行参数分布的预测[11]。对于多阶段 NHPP 过程,核心在于充分挖掘多阶段试验信息之间的关联,达到融合多阶段试验数据的目的。接下来将针对不同的模型假设进行分析。

4.3 基于 MS – NHPP – I 模型的顺序约束法

对于 MS – NHPP – I 模型,在第 i 个试验阶段中,以该阶段起始时刻为计时零点,从此时刻开始至该阶段内每个故障发生时刻所经历的时间作为该阶段分析评估所需的试验数据,可以分别对每个阶段数据使用 AMSAA 模型进行拟合。这种处理方法较为简单,当单个阶段内数据点较多时也能获得较满意的评估结果,但在小样本的情况下所得结果缺乏可信性,此时需要融合多个阶段数据才能作出较为准确的估计。这种多阶段试验数据分析的困难主要在于阶段内的参数估计以及阶段间的信息传递建模,也即如何融合多阶段的试验数据获得较为准确的末段可靠性估计。与多阶段延缓纠正可靠性增长的情况类似,MS – NHPP – I 模型中各个阶段间一般也存在一定的顺序约束关系。

本节将运用序化关系对 MS – NHPP – I 模型下的可靠性增长试验数据进行贝叶斯分析。首先用经典估计方法获得阶段内形状参数的无偏估计,然后在形状参数已知的情况下对各阶段末尾时刻的失效强度建立序化关系,并进行贝叶斯分析。

4.3.1 序化关系分析及检验

设试验阶段数为 m，第 i 个阶段的试验时间为 T_i（即试验截尾时间），故障发生次数为 n_i，故障累积时间为 $t_{i1}, t_{i2}, \cdots, t_{in_i}$。对于多阶段含延缓纠正试验，各阶段 Weibull 过程的尺度参数 a_i 与形状参数 b_i 不存在稳定的序化关系，不易进行序化关系的贝叶斯分析。此时，可以选择各个阶段截尾时刻的失效强度作为研究对象。将第 i 阶段截尾时刻的失效强度记为 λ_i，即 $\lambda_i \sim a_i b_i T_i^{b_i-1}$，它反映了该阶段试验结束时所达到的可靠性水平。由于可靠性增长试验是对同型设备逐步改进的过程，下个阶段试验是在上个阶段试验基础上进行的，因此，下个阶段截尾时刻的失效强度应低于上个阶段截尾时刻的失效强度，也即存在如下序化关系（或称顺序约束关系）：

$$\lambda_1 > \lambda_2 > \cdots > \lambda_m \tag{4.8}$$

应用序化关系之前需要进行序化关系的检验。零假设为 $H_0: \lambda_j = \lambda_i$，备择假设为 $H_1: \lambda_j > \lambda_i$。第 i 阶段的形状参数 b_i 和截尾时刻失效强度 λ_i 的极大似然估计值为

$$\hat{b}_i = n_i \Big/ \sum_{j=1}^{n_i} \ln \frac{T_i}{t_{ij}}, \hat{\lambda}_i = n_i \hat{b}_i / T_i$$

对于定数截尾试验，取统计量 $r_{1,ji} = [\hat{\lambda}_j n_i(n_j-1)]/[\hat{\lambda}_i n_j(n_i-1)]$，若 $r_{1,ji} > F_{1-\alpha}(n_i-1, n_j-1)$，则以显著性水平 α 拒绝原假设，认为 $\lambda_j > \lambda_i$；对于定时截尾试验，取统计量 $r_{2,ji} = [\hat{\lambda}_j n_i(n_j+1)]/[\hat{\lambda}_i n_j(n_i+1)]$，若 $r_{2,ji} > F_{1-\alpha}(n_i, n_j)$，则以显著性水平 α 拒绝原假设，认为 $\lambda_j > \lambda_i$。其中，$F_{1-\alpha}(m,n)$ 为分布 $F(m,n)$ 的 $1-\alpha$ 分位数。下面给出证明。

证明： 对于第 i 阶段试验，设 $S_i = 2a_i T_i^{b_i}, Z_i = 2n_i b_i/\hat{b}_i, Q_i = \lambda_i/\hat{\lambda}_i$，则

$$Q_i = \frac{a_i T_i^{b_i} b_i}{n_i \hat{b}_i} = \frac{Z_i S_i}{4n_i^2}$$

当采用定数截尾时，$S_i \sim \chi^2(2n_i), Z_i \sim \chi^2(2n_i-2)$[11]。而根据概率统计的知识可知近似有

$$\frac{Z_i S_i}{4n_i} \sim \chi^2(n_i - 1)$$

故有 $n_i Q_i \sim \chi^2(n_i-1)$。同样地有 $n_j Q_j \sim \chi^2(n_j-1)$。因此可得

$$\frac{n_i Q_i/(n_i-1)}{n_j Q_j/(n_j-1)} \sim F(n_i-1, n_j-1)$$

将 $Q_i = \lambda_i/\hat{\lambda}_i$ 以及原假设 $H_0: \lambda_i = \lambda_j$ 代入可得

$$\frac{\hat{\lambda}_j n_i(n_j-1)}{\hat{\lambda}_i n_j(n_i-1)} \sim F(n_i-1, n_j-1)$$

若取显著性水平为 α,可知拒绝域为

$$\frac{\hat{\lambda}_j n_i (n_i - 1)}{\hat{\lambda}_i n_j (n_i - 1)} > F_{1-\alpha}(n_i - 1, n_j - 1)$$

对于定时截尾试验的情况有[12] $S_i \sim \chi^2(2n_i + 2)$,$Z_i \sim \chi^2(2n_i)$。根据概率统计的知识可知近似有

$$\frac{Z_i S_i}{4(n_i + 1)} \sim \chi^2(n_i)$$

故而 $\dfrac{n_i^2 Q_i}{n_i + 1} \sim \chi^2(n_i)$。同理可得拒绝域为

$$\frac{\hat{\lambda}_j n_i (n_j + 1)}{\hat{\lambda}_i n_j (n_i + 1)} > F_{1-\alpha}(n_i, n_j)$$

证毕。

4.3.2 模型的贝叶斯分析

第 i 个阶段内关于故障数据的似然函数为

$$L(a_i, b_i \mid t_{i1}, t_{i2}, \cdots, t_{in_i}) = a_i^{n_i} b_i^{n_i} \prod_{j=1}^{n_i} t_{ij}^{b_i - 1} \exp(-a_i T_i^{b_i}) \tag{4.9}$$

阶段末尾时刻系统所达到的失效强度为 $\lambda_i \sim a_i b_i T_i^{b_i - 1}$,则以 (λ_i, b_i) 为自变量的似然函数为

$$L(\lambda_i, b_i \mid t_{i1}, t_{i2}, \cdots, t_{in_i}) = \frac{\lambda_i^{n_i}}{(T_i^{b_i - 1})^{n_i}} \prod_{j=1}^{n_i} t_{ij}^{b_i - 1} \exp\left(-\frac{\lambda_i T_i}{b_i}\right) \tag{4.10}$$

于是可得所有阶段故障数据的联合似然函数为

$$L(b_i, \lambda_i \mid t_{ij}) = \prod_{i=1}^{m} L(\lambda_i, b_i \mid t_{i1}, t_{i2}, \cdots, t_{in_i}) = \prod_{i=1}^{m} \frac{\lambda_i^{n_i}}{(T_i^{b_i - 1})^{n_i}} \prod_{j=1}^{n_i} t_{ij}^{b_i - 1} \exp\left(-\frac{\lambda_i T_i}{b_i}\right)$$

$$i = 1, 2, \cdots, m; j = 1, 2, \cdots, n_i \tag{4.11}$$

假定 b_i 已知,若未知可令 b_i 的值为其无偏估计值 $\bar{b}_i$。对于定时截尾试验取

$$\bar{b}_i = (n_i - 1) \bigg/ \sum_{j=1}^{n_i} \ln \frac{T_i}{t_{ij}}$$

对于定数截尾试验取

$$\bar{b}_i = (n_i - 2) \bigg/ \sum_{j=1}^{n_i} \ln \frac{T_i}{t_{ij}}$$

由于 b_i 取值已知,若取 λ_i 先验分布为

$$\pi_0(\lambda_i) = \Gamma(\lambda_i \mid \alpha_{i0}, \beta_{i0}), i = 1, 2, \cdots, m$$

可得其后验分布为

$$\pi(\lambda_1,\lambda_2,\cdots,\lambda_m) \propto \prod_{i=1}^{m} \lambda_i^{\alpha_{i0}+n_i-1} \exp\left[-\lambda_i\left(\beta_{i0}+\frac{T_i}{\overline{b}_i}\right)\right] \quad (4.12)$$

记 $\alpha_i = \alpha_{i0}+n_i, \beta_i = \beta_{i0}+T_i/\overline{b}_i$，可得 $\pi(\lambda_1,\lambda_2,\cdots,\lambda_m) \propto \prod_{i=1}^{m} \lambda_i^{\alpha_i-1}\exp(-\lambda_i\beta_i)$。利用序化关系式可知 λ_m 的边际密度函数为

$$\pi(\lambda_m) = \frac{\int_{\lambda_m}^{\infty}\int_{\lambda_{m-1}}^{\infty}\cdots\int_{\lambda_2}^{\infty}\prod_{i=1}^{m}\lambda_i^{\alpha_i-1}\exp(-\lambda_i\beta_i)\mathrm{d}\lambda_1\cdots\mathrm{d}\lambda_{m-2}\mathrm{d}\lambda_{m-1}}{\int_{0}^{\infty}\int_{\lambda_1}^{\infty}\cdots\int_{\lambda_2}^{\infty}\prod_{i=1}^{m}\lambda_i^{\alpha_i-1}\exp(-\lambda_i\beta_i)\mathrm{d}\lambda_1\cdots\mathrm{d}\lambda_{m-1}\mathrm{d}\lambda_m} \quad (4.13)$$

由等式

$$\int_{\lambda}^{\infty}\Gamma(x;\alpha,\beta)\mathrm{d}x = \sum_{k=0}^{\alpha-1}\frac{(\lambda\beta)^k}{k!}e^{-\lambda\beta}$$

可得[13,14]

$$\pi(\lambda_m) = A^{-1}\sum_{k_1=0}^{\alpha_1-1}\sum_{k_2=0}^{k_1+\alpha_2-1}\cdots\sum_{k_{m-1}=0}^{k_{m-2}+\alpha_{m-1}-1}\left[\omega(k_1,k_2,\cdots,k_{m-1})\Gamma(\lambda_m;k_{m-1}+n_m,\beta_{(m)})\right]$$

(4.14)

其中，$A = \sum_{k_1=0}^{\alpha_1-1}\sum_{k_2=0}^{k_1+\alpha_2-1}\cdots\sum_{k_{m-1}=0}^{k_{m-2}+\alpha_{m-1}-1}\omega(k_1,k_2,\cdots,k_{m-1})$，

$$\omega(k_1,k_2,\cdots,k_{m-1}) = \prod_{i=1}^{m-1}\frac{\Gamma(k_i+\alpha_{i+1})}{k_i!}\left[\frac{\beta_{(i)}}{\beta_{(i+1)}}\right]^{k_i},\ \beta_{(m)}=\sum_{i=1}^{m}\beta_i \quad (4.15)$$

进而可得 λ_m 置信度为 γ 的置信上限 $\lambda_{m,U}$，但计算较为繁琐，可按照矩等效原则将其拟合为具有相同一、二阶矩的 Gamma 分布。λ_m 的一、二阶矩分别为

$$u = E(\lambda_m) = A^{-1}\sum_{k_1=0}^{\alpha_1-1}\sum_{k_2=0}^{k_1+\alpha_2-1}\cdots\sum_{k_{m-1}=0}^{k_{m-2}+\alpha_{m-1}-1}\left[\omega(k_1,k_2,\cdots,k_{m-1})\frac{k_{m-1}+\alpha_m}{\beta_{(m)}}\right]$$

$$v = E(\lambda_m^2) = A^{-1}\sum_{k_1=0}^{\alpha_1-1}\sum_{k_2=0}^{k_1+\alpha_2-1}\cdots\sum_{k_{m-1}=0}^{k_{m-2}+\alpha_{m-1}-1}\left[\omega(k_1,k_2,\cdots,k_{m-1})\frac{(k_{m-1}+\alpha_m)(k_{m-1}+\alpha_m+1)}{\beta_{(m)}^2}\right]$$

(4.16)

若近似有 $\lambda_m \sim \Gamma(\alpha,\beta)$，则 $\beta = u/(v-u^2), \alpha = u\beta$。$\lambda_m$ 置信度为 γ 的近似置信上限为 $\tilde{\lambda}_{m,U} = \chi^2_{2\alpha,\gamma}/(2\beta)$，其中 $\chi^2_{2\alpha,\gamma}$ 是 $\chi^2(2\alpha)$ 分布的 γ 分位数。

4.3.3 形参估计值与阶段失效强度的先验分布

要获得满意的贝叶斯分析结果，需要获得较准确的形参 b_i 的估计值。一般情况下，如果当前阶段故障数据较多，得到的形参无偏估计量较好。如果当前阶段样本数过少，直接使用该无偏估计量可能带来风险。一般而言，多阶段可靠性增长试

验中,前几个阶段故障数据较多,获得的无偏估计值较为准确,而最末阶段由于系统可靠性已经达到了较高的水平,因此失效数据较少,相应的形参估计值可能不够准确。为此,可以考虑利用前几个阶段的信息来避免形参的错估。某些情况下,可以认为连续的两个阶段的形参基本相同,或者说相差不大。利用这个结果需要进行假设检验。选取零假设 $H_0:b_{i-1}=b_i$,备择假设 $H_1:b_{i-1}\neq b_i$。计算 $\hat{b}_i = n_i/\sum_{j=1}^{n_i}\ln(T_i/t_{ij})$,对于定时截尾试验,若 $F_\alpha(2n_{i-1},2n_i) \leq \hat{b}_i/\hat{b}_{i-1} \leq F_{1-\alpha}(2n_{i-1},2n_i)$,则以显著性水平 2α 接受原假设[13],并得无偏估计为[15]

$$\bar{b}_{i-1} = \bar{b}_i = \left(\sum_{k=i-1}^{i} n_k - 1\right) / \sum_{k=i-1}^{i}\sum_{j=1}^{n_i}\ln\frac{T_k}{t_{kj}}$$

对于定数截尾试验,取统计量

$$r = \frac{\hat{b}_i}{\hat{b}_{i-1}}\frac{n_{i-1}(n_i-1)}{n_i(n_{i-1}-1)}$$

则显著性水平 2α 下的接受域为 $F_\alpha(2n_{i-1}-2,2n_i-2) \leq r \leq F_{1-\alpha}(2n_{i-1}-2,2n_i-2)$,此时无偏估计为

$$\bar{b}_{i-1} = \bar{b}_i = \left(\sum_{k=i-1}^{i} n_k - 2\right) / \sum_{k=i-1}^{i}\sum_{j=1}^{n_i}\ln\frac{T_k}{t_{kj}}$$

此外,阶段末失效强度 λ_i 的先验可以取无信息先验。如果能够根据历史数据或专家经验获得 λ_i(或 $R_i = e^{-\lambda_i}$,即单位时间可靠度)的均值和方差,可以按照矩相等的原则将其转换为 Gamma 分布。

4.3.4 示例分析

定时截尾的多阶段含延缓纠正试验数据如表 4.1 所列,阶段结束时重新制造样机并投入下个阶段试验,因此试验数据符合 MS–NHPP–Ⅰ 模型假设。通过分析可知,整个数据无法用 AMSAA 模型来拟合,但各个阶段内数据可以用 AMSAA 模型来拟合。各个阶段形参无偏估计为 $\bar{b}_1 = 0.5630, \bar{b}_2 = 0.4979, \bar{b}_3 = 0.5503$。如果只利用第 3 阶段数据进行估计,可得 $\bar{a}_3 = 0.0458$；MTBF 的无偏估计为 $\bar{\theta}_3 = 1211.4$,其置信水平为 0.9 的置信下限为 $\bar{\theta}_{3,L} = 268.9$。

表 4.1 多阶段含延缓纠正试验数据(MS–NHPP–Ⅰ) （单位:h）

阶　　段	数　　据
阶段 1(0~300h)	3,17,23,42,73,127,140,179,224,263
阶段 2(0~500h)	19,91,213,410
阶段 3(0~2000h)	157,713,1887

取显著性水平为 0.15,检验可知序化关系 $\lambda_1 > \lambda_2 > \lambda_3$ 成立:
$$r_{2,12} = 3.4554 > F_{0.85}(4,10) = 2.142, r_{2,23} = 4.0208 > F_{0.85}(3,4) = 3.123$$
若取无信息先验分布为 $\pi_0(\lambda_1, \lambda_2, \lambda_3) \propto \lambda_1^{-1} \lambda_2^{-1} \lambda_3^{-1}$,则其后验密度函数为
$$\pi(\lambda_1, \lambda_2, \lambda_3) \propto \lambda_1^{\alpha_1-1} \lambda_2^{\alpha_2-1} \lambda_3^{\alpha_3-1} \exp(-\lambda_1 \beta_1 - \lambda_2 \beta_2 - \lambda_3 \beta_3)$$

其中,$\alpha_i = n_i, \beta_i = T_i / \bar{b}_i, i = 1,2,3$。可得

$$\pi(\lambda_3) = A^{-1} \sum_{k_1=0}^{\alpha_1-1} \sum_{k_2=0}^{k_1+\alpha_2-1} \left[\omega(k_1, k_2) \Gamma(\lambda_3 \mid k_2 + \alpha_3, \beta_{(3)}) \right]$$

$$E(\lambda_3) = 8.0759 \times 10^{-4}, E(\lambda_3^2) = 8.6187 \times 10^{-7}$$

将其拟合为 $\Gamma(\lambda_3; \alpha, \beta)$,可得 $\alpha = 3.1107, \beta = 3851.8$。于是,MTBF 估计值为 $\tilde{\theta}_3 = 1/E(\lambda_3) = 1238.2$。置信度为 0.90 的置信上限为 $\tilde{\lambda}_{3,U} = \chi^2_{2\alpha, 0.90}/(2\beta) =$ 0.0014213,继而得到置信度为 0.90 的置信下限为 $\tilde{\theta}_{3,L} = 1/\tilde{\lambda}_{3,U} = 703.6$。由 $\tilde{\theta}_{3,L} =$ $703.6 > 268.9 = \bar{\theta}_{3,L}$ 可知,利用序化关系进行贝叶斯分析有效缩短了估计值的置信区间。

基于序化模型使用贝叶斯方法,综合利用了可靠性增长前几个阶段的信息,有效地提高了当前阶段的 MTBF 估计在同一置信水平下的估计下限,缩短了估计区间,获得了较为准确的估计结果。由于可靠性增长试验各阶段可靠性水平之间存在内在的序化关系,因此使用上述方法得到的当前阶段末尾时刻的 MTBF 估计值是合理的。

4.4 基于 MS – NHPP – Ⅱ 模型的顺序约束法

针对多阶段含延缓纠正可靠性增长数据的 MS – NHPP – Ⅱ 模型,本节首先讨论了多阶段参数之间可能存在的顺序约束关系,选择 Dirichlet 分布作为各阶段可靠性参数的先验分布,然后分析了无信息先验的估计方法以及融合专家信息的估计方法,并采用 MCMC 方法计算参数后验分布,最后进行了实例分析和验证。

4.4.1 多阶段含延缓纠正试验的建模方法

在 MS – NHPP – Ⅱ 模型中,可靠性增长试验由 m 个阶段构成,各个阶段内的故障时间点均以第一个试验阶段起始时刻为计时 0 点,记为 $T_0 = 0$。第 i 阶段试验结束时刻为 T_i,该阶段内的试验总时间为 $T_i - T_{i-1}$,故障发生时刻为 $t_{ij}, i = 1, 2, \cdots, m; j = 1, 2, \cdots, n_i, n_i$ 为第 i 阶段内的故障数。第 i 阶段内的试验数据服从强度为 $\lambda_i(t) = a_i b_i t^{b_i - 1} (T_{i-1} \leq t \leq T_i)$ 的非齐次泊松过程,阶段初始时刻失效强度为 $\lambda_i(T_{i-1}) = a_i b_i T_{i-1}^{b_i - 1}$,阶段结束时刻失效强度为 $\lambda_i(T_i) = a_i b_i T_i^{b_i - 1}$。当 $i > 1$ 时,

$\lambda_i(T_{i-1}) < \infty$，这是与传统 AMSAA 模型的不同之处。

对于此类可靠性增长过程，如果阶段间纠正措施有效，一般满足序化约束关系：$\lambda_i(T_{i-1}) \geqslant \lambda_i(T_i) \geqslant \lambda_{i+1}(T_i)$，即 $a_i b_i T_{i-1}^{b_i-1} \geqslant a_i b_i T_i^{b_i-1} \geqslant a_{i+1} b_{i+1} T_i^{b_{i+1}-1}$，也即阶段末尾时刻失效强度不高于阶段起始时刻失效强度，下个阶段起始时刻失效强度不高于上个阶段末尾时刻失效强度。此外，对于各个阶段的过程参数 a_i 和 b_i 没有作特殊约束，即阶段间的形状参数 b_i 可以不同。4.2 节提供了 MS – NHPP – Ⅱ 的极大似然估计方法，但是由于没有限定各个阶段的参数 a_i 和 b_i 之间的约束关系，故而第 i 阶段的参数估计值 $\hat{a}_i$ 和 $\hat{b}_i$ 只与第 i 阶段的试验数据有关。同时，在 MLE 求解过程中，也没有应用序化约束 $\lambda_i(T_{i-1}) \geqslant \lambda_i(T_i) \geqslant \lambda_{i+1}(T_i)$，因而在小样本情况下求出的极大似然估计值可能会违背这一关系。

4.4.2 基于 Dirichlet 先验的贝叶斯分析

为了更好地融合历史阶段数据，可以采用贝叶斯方法进行融合评估，并且在融合过程中应用序化关系 $\lambda_i(T_{i-1}) \geqslant \lambda_i(T_i) \geqslant \lambda_{i+1}(T_i)$。首先需要选取合适的参数，并设计合理的先验分布。对于系统在 t 时刻的失效强度 $\lambda_i(t)$，其取值范围为 $0 < \lambda_i(t) < \infty$。对于指数寿命型系统，在此失效强度下，系统在运行了时间 τ 后的可靠度为 $R_i(\tau, t) = \exp[-\lambda_i(t)\tau]$，或称为"$\tau$ 时间可靠度"，相应的单位时间可靠度为 $R_i(1, t) = \exp[-\lambda_i(t)]$。第 i 阶段初始时刻 T_{i-1} 的失效强度 $\lambda_i(T_{i-1})$ 所对应的 τ 时间可靠度为 $R_i(\tau, T_{i-1}) = \exp[-\lambda_i(T_{i-1})\tau]$，将其记作 $R_{i,1} = R_i(\tau, T_{i-1})$。第 i 阶段截尾时刻 T_i 的失效强度 $\lambda_i(T_i)$ 所对应的 τ 时间可靠度为 $R_i(\tau, T_i) = \exp[-\lambda_i(T_i)\tau]$，将其记作 $R_{i,2} = R_i(\tau, T_i)$。对于固定的 τ，序化关系 $\lambda_i(T_{i-1}) \geqslant \lambda_i(T_i) \geqslant \lambda_{i+1}(T_i)$，即等价于 $R_i(\tau, T_{i-1}) \leqslant R_i(\tau, T_i) \leqslant R_{i+1}(\tau, T_i)$，或 $0 \leqslant R_{i,1} \leqslant R_{i,2} \leqslant R_{i+1,1} \leqslant 1$。当 $i = 1$ 时，$T_0 = 0$，$R_{1,1} = R_1(\tau, T_0) = 0$。

记 $\boldsymbol{R} = (R_{1,2}, R_{2,1}, R_{2,2}, \cdots, R_{m,1}, R_{m,2})$，则 $0 \leqslant R_{1,2} \leqslant R_{2,1} \leqslant R_{2,2} \leqslant \cdots \leqslant R_{m,1} \leqslant R_{m,2} \leqslant 1$。对于第 1 阶段，$R_{1,1} = 0$，则由 $R_{1,2} = \exp[-a_1 b_1 T_1^{b_1-1} \tau]$ 可得 $a_1 = -\ln R_{1,2}/(\tau b_1 T_1^{b_1-1})$，简记为 $a_1 = a_1(b_1, R_{1,2})$。对于第 i 阶段 ($i > 1$)，若已知 $R_{i,1}$ 和 $R_{i,2}$，则由

$$R_{i,1} = \exp[-\lambda_i(T_{i-1})\tau] = \exp[-a_i b_i T_{i-1}^{b_i-1}\tau], R_{i,2} = \exp[-\lambda_i(T_i)\tau] = \exp[-a_i b_i T_i^{b_i-1}\tau]$$

可得

$$a_i = \frac{-\ln R_{i,2}}{\tau b_i T_i^{b_i-1}}, b_i = 1 + \frac{\ln(\ln R_{i,1}/\ln R_{i,2})}{\ln T_{i-1} - \ln T_i}$$

简记为

$$a_i = a_i(R_{i,1}, R_{i,2}), b_i = b_i(R_{i,1}, R_{i,2})$$

选取参数向量 $\boldsymbol{\theta} = (b_1, \boldsymbol{R}) = (b_1, R_{1,2}, R_{2,1}, R_{2,2}, \cdots, R_{m,1}, R_{m,2})$，则可将似然函数 $L(a_i, b_i, i = 1, 2, \cdots, m)$ 改写为

$$L(\boldsymbol{\theta}) = L(b_1, \boldsymbol{R}) = \prod_{i=1}^{m} L_i(b_1, \boldsymbol{R}) = L_1[b_1, a_1(b_1, R_{1,2})] \prod_{i=2}^{m} L_i[a_i(R_{i,1}, R_{i,2}), b_i(R_{i,1}, R_{i,2})] \tag{4.17}$$

对于参数 b_1，对于可靠性增长过程，其取值范围为 $0 < b_1 < 1$，取其先验分布为 Beta 分布，即 $b_1 \sim \text{Beta}(\beta_1, \beta_2)$。

在可靠性增长试验分析中，Dirichlet 先验分布具有良好的适应性，已经应用于即时纠正[16]和延缓纠正[17]的情况。这里，针对含延缓纠正的多阶段试验，仍然可以采用 Dirichlet 分布作为先验分布。

$$\boldsymbol{Z} = [R_{1,2}, (R_{2,1} - R_{1,2}), (R_{2,2} - R_{2,1}), \cdots, (R_{m,2} - R_{m,1}), (1 - R_{m,2})] \tag{4.18}$$

将其先验分布取为 Dirichlet 分布：

$$\boldsymbol{Z} \sim \text{Dirichlet}(\alpha_{1,2}, \alpha_{2,1}, \alpha_{2,2}, \cdots, \alpha_{m,1}, \alpha_{m,2}, \alpha_{m+1,1}) \tag{4.19}$$

经过转换可知参数 $\boldsymbol{R}$ 的先验分布形式为

$$\pi(\boldsymbol{R}) = \pi(R_{1,2}, R_{2,1}, R_{2,2}, \cdots, R_{m,1}, R_{m,2}) \propto \prod_{i=1}^{m} \left[(R_{i,2} - R_{i,1})^{\alpha_{i,2}-1} (R_{i+1,1} - R_{i,2})^{\alpha_{i+1,1}-1} \right] \tag{4.20}$$

其中，$R_{1,1} = 0$，并记 $R_{m+1,1} = 1$。也即 $\boldsymbol{R}$ 服从次序 Dirichlet 分布，其后验分布为

$$\pi(\boldsymbol{\theta} \mid \text{Data}) \propto L(\boldsymbol{\theta}) \pi(\boldsymbol{\theta}) \propto L_1(b_1, a_1(b_1, R_{1,2})) \cdot$$
$$\prod_{i=2}^{m} L_i(a_i(R_{i,1}, R_{i,2}), b_i(R_{i,1}, R_{i,2})) \cdot b_1^{\beta_1 - 1} (1 - b_1)^{\beta_2 - 1} \prod_{i=1}^{m} (R_{i,2} - R_{i,1})^{\alpha_{i,2}-1}$$
$$(R_{i+1,1} - R_{i,2})^{\alpha_{i+1,1}-1} \tag{4.21}$$

4.4.3 后验分布的 MCMC 计算方法

式(4.21)所示的后验分布很难采用解析方式进行处理，只能使用 MCMC 方法求解，采用 Metropolis – Hastings 准则[18,19]。对于后验分布而言，各参数的满条件分布为

$$\pi(b_1 \mid \overline{b_1}, \text{Data}) \propto L_1(b_1, a_1(b_1, R_{1,2})) [b_1^{\beta_1 - 1} (1 - b_1)^{\beta_2 - 1}]$$

$$\pi(R_{i,1} \mid \overline{R_{i,1}}, \text{Data}) \propto [(R_{i,1} - R_{i-1,2})^{\alpha_{i,1}-1} (R_{i,2} - R_{i,1})^{\alpha_{i,2}-1}] \cdot L_i(a_i(R_{i,1}, R_{i,2}), b_i(R_{i,1}, R_{i,2}))$$

$$\pi(R_{i,2} \mid \overline{R_{i,2}}, \text{Data}) \propto [(R_{i,2} - R_{i,1})^{\alpha_{i,2}-1} (R_{i+1,1} - R_{i,2})^{\alpha_{i+1,1}-1}] \cdot L_i(a_i(R_{i,1}, R_{i,2}), b_i(R_{i,1}, R_{i,2})) \tag{4.22}$$

式中：$\overline{b_1} = \boldsymbol{R}$；$\overline{R_{i,1}} = (b_1, R_{1,2}, \cdots, R_{i-1,2}, R_{i,2}, \cdots, R_{m,1}, R_{m,2})$，即参数向量 $\boldsymbol{\theta}$ 中除 $R_{i,1}$ 之外的其他参数构成的向量；$\overline{R_{i,2}} = (b_1, R_{1,2}, \cdots, R_{i,1}, R_{i+1,1}, \cdots, R_{m,1}, R_{m,2})$，即 $\boldsymbol{\theta}$ 中除 $R_{i,2}$ 之外的其他参数构成的向量。对于参数 b_1，选择建议分布为 $b_1 \sim \text{Beta}(q_1, q_2)$。对于参数 $\boldsymbol{R}$，选择 $\boldsymbol{Z}$ 的建议分布为

$$\boldsymbol{Z} \sim \text{Dirichlet}(p_{1,2}, p_{2,1}, p_{2,2}, \cdots, p_{m,1}, p_{m,2}, p_{m+1,1}) \tag{4.23}$$

转换可得 R 的建议分布：

$$P(\boldsymbol{R}) \propto \prod_{i=1}^{m} \left[(R_{i,2} - R_{i,1})^{p_{i,2}-1} (R_{i+1,1} - R_{i,2})^{p_{i+1,1}-1} \right] \quad (4.24)$$

则条件建议分布密度为

$$P(b_1 | \overline{b_1}) \propto b_1^{q_1 - 1} (1 - b_1)^{q_2 - 1}$$

$$P(R_{i,1} | \overline{R_{i,1}}) \propto (R_{i,1} - R_{i-1,2})^{p_{i,1}-1} (R_{i,2} - R_{i,1})^{p_{i,2}-1}, 2 \leq i \leq m$$

$$P(R_{i,2} | \overline{R_{i,2}}) \propto (R_{i,2} - R_{i,1})^{p_{i,2}-1} (R_{i+1,1} - R_{i,2})^{p_{i+1,1}-1}, 1 \leq i \leq m \quad (4.25)$$

当 $\overline{R_{i,1}}$ 已知时 $(2 \leq i \leq m)$，$R_{i,1}$ 的建议分布为 $[R_{i-1,2}, R_{i,2}]$ 范围内截尾的 Beta 分布；当 $\overline{R_{i,2}}$ 已知时 $(1 \leq i \leq m)$，$R_{i,2}$ 的建议分布为 $[R_{i,1}, R_{i+1,1}]$ 范围内截尾的 Beta 分布。

将参数向量 $\boldsymbol{\theta}$ 重新记作 $\boldsymbol{\theta} = (b_1, \boldsymbol{R}) = (\theta_1, \theta_2, \cdots, \theta_{2m-1}, \theta_{2m})$，则基于 Metropolis-Hastings 方法的 MCMC 方法步骤如下（其中，$\theta^{(k)}$ 为参数 θ 的第 k 次抽样值）。

（1）首先对参数向量赋初值：

$$\boldsymbol{\theta}^{(0)} = (\theta_1^{(0)}, \theta_2^{(0)}, \cdots, \theta_{2m-1}^{(0)}, \theta_{2m}^{(0)}), \text{并取} k = 0, i = 1$$

（2）记 $\overline{\theta_i}^{(k)} = (\theta_1^{(k+1)}, \cdots, \theta_{i-1}^{(k+1)}, \theta_{i+1}^{(k)}, \cdots, \theta_{2m}^{(k)})$，由建议分布 $P(\theta_i | \overline{\theta_i}^{(k)})$ 抽样产生 θ_i^*，并计算

$$a = \min \left\{ \frac{\pi(\theta_i^* | \overline{\theta_i}^{(k)}, \text{Data}) P(\theta_i^{(k)} | \overline{\theta_i}^{(k)})}{\pi(\theta_i^{(k)} | \overline{\theta_i}^{(k)}, \text{Data}) P(\theta_i^* | \overline{\theta_i}^{(k)})}, 1 \right\}$$

（3）独立抽样生成 $U \sim \text{Uniform}(0, 1)$，若 $a \geq U$，则取 $\theta_i^{(k+1)} = \theta_i^*$；若 $a < U$，则取 $\theta_i^{(k+1)} = \theta_i^{(k)}$。

（4）令 $i = i + 1$。若 $i > 2m$，则令 $i = 1, k = k + 1$。然后，转步骤2。

按照上述步骤可以产生一系列参数抽样值 $\boldsymbol{\theta}^{(k)}, k = 0, 1, \cdots, N$，当 N 足够大时，可以将这些数值看作从参数 $\boldsymbol{\theta}$ 的后验分布中随机抽取的样本，取后面成熟的 5000 个点进行统计计算，即可获得 $\boldsymbol{\theta}$ 的后验分布。需要注意的是，在基于 Metropolis-Hastings 准则的 MCMC 算法中，R 的建议分布应具有肥尾特性。因此，可以取 $Z \sim \text{Dirichlet}(2, 2, \cdots, 2)$ 或 $Z \sim \text{Dirichlet}(1, 1, \cdots, 1)$，并将其转换为 R 的建议分布。

此外，通过设置先验分布参数取值，可以有效地融合历史信息和专家经验。由 Dirichlet 分布性质可知参数边际分布为

$$R_{i,1} \sim \text{Beta}(\alpha_{1,2} + \cdots + \alpha_{i,1}, \alpha_{i,2} + \cdots + \alpha_{m+1,1})$$

$$R_{i,2} \sim \text{Beta}(\alpha_{1,2} + \cdots + \alpha_{i,2}, \alpha_{i+1,1} + \cdots + \alpha_{m+1,1}) \quad (4.26)$$

如果通过历史信息或专家经验可以获得 $R_{i,j}(j = 1, 2)$ 的期望和方差，可以按照矩相等的原则获得参数估计值。如果没有其他先验信息，可以取无信息先验分布 $Z \sim \text{Dirichlet}(1, 1, \cdots, 1)$，即 $R_{i,1}$ 服从 $[R_{i-1,2}, R_{i,2}]$ 范围内的均匀分布 $(2 \leq i \leq m)$；$R_{i,2}$ 服从 $[R_{i,1}, R_{i+1,1}]$ 范围内的均匀分布 $(1 \leq i \leq m)$。

4.4.4 示例分析

表 4.2 为某复杂机电产品多阶段可靠性增长试验数据,阶段结束时在原设备基础上进行改进,失效数据符合 MS – NHPP – Ⅱ模型假设。试验分 3 个阶段,以阶段 1 起始时刻为 0 时刻,表中故障点数据为从阶段 1 起始时刻开始的累积试验时间。三个试验阶段均采用定时截尾试验,$T_1 = 40$,$T_2 = 500$,$T_3 = 3000$。对于第 1 阶段数据,如果用 AMSAA 模型拟合,则 $M = 11$,$C_M^2 = 0.0857 < C_{M,0.05}^2 = 0.212$,故可以用 AMSAA 模型来拟合。对于第 2 阶段数据,由于样本点较少,直接用 AMSAA 模型将无法获得可信的评估结果。如果将第 2 阶段数据与第 1 阶段数据合并用 AMSAA 模型来拟合,则 $M = 14$,$C_M^2 = 0.2637 > C_{M,0.05}^2 = 0.215$,故以显著性水平 0.05 拒绝用 AMSAA 模型来拟合。如果将第 3 阶段数据与前两个阶段数据合并用 AMSAA 模型拟合,则 $M = 16$,$C_M^2 = 0.3392 > C_{M,0.01}^2 = 0.327$,故以显著性水平 0.01 拒绝用 AMSAA 模型来拟合。

表 4.2 多阶段可靠性增长试验数据(MS – NHPP – Ⅱ) (单位:h)

阶 段	数 据
阶段 1(0,40h]	0.04,5.69,5.88,9.30,9.69,10.86,23.77,24.60,29.49,34.82,36.80
阶段 2(40h,500h]	115.69,142.90,383.47
阶段 3(500h,3000h]	1458.94,2851.89

下面采用本节提出的 MS – NHPP – Ⅱ模型的顺序约束方法进行计算。取 $\tau = 10$,即 $R_{i,1} = R_i(10, T_{i-1})$,$R_{i,2} = R_i(10, T_i)$。设备参数无信息先验分布为

$$Z = [R_{1,2}, (R_{2,1} - R_{1,2}), (R_{2,2} - R_{2,1}), (R_{3,1} - R_{2,2}), (R_{3,2} - R_{3,1}), (1 - R_{3,2})] \sim \text{Dirichlet}(1,1,1,1,1,1)$$

$$b_1 \sim \text{Beta}(1,1) \tag{4.27}$$

将 MCMC 方法中的建议分布取为参数的先验分布。仿真可得各参数的后验分布,图 4.2 和图 4.3 给出了 $R_{3,2}$ 的后验抽样情况。

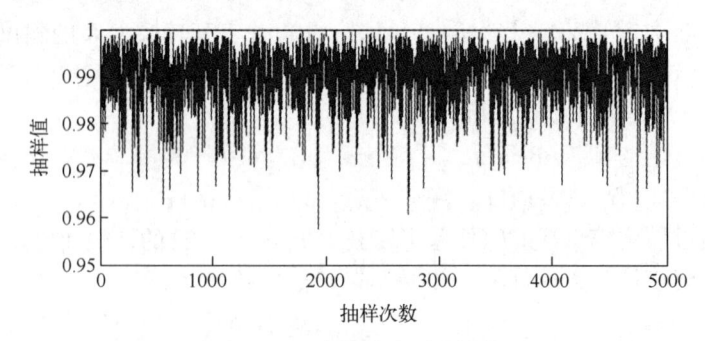

图 4.2 $R_{3,2}$ 的 MCMC 后验抽样图

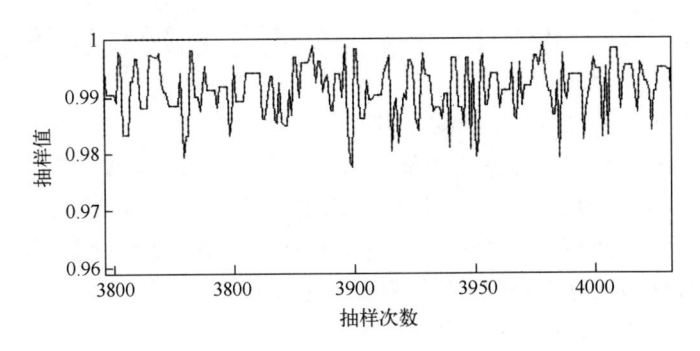

图 4.3 $R_{3,2}$ 的 MCMC 后验抽样局部图

各参数的 MLE 与贝叶斯估计如表 4.3 所列。表中还列出了利用 MS－NHPP－Ⅱ 模型的 MLE 方法获得的参数估计值。由于 MLE 方法仅利用了单个阶段的数据，因而 3 个阶段估计值之间的差别较大。例如，在 $R_{1,2}$ 和 $R_{2,1}$ 之间出现了明显的跳跃，并且第 2 和第 3 阶段由于样本点很少，通过 MLE 方法获得的估计值可信度不高，在第 3 阶段中还出现了违背直观的情况：$R_{3,1} > R_{3,2}$。通过设置 Dirichlet 先验分布，对 MS－NHPP 模型应用贝叶斯方法获得的后验估计值综合利用了多阶段试验数据，所得各阶段可靠性参数估计值符合序化关系，具有较短的置信区间。此外，还可以根据经验设置先验分布参数，所得结果将更为可信。

表 4.3 各参数的 MLE 与贝叶斯估计

θ	MS－NHPP－Ⅱ 贝叶斯后验估计				MS－NHPP－Ⅱ MLE
	$E(\theta)$	$\mathrm{Var}(\theta)$	$\theta_{0.05}$	$\theta_{0.95}$	
b_1	0.6542	0.0248	0.3972	0.9268	0.6671
$R_{1,2}$	0.2213	0.0133	0.0661	0.4346	0.1597
$R_{2,1}$	0.7474	0.0186	0.4738	0.9180	0.8661
$R_{2,2}$	0.9333	0.0012	0.8670	0.9770	0.9583
$R_{3,1}$	0.9733	0.0003	0.9406	0.9926	0.9988
$R_{3,2}$	0.9905	0.00004	0.9789	0.9980	0.9836

示例表明，本节所提出的基于顺序约束关系的 MS－NHPP－Ⅱ 模型分析方法，能够有效融合多阶段试验数据，所得结果满足序化约束关系，可靠性评估结果更为可信。同时，贝叶斯方法的应用为融合历史信息和专家经验提供了便利，通过设置先验分布参数可以达到这一目的，从而进一步缩短后验分布置信区间，提供更为准确的可靠性评估结果。

4.5　多台设备同时投试情况下的增长因子法

增长因子是一种将专家信息融入多阶段试验评估中的有效方法。对于多阶段含延缓纠正情况下的可靠性增长数据,目前暂时没有成熟的增长因子分析方法。文献[20,21]采用等效折合的方法将阶段内的 Weibull 过程数据折合为指数寿命型试验数据,然后按照多阶段延缓纠正的可靠性增长情况进行分析,但这种方法只截取了原始数据的部分信息(如均值或某一置信水平的置信下限值),因而会带来信息的损失。本节首先给出了适用于 MS-NHPP-Ⅰ和 MS-NHPP-Ⅱ两类可靠性增长模型的增长因子法的一般流程,然后重点围绕 MS-NHPP-Ⅰ模型展开深入研究。通过详细推导发现,对于此类模型选择合适的先验分布形式及其参数,能够获得简洁的后验分布形式,从而简化贝叶斯分析过程。讨论了在给定增长因子条件下如何确定变量的未知分布,并在此基础上给出了多阶段可靠性增长的一种新的评估流程。分析过程中的变量大多基于 Gamma 分布,利用书中给出的近似计算命题,可以方便地将复杂的分布形式转化为 Gamma 分布,它们可以在保证较好精度条件下简化计算,获得可信的可靠性评估结果。

4.5.1　增长因子法的一般分析

对于多台系统同步纠正同步截尾试验,可以采用 AMSAA-BISE 模型,该模型在设备数为 1 时等价于 AMSAA 模型,因此可以将 AMSAA-BISE 看作是更一般的模型。下面的分析基于 AMSAA-BISE 模型,所有分析结果在设备数为 1 时适用于 AMSAA 模型。对于多台同型可修系统的同步截尾可靠性增长试验,可以认为同阶段的多台系统的试验数据均服从参数相同的 Weibull 过程,即各台设备的失效强度函数相同。

设试验共分为 m 个阶段进行,第 i 阶段共有 k_i 台设备投入试验,第 l 台设备的故障数为 n_{il},$l=1,2,\cdots,k_i$,观测到的故障时间点为 t_{ilj},$j=1,2,\cdots,n_{il}$,该阶段的总故障数为 $n_i = \sum_{l=1}^{k_i} n_{il}$。若第 i 阶段中各台设备的失效强度函数为 $a_i b_i t^{b_i-1}$,则对于 MS-NHPP-Ⅰ模型,利用第 i 阶段试验数据的似然函数为

$$L^{(\mathrm{I})}(a_i,b_i) = (k_i a_i b_i)^{n_i} \mathrm{e}^{-k_i a_i T_i^{b_i}} \prod_{l=1}^{k_i} \prod_{j=1}^{n_{il}} t_{ilj}^{b_i-1} \tag{4.28}$$

对于故障截尾试验,n_i 为预先给定的总故障数,T_i 为第 i 个故障的发生时间 t_{n_i};对于时间截尾试验,T_i 为预设的截尾时间,n_i 为总的观测故障数。

故障截尾情况下,根据 Jeffreys 方法,取无信息先验分布为 $\pi_0(a_i,b_i) = a_i^{-1} b_i^{-2}$,则贝叶斯后验分布为

$$\pi(a_i,b_i) \propto \pi_0(a_i,b_i)L^{(\mathrm{I})}(a_i,b_i) \propto a_i^{n_i-1}b_i^{n_i-2}\mathrm{e}^{-k_i a_i T_i^{b_i}}\prod_{l=1}^{k_i}\prod_{j=1}^{n_{il}}t_{ilj}^{b_i-1} \quad (4.29)$$

时间截尾情况下，取无信息先验分布为 $\pi_0(a_i,b_i)=b_i^{-1}T^{b_i}$，则贝叶斯后验分布为

$$\pi(a_i,b_i) \propto \pi_0(a_i,b_i)L^{(\mathrm{I})}(a_i,b_i) \propto a_i^{n_i}b_i^{n_i-1}T_i^b\mathrm{e}^{-k_i a_i T_i^{b_i}}\prod_{l=1}^{k_i}\prod_{j=1}^{n_{il}}t_{ilj}^{b_i-1} \quad (4.30)$$

依据第 i 阶段的后验分布，可以求出 a_i、b_i 的边际后验分布。一般情况下，假设各个阶段失效机理相同，因而各个阶段的形状参数 b_i 相同，即 $b_1=b_2=\cdots=b_m$；各个阶段的尺度参数 a_i 存在比例关系 $a_i=a_{i-1}\eta_i$，将 $\eta_i=a_i/a_{i-1}$ 定义为第 $i-1$ 阶段向第 i 阶段的增长因子。由第 i 阶段的数据获得 a_i、b_i 的后验分布之后，需要将其向第 $i+1$ 阶段的参数 a_{i+1}、b_{i+1} 的先验分布进行转化。一般假设 a_{i+1}、b_{i+1} 均服从 Gamma 分布，或者 a_{i+1} 服从 Gamma 分布，b_{i+1} 服从 Beta 分布。如果能够通过专家信息或其他数据获得增长因子 η_i 的分布，则可以按照矩相等的原则进行转化：

$$E(a_{i+1})=E(a_i)E(\eta_{i+1}),\mathrm{Var}(a_{i+1})=E(a_i^2)E(\eta_{i+1}^2)-[E(a_i)E(\eta_{i+1})]^2$$
$$E(b_{i+1})=E(b_i),\mathrm{Var}(b_{i+1})=\mathrm{Var}(b_i)$$

当专家信息有限，数据样本较小时，也可以如下方式进行转换：

$$E(a_{i+1})=E(a_i)\eta_{i+1},\mathrm{Var}(a_{i+1})=\mathrm{Var}(a_i)\eta_{i+1}$$

这种转换原则仅利用了期望间的比例关系和随机序关系，从而在一定程度上避免对增长因子分布准确性的过强依赖。根据上述原则，获得特定形式的 a_{i+1}、b_{i+1} 的先验分布，进而按照上述贝叶斯方法获得第 $i+1$ 阶段的后验分布。

上述分析过程同样适用于 MS–NHPP–Ⅱ模型。若第 i 阶段共有 k_i 台设备投入试验，则关于第 i 阶段数据的似然函数为

$$L^{(\mathrm{Ⅱ})}(a_i,b_i)=(k_i a_i b_i)^{n_i}\mathrm{e}^{-k_i a_i T_i^{b_i}+k_i a_i T_{i,L_1}^{b_i}}\prod_{l=1}^{k_i}\prod_{j=1}^{n_{il}}t_{ilj}^{b_i-1} \quad (4.31)$$

其他分析过程与上述 MS–NHPP–Ⅰ模型相似。

在上述分析过程中，单阶段试验数据的似然函数形式较为复杂，贝叶斯后验分布的计算需要进行复杂的数值积分计算。下节提出了一种针对 MS–NHPP–Ⅰ模型的近似分析方法。

4.5.2 AMSAA–BISE 模型的贝叶斯近似计算

在 MS–NHPP–Ⅰ模型中，如果仅考虑单个阶段试验数据，它与 AMSAA 模型或 AMSAA–BISE 模型完全相同。为了避免公式表述上的烦琐，本小节仅考虑单个阶段内的贝叶斯分析过程，因此去掉下标中的阶段数 i，相应的贝叶斯分析结论适用于一般的 AMSAA 模型和 AMSAA–BISE 模型。此外，在下述分析中采用如下记号：

时间区间$(0,\tau]$内的期望故障数记为S_τ,即$S_\tau = \Lambda(\tau) = E[N(\tau)] = \int_0^\tau \lambda(t)\mathrm{d}t = a\tau^b$;$\tau$时刻的失效强度记为$\lambda_\tau$,即$\lambda_\tau = ab\tau^{b-1}$。

AMSAA模型有不同的先验信息选取方法,可以参考文献[8,13]等。一般可以在选定参数a、b的先验分布之后进行贝叶斯分析。但是,参数a缺乏明确的物理意义,通常难以直接获得其先验信息,需要利用其他信息进行转化。b、S_τ、λ_τ的物理意义较为明确,工程师可以根据经验或历史数据给出它们的先验分布。去掉冗余信息后,选取S_τ和b的先验分布为基本出发点进行贝叶斯分析,τ为某个确定的时间点,可以根据工程实际来确定。将S_τ、b的先验分布分别取为Gamma分布:

$$S_\tau \sim \Gamma(\alpha_0, \beta_0),\text{即}\ \pi_0(S_\tau) = \frac{\beta_0^{\alpha_0}}{\Gamma(\alpha_0)} S_\tau^{\alpha_0 - 1} \mathrm{e}^{-\beta_0 S_\tau}$$

$$b \sim \Gamma(\alpha_1, \beta_1),\text{即}\ \pi_0(b) = \frac{\beta_1^{\alpha_1}}{\Gamma(\alpha_1)} b^{\alpha_1 - 1} \mathrm{e}^{-\beta_1 b} \tag{4.32}$$

由$S_\tau = a\tau^b$可将$\pi_0(S_\tau)$转化为$\pi_0(a|b) \propto a^{\alpha_0-1} \tau^{b\alpha_0} \exp(-\beta_0 a \tau^b)$,则有

$$\pi(a,b) \propto \pi_0(a|b)\pi_0(b) \cdot L$$
$$\propto a^{n+\alpha_0-1} b^{n+\alpha_1-1} \tau^{b\alpha_0} \prod_{i=1}^{K}\prod_{j=1}^{n_i} t_{ij}^b \exp\left[-a(\beta_0\tau^b + KT^b) - \beta_1 b\right] \tag{4.33}$$

$$\pi(b) = \int_0^\infty \pi(a,b)\mathrm{d}a$$
$$\propto \left(\frac{\tau^b}{\beta_0\tau^b + KT^b}\right)^{n+\alpha_0} b^{n+\alpha_1-1} \exp\left[-b\left(\beta_1 + \sum_{i=1}^{K}\sum_{j=1}^{n_i}\ln\frac{\tau}{t_{ij}}\right)\right] \tag{4.34}$$

$$\pi(S_\tau|b) \propto S_\tau^{n+\alpha_0-1} \exp\left[-S_\tau\left(\beta_0 + K\left(\frac{T}{\tau}\right)^b\right)\right] \tag{4.35}$$

可得

$$S_\tau | b \sim \Gamma\left(n+\alpha_0, \beta_0 + K\left(\frac{T}{\tau}\right)^b\right)$$

$$\pi(S_\tau) = \int_0^\infty \pi(S_\tau|b)\pi(b)\mathrm{d}b \tag{4.36}$$

后验分布$\pi(a,b)$融合了先验信息与试验信息。原则上讲,仅利用$\pi(a,b)$就可以对系统截尾时刻的失效强度进行估计,从而对当前可靠性水平进行评价。但其结果形式不够清晰,并且在计算过程中需要进行数值积分。比较而言,$\pi(b)$和$\pi(S_\tau|b)$形式更为清晰,可以由此出发进行可靠性评估。在这两个后验分布及后续计算中需要采用数值积分方法,尤其是参数b的后验分布形式复杂,积分较为难求。但注意到,如果选取$\tau = T$,则可得

$$\pi(b) \propto b^{n+\alpha_1-1} \exp\left[-b\left(\beta_1 + \sum_{i=1}^{K}\sum_{j=1}^{n_i}\ln\frac{T}{t_{ij}}\right)\right]$$

$$\pi(S_T) = \pi(S_T \mid b) \propto S_T^{n+\alpha_0-1} \exp[-S_T(\beta_0 + K)] \tag{4.37}$$

当 $\tau = T$ 时,可以得到简洁的后验分布形式:

$$\pi(S_T) = \Gamma(S_T; n + \alpha_0, \beta_0 + K)$$

$$\pi(b) = \Gamma\left(b; n + \alpha_1, \beta_1 + \sum_{i=1}^{K}\sum_{j=1}^{n_i} \ln\frac{T}{t_{ij}}\right) \tag{4.38}$$

由此得到如下结论。

命题 4.1:对于单阶段 AMSAA – BISE 模型,设 T 为试验截尾时间,若取先验分布为 $\pi_0(S_T) = \Gamma(S_T; \alpha_0, \beta_0)$,$\pi_0(b) = \Gamma(b; \alpha_1, \beta_1)$,则相应的后验分布仍为 Gamma 分布:

$$\pi(S_T) = \Gamma(S_T; n + \alpha_0, \beta_0 + K), \pi(b) = \Gamma\left(b; n + \alpha_1, \beta_1 + \sum_{i=1}^{K}\sum_{j=1}^{n_i} \ln\frac{T}{t_{ij}}\right)$$

在上述分析中,选择 $\tau = T$,有效地简化了 $\pi(b)$ 和 $\pi(S_\tau)$ 的形式,得到了典型的 Gamma 分布,避免了复杂的数值积分过程。并且从中可以发现,两个参数的先验与后验分布是共轭分布,且二者的后验计算相互独立。此外,文献[13]推导了无信息先验情况下 S_T 和 b 的后验分布,均为 Gamma 分布。因此,将 S_T 和 b 的先验分布取为 Gamma 分布是合理的。在选择参数时,如果不采用 S_T 和 b 的先验分布,而采用 λ_τ 和 b 的先验分布,即便令 $\tau = T$,也很难获得形如上式的简洁结果。因此,在工程应用中,建议将各类先验信息转化为 S_T 和 b 的先验分布,之后就可以方便地利用命题 4.1 获得后验分布,从而对截尾时刻的失效强度及 MTBF 等可靠性指标进行贝叶斯评估。

4.5.3 先验分布的转换与后验分布的处理

首先讨论无信息先验分布的构造方式。文献[22]分别针对不同的截尾情况,给出了参数 (a,b) 的无信息先验分布。利用关系 $S_T = aT^b$ 可将其转化为 (S_T, b) 的先验分布:对于时间截尾情况,有 $\pi_0(a,b) = b^{-1}T^b$,可得 $\pi_0(S_T, b) = b^{-1}$;对于故障截尾的情况,有 $\pi_0(a,b) = a^{-1}b^{-2}$,可得 $\pi_0(S_T, b) = S_T^{-1}b^{-2}$。此外,若已知 b 的先验分布 $\pi_0(b)$,可将 S_T 的无信息先验分布取为 $\pi_0(S_T) = S_T^{-1}$;若已知 S_T 的先验分布 $\pi_0(S_T)$,可将 b 的无信息先验分布取为 $\pi_0(b) = b^{-1}$。

事实上,在工程实践中,人们对于形状参数 b 并非是完全无知的,多数情况下都可以根据以往同类型试验数据获得形状参数 b 的大致范围和分布特性。如文献[23]通过对大量试验数据的统计给出了不同类型可靠性增长试验中 b 的均值和分布区间。利用这些信息就可以根据均值相等、方差相等或置信下限相等的原则进行转化,从而获得 b 的先验分布参数。

对于 S_T 的先验分布,如果通过分析历史数据可以得到 S_T 的分布情况,可以将其转化拟合为 Gamma 分布。但在历史试验中很难有大量截尾时间正好等于 T 的试验。多数情况下，可以通过分析大量同类型历史试验或上个阶段试验数据，得到与某个时刻 $\tau(\tau \neq T)$ 所对应的 S_τ 或失效强度 λ_τ 的分布情况。此时，可以先将其转化为先验分布 $\pi_0(S_\tau)$ 或 $\pi_0(\lambda_\tau)$，然后按照一般的贝叶斯方法流程进行分析，但计算较为繁琐。为了充分利用命题 4.1，以及非典型分布式 $\pi(S_\tau)$ 与 Gamma 分布良好的近似度，这里提出一种新的贝叶斯分析思路，即考虑由 $\pi_0(S_\tau)$ 或 $\pi_0(\lambda_\tau)$ 求出先验分布 $\pi_0(S_T)$，然后利用命题 4.1 进行贝叶斯分析。为了从 $\pi_0(S_\tau)$ 或 $\pi_0(\lambda_\tau)$ 求出 S_T 的近似先验分布 $\pi_0(S_T)$，首先给出以下两个命题。在这个计算过程中要求 b 的分布已知。

命题 4.2：对于单阶段 AMSAA–BISE 模型，$\forall \tau, \tau' > 0$，如果已知分布如下：$S_\tau \sim \Gamma(\alpha_0, \beta_0)$，$b \sim \Gamma(\alpha_1, \beta_1)$；若设 $S_{\tau'}$ 的近似分布为 $S_{\tau'} \sim \Gamma(\alpha_2, \beta_2)$，则有下式成立：

$$\alpha_2 = \alpha_0 \left[\frac{(1+\alpha_0)\left(\beta_1 + \ln\dfrac{\tau}{\tau'}\right)^{2\alpha_1}}{\beta_1^{\alpha_1}\left(\beta_1 + 2\ln\dfrac{\tau}{\tau'}\right)^{\alpha_1}} - \alpha_0 \right]^{-1}$$

$$\beta_2 = \beta_0 \left[\frac{(1+\alpha_0)\left(\beta_1 + \ln\dfrac{\tau}{\tau'}\right)^{\alpha_1}}{\left(\beta_1 + 2\ln\dfrac{\tau}{\tau'}\right)^{\alpha_1}} - \frac{\alpha_0 \beta_1^{\alpha_1}}{\left(\beta_1 + \ln\dfrac{\tau}{\tau'}\right)^{\alpha_1}} \right]^{-1} \quad (4.39)$$

证明：已知 $S_\tau \sim \Gamma(\alpha_0, \beta_0)$，由 $S_\tau = S_{\tau'}\left(\dfrac{\tau}{\tau'}\right)^b$ 可得 $S_{\tau'} \mid b \sim \Gamma\left(\alpha_0, \beta_0\left(\dfrac{\tau}{\tau'}\right)^b\right)$。则有

$$E(S_{\tau'}) = E^b E(S_{\tau'} \mid b) = \frac{\alpha_0 \beta_1^{\alpha_1}}{\beta_0 \left(\beta_1 + \ln\dfrac{\tau}{\tau'}\right)^{\alpha_1}}$$

$$E(S_{\tau'}^2) = E^b E(S_{\tau'}^2 \mid b) = \frac{\alpha_0(1+\alpha_0)\beta_1^{\alpha_1}}{\beta_0^2 \left(\beta_1 + 2\ln\dfrac{\tau}{\tau'}\right)^{\alpha_1}} \quad (4.40)$$

则由 $E(S_{\tau'}) = \alpha_2/\beta_2$，$E(S_{\tau'}^2) = \alpha_2/\beta_2^2 + \alpha_2^2/\beta_2^2$ 可得命题中结论。证毕。

命题 4.3：对于单阶段 AMSAA–BISE 模型，$\forall \tau > 0$，如果已知分布 $\lambda_\tau \sim \Gamma(\alpha_0, \beta_0)$，$b \sim \Gamma(\alpha_1, \beta_1)$，则 S_τ 的近似分布 $S_\tau \sim \Gamma(\alpha_2, \beta_2)$，有下式成立：

$$\alpha_2 = \frac{\alpha_0(\alpha_1 - 2)}{\alpha_0 + \alpha_1 - 1}, \quad \beta_2 = \frac{\beta_0(\alpha_1 - 1)(\alpha_1 - 2)}{\tau \beta_1(\alpha_0 + \alpha_1 - 1)} \quad (4.41)$$

证明：已知 $\lambda_\tau \sim \Gamma(\alpha_0, \beta_0)$，由 $\lambda_\tau = S_\tau \dfrac{b}{\tau}$ 可得 $S_\tau \mid b \sim \Gamma\left(\alpha_0, \dfrac{\beta_0 b}{\tau}\right)$，有

$$E(S_\tau) = E^b E(S_\tau \mid b) = \frac{\alpha_0 \tau \beta_1}{\beta_0(\alpha_1 - 1)}$$

88

$$E(S_\tau^2) = E^b E(S_\tau^2 \mid b) = \frac{\alpha_0 \tau^2 \beta_1^2 (\alpha_0+1)}{\beta_0^2 (\alpha_1-2)(\alpha_1-1)} \tag{4.42}$$

则由 $E(S_\tau) = \alpha_2/\beta_2, E(S_\tau^2) = \alpha_2/\beta_2^2 + \alpha_2^2/\beta_2^2$ 可得命题中结论。证毕。

在参数 b 的分布已知的情况下，如果通过专家经验能够获得先验分布 $\pi_0(S_\tau)$ 或 $\pi_0(\lambda_\tau)$，而 $\tau \neq T$，那么可以由 $\pi_0(S_\tau)$ 通过命题 4.2 得到 $\pi_0(S_T)$，或者由 $\pi_0(\lambda_\tau)$ 通过命题 4.3 得到 $\pi_0(S_\tau)$，继而由命题 4.2 得到 $\pi_0(S_T)$。

上述分析中，均要求 b 的分布已知，并且在命题 4.2 和命题 4.3 中，要使结果不发生大的偏差，应保证 b 尽量准确。从命题 4.1 可以看出，b 的后验计算与 S_T 的后验计算相互独立，因此可以先由先验分布 $\pi_0(b)$ 和现场数据获得后验分布 $\pi(b)$，$\pi(b)$ 较之 $\pi_0(b)$ 更为准确，而在命题 4.2 和命题 4.3 的计算中，将 $\pi(b)$ 作为 b 的分布。

在获得 S_T, b 的后验分布 $\pi(S_T)$ 和 $\pi(b)$ 之后，需要对截尾时刻的系统可靠性水平进行估计，也即估计试验结束时刻的 $MTBF_T$。首先应该由 $\pi(S_T), \pi(b)$ 计算 T 时刻失效强度的分布 $\pi(\lambda_T)$，同样可以用 Gamma 分布来近似 $\pi(\lambda_T)$，利用下述命题 4.4 可以获得该近似分布。

命题 4.4：对于单阶段 AMSAA – BISE 模型，$\forall \tau > 0$，如果已知分布：$S_\tau \sim \Gamma(\alpha_0, \beta_0), b \sim \Gamma(\alpha_1, \beta_1)$，则 τ 时刻失效强度的近似分布为 $\lambda_\tau \sim \Gamma(\alpha_2, \beta_2)$，则有下式成立：

$$\alpha_2 = \frac{\alpha_0 \alpha_1}{1+\alpha_0+\alpha_1}, \beta_2 = \frac{\beta_0 \beta_1 \tau}{1+\alpha_0+\alpha_1} \tag{4.43}$$

证明：已知 $S_\tau \sim \Gamma(\alpha_0, \beta_0)$，由 $S_\tau = \lambda_\tau \cdot \frac{\tau}{b}$ 可得 $\lambda_\tau \mid b \sim \Gamma\left(\alpha_0, \frac{\beta_0 \tau}{b}\right)$。则

$$E(\lambda_\tau) = E^b E(\lambda_\tau \mid b) = \frac{\alpha_0 \alpha_1}{\beta_0 \tau \beta_1}$$

$$E(\lambda_\tau^2) = E^b E(\lambda_\tau^2 \mid b) = \frac{\alpha_0 \alpha_1 (1+\alpha_0)(1+\alpha_1)}{\beta_0^2 \tau^2 \beta_1^2} \tag{4.44}$$

由 $E(\lambda_\tau) = \alpha_2/\beta_2, E(\lambda_\tau^2) = \alpha_2/\beta_2^2 + \alpha_2^2/\beta_2^2$ 可知命题中结论成立。证毕。

如果已知 $\lambda_T \sim \Gamma(\alpha, \beta)$，由 $\lambda_T = 1/MTBF_T$ 可知 $MTBF_T \sim \Gamma^{-1}(\alpha, \beta)$，于是有 $E(MTBF_T) = \beta/(\alpha-1)$。其中，$\Gamma^{-1}$ 表示逆 Gamma 分布。此即截尾时刻的 MTBF 期望值。

4.5.4 MS – NHPP – Ⅰ 模型的贝叶斯分析

对于用 MS – NHPP – Ⅰ 模型描述的多阶段含延缓纠正可靠性增长试验，各阶段失效数据分别服从参数不同的 Weibull 过程。为避免混淆，将第 i 阶段的各参数分别记为 $a_i、b_i、T_i、S_{\tau,i}、\lambda_{\tau,i}$。在这种多阶段试验中，要对当前阶段的试验数据进行

贝叶斯分析,关键在于如何将历史阶段数据转化为现阶段的先验信息。由4.5.1节可知,需要在前一阶段的后验分布 $\pi(a_{i-1},b_{i-1})$ 或 $\pi(S_{T_{i-1},i-1},b_{i-1})$ 与现阶段的先验分布 $\pi_0(a_i,b_i)$ 或 $\pi_0(S_{T_i,i},b_i)$ 之间建立联系。本节首先讨论如何由增长因子确定变量的未知分布,接着给出了完整的多阶段贝叶斯分析方法。最后讨论了参数 b_i 的先验分布 $\pi_0(b_i)$ 的获取方法。

在 MS-NHPP-Ⅰ模型中,对当前阶段进行贝叶斯分析时,应充分利用前面各阶段的试验信息,尤其是前一阶段的信息。对于尺度参数 a_i,一般很难通过专家信息直接获得 a_i、a_{i-1} 之间的关系。但对于与同一时间区间 $(0,\tau]$ 所对应的期望故障数 $S_{\tau,i}$ 和 $S_{\tau,i-1}$,由于具有较明确的物理意义,因此在可靠性增长情况下,一般存在

$$S_{\tau,i-1} \geqslant S_{\tau,i} \tag{4.45}$$

也即现阶段试验是在前一阶段试验基础上进行的,$(0,\tau]$ 内的期望故障数应减小。$S_{\tau,i}$ 和 $S_{\tau,i-1}$ 作为随机变量,其依概率偏序关系的更严谨的写法应是[23]

$$P\{S_{\tau,i}<x\} \geqslant P\{S_{\tau,i-1}<x\}, \forall x>0 \tag{4.46}$$

按照增长因子法的惯例,本书同样假定,在工程实践中,一般可以根据专家经验在 $S_{\tau,i}$ 和 $S_{\tau,i-1}$ 之间建立一个已知的增长因子 η_i,即认为

$$E(S_{\tau,i}) = \eta_i E(S_{\tau,i-1}), 0<\eta_k<1 \tag{4.47}$$

此时需要在 $\pi(S_{\tau,i-1})$ 已知的条件下,由上述两式求出 $S_{\tau,i}$ 的分布。所得分布将作为先验分布 $\pi_0(S_{\tau,i})$,用作第 i 阶段的先验信息。某些文献直接取 $\mathrm{Var}(S_{\tau,i})=\mathrm{Var}(S_{\tau,i-1})$,再利用上述两式和矩等效转换方法得到 $\pi_0(S_{\tau,i})^{[13]}$。直接认为 $\mathrm{Var}(S_{\tau,i}) = \mathrm{Var}(S_{\tau,i-1})$ 是不合理的。若设 $S_{\tau,i-1} \sim \Gamma(\alpha_{i-1},\beta_{i-1})$,$S_{\tau,i} \sim \Gamma(\alpha_i,\beta_i)$(其中 α_{i-1}、β_{i-1} 为已知,α_i、β_i 为未知),则当且仅当 $\alpha_i \leqslant \alpha_{i-1}$,$\beta_i \geqslant \beta_{i-1}$ 时,随机序关系 $S_{\tau,i-1} \underset{st}{\geqslant} S_{\tau,i}$ 式成立。另由期望值之间的比例关系可得

$$\alpha_i/\beta_i = \eta_i \alpha_{i-1}/\beta_{i-1}, 0<\eta_i<1 \tag{4.48}$$

因此,参数取值范围为 $\eta_i\alpha_{i-1} \leqslant \alpha_i \leqslant \alpha_{i-1}$,$\beta_i = \alpha_i\beta_{i-1}/\eta_i\alpha_{i-1}$。其中,当 $\alpha_i = \eta_i\alpha_{i-1}$,$\beta_i = \beta_{i-1}$ 时,$\mathrm{Var}(S_{\tau,i})$ 取极大值 $\mathrm{Var}(S_{\tau,i-1})\eta_i$。当 $\alpha_i = \alpha_{i-1}$,$\beta_i = \beta_{i-1}/\eta_i$ 时,$\mathrm{Var}(S_{\tau,i})$ 取极小值 $\mathrm{Var}(S_{\tau,i-1})\eta_i^2$。如果取保守结果,方差不应过小,可取 $\mathrm{Var}(S_{\tau,i}) = \mathrm{Var}(S_{\tau,i-1})\eta_i$。因此,可得如下结论。

命题 4.5:设 $S_{\tau,i-1} \sim \Gamma(\alpha_{i-1},\beta_{i-1})$,$S_{\tau,i} \sim \Gamma(\alpha_i,\beta_i)$,其中 α_{i-1}、β_{i-1} 为已知,α_i、β_i 为未知,η_i 由专家给定,则同时满足随机序关系 $S_{\tau,i-1} \underset{st}{\geqslant} S_{\tau,i}$ 和期望成比例关系 $E(S_{\tau,i}) = \eta_i E(S_{\tau,i-1})$ 的条件为 $\mathrm{Var}(S_{\tau,i-1})\eta_i^2 \leqslant \mathrm{Var}(S_{\tau,i}) \leqslant \mathrm{Var}(S_{\tau,i-1})\eta_i$。保守结果可取 $\mathrm{Var}(S_{\tau,i}) = \mathrm{Var}(S_{\tau,i-1})\eta_i$,即 $\alpha_i = \eta_i\alpha_{i-1}$,$\beta_i = \beta_{i-1}$。

如果工程师根据工程经验可以获得 $\lambda_{\tau,i-1}$ 与 $\lambda_{\tau,i}$ 之间的增长因子,即 $E(\lambda_{\tau,i}) = \eta_i E(\lambda_{\tau,i-1})$,同样可以按照上述结论由 $\pi(\lambda_{\tau,i})$ 求出 $\pi_0(\lambda_{\tau,i})$。

在多阶段试验中,如果专家能够根据经验确定出 $S_{\tau,i}$ 和 $S_{\tau,i-1}$ 之间的增长因子

η_i,则可以在 $\pi(S_{T_{i-1},i-1})$ 与 $\pi_0(S_{T_i,i})$ 之间建立联系,求取方法的路线图如图4.4所示。

$$\pi(S_{T_{i-1},i-1}) \xrightarrow{①} \pi(S_{\tau,i-1})$$
$$\downarrow ②$$
$$\pi_0(S_{\tau,i}) \xrightarrow{③} \pi_0(S_{T_i,i}) \xrightarrow{④} \pi(S_{T_i,i})$$

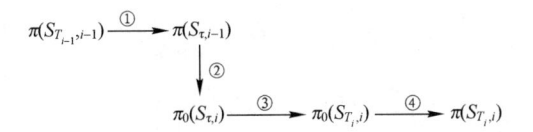

图4.4 基于均值函数间增长因子的分析方法

其中,步骤①、③可通过命题4.2得出;步骤②可利用命题4.5得出;步骤④可利用命题4.1得出。步骤①旨在将时间对准到 τ 时刻,以便利用增长因子进行计算。在步骤①的计算中需要利用上阶段后验分布 $\pi(b_{i-1})$。步骤③的目的在于将时间对准到 T_i 时刻,以便利用命题4.1进行计算。在步骤③的计算中需要利用现阶段后验分布 $\pi(b_i)$。如果根据工程实际,能够确定在 $\tau=T_{i-1}$ 或 $\tau=T_i$ 时刻的增长因子,则可以省略步骤①或③。

如果专家通过分析历史数据及工程经验能够确定出 $\lambda_{\tau,i-1}$ 与 $\lambda_{\tau,i}$ 之间的增长因子,则可按图4.5所示计算。

$$\pi(S_{T_{i-1},i-1}) \xrightarrow{①} \pi(S_{\tau,i-1})$$
$$\downarrow ②$$
$$\pi(\lambda_{\tau,i-1})$$
$$\downarrow ③$$
$$\pi_0(\lambda_{\tau,i})$$
$$\downarrow ④$$
$$\pi_0(S_{\tau,i}) \xrightarrow{⑤} \pi_0(S_{T_i,i}) \xrightarrow{⑥} \pi(S_{T_i,i})$$

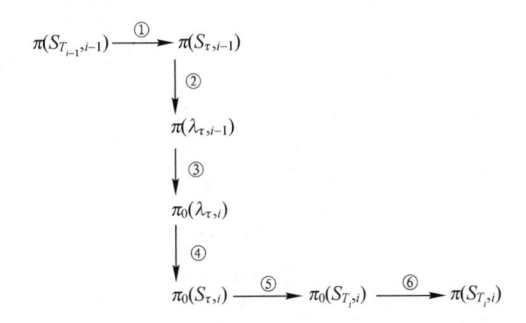

图4.5 基于失效强度间增长因子的分析方法

其中,①、⑤利用命题4.2推出;②利用命题4.4推出;③利用命题4.5得到;④利用命题4.3得出;⑥利用命题4.1得到。①和⑤同样起到时间对准的作用。在①和②的计算中需要利用上一阶段后验分布 $\pi(b_{i-1})$,在④和⑤的计算中需要利用现阶段后验分布 $\pi(b_i)$。如果根据工程实际,能够确定在 $\tau=T_{i-1}$ 或 $\tau=T_i$ 时刻的增长因子,则可以省略步骤①或⑤。

在4.4.3节中已经讨论了 b_i 的先验 $\pi_0(b_i)$ 的选择方法,包括无信息先验的选择以及如何由大量的历史信息得到 b_i 的先验分布,这些都可以应用到多阶段试验分析中去。此外,由于多阶段的可靠性增长试验是针对同一型号设备进行的,且在时间上是连续的,在某些情况下可以认为前后两个阶段 Weibull 过程的形状参数 b_{i-1} 和 b_i 基本相同,或者说相差不大。但要利用这一结论必须首先进行假设检验,

即设定原假设 $H_0: b_{i-1} = b_i$，备择假设 $H_1: b_{i-1} \neq b_i$。如果经检验通过此假设则可以将上阶段形参的后验作为下阶段形参的先验，即取 $\pi_0(b_i) = \pi(b_{i-1})$。首先计算参数的极大似然估计 $\hat{b}_i = n_i / \sum_{l=1}^{k_i} \sum_{j=1}^{n_{il}} \ln(T_i/t_{ilj})$。对于定时截尾试验，若

$$F_\alpha(2n_{i-1}, 2n_i) \leq \hat{b}_i/\hat{b}_{i-1} \leq F_{1-\alpha}(2n_{i-1}, 2n_i)$$

则以显著性水平 2α 接受原假设。对于定数截尾试验，取统计量 $r = [\hat{b}_i n_{i-1}(n_i - 1)]/[\hat{b}_{i-1} n_i(n_{i-1} - 1)]$，则显著性水平为 2α 的接受域为 $F_\alpha(2n_{i-1} - 2, 2n_i - 2) \leq r \leq F_{1-\alpha}(2n_{i-1} - 2, 2n_i - 2)$，其中 $F_\alpha(m,n)$ 表示分布 $F(m,n)$ 的 α 分位数。

4.5.5 示例分析

表 4.4 为某设备多阶段可靠性增长试验数据，采用含延缓纠正的可靠性增长方式，在每个阶段结束时，根据故障发生情况改进设计并重新制造样机投入下个阶段试验，因此试验数据符合 MS-NHPP-Ⅰ模型假设。

表 4.4 某设备多阶段可靠性增长试验数据（MS-NHPP-Ⅰ）（单位:h）

阶段	设备序号	数据
阶段1(0~800h)	S1	3,23,73,140,224,321,420,560,721
阶段2(0~1000h)	S1	60,213,410,751,950
	S2	89,179,560,840
阶段3(0~1500h)	S1	98,513,965,1412
	S2	76,421,1200
	S3	120,639,1386

对于第 1 阶段，取无信息先验 $\pi_0(S_{T_1}, b_1) = b_1^{-1}$，利用命题 4.1 可得后验分布：

$$\pi(S_{T_1,1}) = \Gamma(S_{T_1,1}; 10, 1), \pi(b_1) = \Gamma(b_1; 9, 16.563)$$

对于第 2 阶段，假设根据专家经验在 T_1 时刻的增长因子为 $\eta_2 = E(S_{T_1,2})/E(S_{T_1,1}) = 0.4$，则利用命题 4.5 可得 $\pi_0(S_{T_1,2}) = \Gamma(S_{T_1,2}; 4, 1)$。此时利用第 2 阶段数据可得后验分布函数 $\pi(b_2) = \Gamma(b_2; 9, 10.557)$，于是利用命题 4.2 可得 $\pi_0(S_{T_2,2}) = \Gamma(S_{T_2,2}; 3.9176, 0.8081)$，继而由命题 4.1 可得后验分布密度函数为 $\pi(S_{T_2,2}) = \Gamma(S_{T_2,2}; 12.918, 2.8081)$。

对于第 3 阶段，设根据专家经验得到 T_2 时刻增长因子为 $\eta_3 = E(S_{T_2,3})/E(S_{T_2,2}) = 0.5$，则由命题 4.5 可得 $\pi_0(S_{T_2,3}) = \Gamma(S_{T_2,3}; 6.4588, 2.8081)$。此时需要利用第 3 阶段数据获得 b_3 的后验分布，通过对第 2、3 阶段数据综合分析进行假

设检验:原假设 $H_0: b_2 = b_3$,备择假设 $H_1: b_2 \neq b_3$。计算可得 $\hat{b}_3/\hat{b}_2 = 0.8172/0.8525 = 0.9586$,由 $F_{0.4}(18,20) = 0.8852, F_{0.6}(18,20) = 1.1209$,可知 $F_{0.4}(18,20) \leq \hat{b}_3/\hat{b}_2 \leq F_{0.6}(18,20)$,故而以显著性水平 0.8 接受原假设,认为 $b_2 = b_3$。此时可以使用 $\pi(b_2)$ 作为 b_3 的先验分布 $\pi_0(b_3)$,从而得到其后验分布为 $\pi(b_3) = \Gamma(b_3;19, 22.794)$。

此时利用 $\pi_0(S_{T_{2,3}})$ 与 $\pi(b_3)$ 和命题 4.2 可得 $\pi_0(S_{T_{3,3}}) = \Gamma(S_{T_{3,3}};6.171, 1.9077)$,然后利用命题 4.1 可得其后验分布为 $\pi(S_{T_{3,3}}) = \Gamma(S_{T_{3,3}};16.171, 4.9077)$。利用 $\pi(S_{T_{3,3}})$ 与 $\pi(b_3)$ 就可以对第 3 阶段结束时刻所达到的可靠性水平进行评定。利用命题 4.4 可得近似分布 $\pi(\lambda_{T_{3,3}}) = \Gamma(\lambda_{T_{3,3}};8.4944, 4639.0)$,则 $E(\lambda_{T_{3,3}}) = 0.0018$,置信度为 0.9 的置信上限为 $\lambda_{U,0.9} = 0.0027$。故 $\text{MTBF}_{T_{3,3}} \sim \Gamma^{-1}(8.4944, 4639.0), E(\text{MTBF}_{T_{3,3}}) = 619$,置信度为 0.9 的置信下限为 $\text{MTBF}_{L,0.9} = 374.81$。

如果按照经典方法,仅利用第 3 阶段数据进行分析,可得 $\overline{a}_3 = 0.0154, \overline{b}_3 = 0.7355$,从而按照经典方法得到的 MTBF 点估计为 $\overline{\text{MTBF}}_3 = 1/(\overline{a}_3 \overline{b}_3 T_3^{\overline{b}_3 - 1}) = 625$,置信度为 0.9 的置信下限为 $\text{MTBF}_{L,0.9} = 625 \times 0.244 = 153$。

由上述分析可以看出,在多阶段试验中如果能够根据专家经验选择合适的参数先验信息并针对特定参数设置合理的增长因子,就可以将前几个阶段信息融入当前阶段的先验分布中,利用贝叶斯方法求得当前阶段某些参数的后验分布,从而进行可靠性评定,使用上述方法可以提高 MTBF 置信下限,缩短 MTBF 置信区间。

4.6 基于比例强度假设的线性模型建模与分析

当专家信息有限而阶段数较多时,可以在多阶段试验数据之间建立线性模型,从而充分挖掘试验数据中的关联信息。针对 MS-NHPP-Ⅰ 和 MS-NHPP-Ⅱ 两类模型的特点,本节首先提出采用比例强度假设来描述各阶段参数之间的关系,然后分析了参数的 MLE 和渐进正态分布参数估计方法,最后进行了示例分析和验证。

4.6.1 比例强度假设与线性模型建模

与 Cox 的比例危险率模型[24]类似,Lawless 针对多个 NHPP 过程模型间的关系,提出了比例强度泊松过程模型[25],非齐次泊松过程的强度函数为

$$\lambda_x(t) = \lambda_0(t) g(\boldsymbol{x};\boldsymbol{\beta}) \tag{4.49}$$

式中:$\lambda_0(t)$ 为基准强度函数;$g(\boldsymbol{x};\boldsymbol{\beta})$ 为关于协变量 $\boldsymbol{x}$ 和参数 $\boldsymbol{\beta}$ 的正值函数,其中

x 为 $q+1$ 维协变量向量，即 $x \in \mathbb{R}^{q+1}$。由于 $g(x;\beta)$ 与 t 无关，因此各个失效强度之间的关系仅相差一个常数，该常数由协变量 x 和参数 β 所决定。由于 $g(x;\beta)$ 为正值函数，一般假设 $g(x;\beta) = \exp(x'\beta)$。相应的累积强度函数（即 NHPP 的均值函数）为

$$\Lambda_x(t) = \int_0^t \lambda_x(u) du = \Lambda_0(t) g(x;\beta) \tag{4.50}$$

对于多台设备同时投试情况下的两类 MS-NHPP 模型，第 i 阶段的强度函数为 $\lambda_i(t) = k_i a_i b_i t^{b_i-1}$，其中 k_i 为第 i 阶段同时投试的设备数。一般假设各个阶段的形状参数相同，即 $b_1 = b_2 = \cdots = b_m$，将其记作 b，则 $\lambda_i(t) = k_i a_i b t^{b-1}$。取基准强度函数为 $\lambda_0(t) = b t^{b-1}$，$a_i = \exp(x_i'\beta)$，则可得多台设备同时投试情况下的多阶段 NHPP 的比例强度模型：

$$\lambda_i(t) = g(k_i, x_i, \beta) \lambda_0(t) = k_i \exp(x_i'\beta) \lambda_0(t)$$

$$\Lambda_i(t) = \int_0^t \lambda_i(u) du = g(k_i, x_i, \beta) \Lambda_0(t) = k_i \exp(x_i'\beta) \Lambda_0(t) \tag{4.51}$$

对于 MS-NHPP-I 模型，利用第 i 阶段试验数据的似然函数为

$$L^{(\text{I})}(a_i, b_i) = (k_i a_i b_i)^{n_i} e^{-k_i a_i T_i^{b_i}} \prod_{l=1}^{k_i} \prod_{j=1}^{n_{il}} t_{ilj}^{b_i-1} \tag{4.52}$$

则利用 m 个阶段数据的似然函数为

$$L^{(\text{I})}(a_i, b_i) = \prod_{i=1}^m L^{(\text{I})}(a_i, b_i) = \prod_{i=1}^m \left[(k_i a_i b_i)^{n_i} e^{-k_i a_i T_i^{b_i}} \prod_{l=1}^{k_i} \prod_{j=1}^{n_{il}} t_{ilj}^{b_i-1} \right], i = 1,2,\cdots,m \tag{4.53}$$

在前述比例强度模型假设下，可得

$$L^{(\text{I})}(\beta, b) = \prod_{i=1}^m \left[(k_i b \exp(x_i'\beta))^{n_i} e^{-k_i \exp(x_i'\beta) T_i^b} \prod_{l=1}^{k_i} \prod_{j=1}^{n_{il}} t_{ilj}^{b-1} \right] \tag{4.54}$$

类似地，可由 MS-NHPP-II 的似然函数（$T_0 = 0$）

$$L^{(\text{II})}(a_i, b_i; i=1,2,\cdots,m) = \prod_{i=1}^m L^{(\text{II})}(a_i, b_i) = \prod_{i=1}^m \left[(k_i a_i b_i)^{n_i} e^{-k_i a_i T_i^b + k_i a_i T_{i-1}^b} \prod_{l=1}^{k_i} \prod_{j=1}^{n_{il}} t_{ilj}^{b_i-1} \right] \tag{4.55}$$

获得比例强度模型假设下的似然函数：

$$L^{(\text{II})}(\beta, b) = \prod_{i=1}^m \left[(k_i b \exp(x_i'\beta))^{n_i} e^{-k_i \exp(x_i'\beta)(T_i^b - T_{i-1}^b)} \prod_{l=1}^{k_i} \prod_{j=1}^{n_{il}} t_{ilj}^{b-1} \right] \tag{4.56}$$

$$x'\beta = \sum_{j=0}^q \beta_j x_j = \beta_0 x_0 + \beta_1 x_1 + \cdots + \beta_q x_q \tag{4.57}$$

即

$$x_i'\beta = \sum_{j=0}^q \beta_j x_{ij} = \beta_0 x_{i0} + \beta_1 x_{i1} + \cdots + \beta_q x_{iq}, x_0 = 1$$

对于两类 MS-NHPP 模型,如果有故障数据之外的其他信息(如维修成本、维修时间等)可以利用,那么可以从这些信息中提取合适的指标作为协变量。在没有其他信息可用的情况下,可以选择阶段数 i 构造协变量,如选取 $x_i = [1, \ln i]'$,即 $x_i' \boldsymbol{\beta} = \sum_{j=0}^{1} \beta_j x_{ij} = \beta_0 x_{i0} + \beta_1 x_{i1} = \beta_0 + \beta_1 \ln i$

4.6.2 线性模型的极大似然估计

首先分析 $L^{(\mathrm{I})}(\boldsymbol{\beta}, b)$ 的极大似然估计:

$$l^{(\mathrm{I})}(\boldsymbol{\beta}, b) = \ln[L^{(\mathrm{I})}(\boldsymbol{\beta}, b)]$$
$$= n\ln b + \sum_{i=1}^{m} [n_i \ln k_i + n_i x_i' \boldsymbol{\beta} - k_i \exp(x_i' \boldsymbol{\beta}) T_i^b] + (b-1) \sum_{i=1}^{m} \sum_{l=1}^{k_i} \sum_{j=1}^{n_{il}} \ln t_{ilj} \tag{4.58}$$

可得

$$\frac{\partial l^{(\mathrm{I})}}{\partial b} = \frac{n}{b} - \sum_{i=1}^{m} [k_i \exp(x_i' \boldsymbol{\beta}) T_i^b \ln T_i] + \sum_{i=1}^{m} \sum_{l=1}^{k_i} \sum_{j=1}^{n_{il}} \ln t_{ilj}$$

$$\frac{\partial^2 l^{(\mathrm{I})}}{\partial b^2} = -\frac{n}{b^2} - \sum_{i=1}^{m} [k_i \exp(x_i' \boldsymbol{\beta}) T_i^b (\ln T_i)^2]$$

$$\frac{\partial l^{(\mathrm{I})}}{\partial \boldsymbol{\beta}} = \sum_{i=1}^{m} [n_i x_i - k_i \exp(x_i' \boldsymbol{\beta}) T_i^b x_i]$$

$$\frac{\partial^2 l^{(\mathrm{I})}}{\partial \boldsymbol{\beta} \partial \boldsymbol{\beta}'} = -\sum_{i=1}^{m} [k_i \exp(x_i' \boldsymbol{\beta}) T_i^b x_i x_i']$$

$$\frac{\partial^2 l^{(\mathrm{I})}}{\partial b \partial \boldsymbol{\beta}} = -\sum_{i=1}^{m} [k_i \exp(x_i' \boldsymbol{\beta}) T_i^b (\ln T_i) x_i] \tag{4.59}$$

令

$$\frac{\partial l^{(\mathrm{I})}}{\partial b} = 0, \frac{\partial l^{(\mathrm{I})}}{\partial \boldsymbol{\beta}} = 0$$

可通过迭代方法求出参数的 MLE,其置信区间可通过 MLE 的渐进分布获得。设参数向量 $\boldsymbol{\theta} = [b, \boldsymbol{\beta}']'$,则根据 MLE 的渐进正态性,有

$$\sqrt{n}(\boldsymbol{\theta}_{ML} - \boldsymbol{\theta}) \xrightarrow{d} N(0, \boldsymbol{I}(\boldsymbol{\theta})^{-1})$$

式中:$\boldsymbol{I}(\boldsymbol{\theta})$ 为 Fisher 信息阵:

$$\boldsymbol{I}(\boldsymbol{\theta}) = E\left[-\frac{\partial^2 l^{(\mathrm{I})}(\boldsymbol{\theta})}{\partial \boldsymbol{\theta} \partial \boldsymbol{\theta}'}\right] = -E\begin{bmatrix} \frac{\partial^2 l^{(\mathrm{I})}}{\partial b^2} & \frac{\partial^2 l^{(\mathrm{I})}}{\partial b \partial \boldsymbol{\beta}'} \\ \frac{\partial^2 l^{(\mathrm{I})}}{\partial b \partial \boldsymbol{\beta}} & \frac{\partial^2 l^{(\mathrm{I})}}{\partial \boldsymbol{\beta} \partial \boldsymbol{\beta}'} \end{bmatrix} \tag{4.60}$$

$$I(\boldsymbol{\theta}) = = \begin{bmatrix} \sum_{i=1}^{m} \left\{ k_i \exp(\boldsymbol{x}_i'\boldsymbol{\beta}) T_i^b \left[\frac{1}{b^2} + (\ln T_i)^2 \right] \right\} & \sum_{i=1}^{m} \left[k_i \exp(\boldsymbol{x}_i'\boldsymbol{\beta}) T_i^b (\ln T_i) \boldsymbol{x}_i \right] \\ \sum_{i=1}^{m} \left[k_i \exp(\boldsymbol{x}_i'\boldsymbol{\beta}) T_i^b (\ln T_i) \boldsymbol{x}_i \right] & \sum_{i=1}^{m} \left[k_i \exp(\boldsymbol{x}_i'\boldsymbol{\beta}) T_i^b \boldsymbol{x}_i \boldsymbol{x}_i' \right] \end{bmatrix}$$

(4.61)

近似有 $\boldsymbol{\theta} \sim N(\boldsymbol{\theta}_{ML}, n^{-1}\boldsymbol{I}(\boldsymbol{\theta})^{-1})$，将前述几个方程式代入，即可获得 $\boldsymbol{\theta}$ 的近似分布。又由于 $\lambda_i(T_i) = a_i b T_i^{b-1} = \exp(\boldsymbol{x}_i'\boldsymbol{\beta}) b T_i^{b-1} = f(\boldsymbol{\theta}, T_i, \boldsymbol{x}_i)$，故可以通过 $\boldsymbol{\theta}$ 的分布获得阶段末尾时刻失效强度 $\lambda_i(T_i)$ 的分布。由于 $\lambda_i(T_i)$ 与 $\boldsymbol{\theta}$ 为非线性关系，不易通过解析方法获得其分布形式，但可以通过蒙特卡罗仿真的方式进行计算。根据正态分布 $N(\boldsymbol{\theta}_{ML}, n^{-1}\boldsymbol{I}(\boldsymbol{\theta})^{-1})$ 进行抽样，获得参数 $\boldsymbol{\theta}$ 的一次实现值，将其代入 $f(\boldsymbol{\theta}, T_i, \boldsymbol{x}_i)$ 即可获得 $\lambda_i(T_i)$ 的一次实现值。多次抽样并代入计算之后，即可获得 $\lambda_i(T_i)$ 的多个实现值。根据这些样本值获得经验分布函数或进行分布拟合，从而得到 $\lambda_i(T_i)$ 的期望与置信限值。根据 $\lambda_i(T_i)$ 的分布，可以进一步计算此时的 MTBF，从而对第 i 阶段结束时刻的可靠性水平作出评价。

对于 MS - NHPP - Ⅱ 模型，分析过程与上述情况类似，只需对似然函数及其偏导数计算公式做如下修改即可，其他分析过程不变：

$$l^{(\mathrm{II})}(\boldsymbol{\beta}, b) = \ln[L^{(\mathrm{II})}(\boldsymbol{\beta}, b)]$$
$$= n\ln b + \sum_{i=1}^{m} \left[n_i \ln k_i + n_i \boldsymbol{x}_i'\boldsymbol{\beta} - k_i \exp(\boldsymbol{x}_i'\boldsymbol{\beta})(T_i^b - T_{i-1}^b) \right] + (b-1) \sum_{l=1}^{k_i} \sum_{j=1}^{n_{il}} \ln t_{ilj}$$

(4.62)

$$\frac{\partial l^{(\mathrm{II})}}{\partial b} = \frac{n}{b} - \sum_{i=1}^{m} \left[k_i \exp(\boldsymbol{x}_i'\boldsymbol{\beta})(T_i^b \ln T_i - T_{i-1}^b \ln T_{i-1}) \right] + \sum_{i=1}^{m} \sum_{l=1}^{k_i} \sum_{j=1}^{n_{il}} \ln t_{ilj}$$

$$\frac{\partial^2 l^{(\mathrm{II})}}{\partial b^2} = -\frac{n}{b^2} - \sum_{i=1}^{m} \left[k_i \exp(\boldsymbol{x}_i'\boldsymbol{\beta}) [T_i^b (\ln T_i)^2 - T_{i-1}^b (\ln T_{i-1})^2] \right]$$

$$\frac{\partial l^{(\mathrm{II})}}{\partial \boldsymbol{\beta}} = \sum_{i=1}^{m} \left[n_i \boldsymbol{x}_i - k_i \exp(\boldsymbol{x}_i'\boldsymbol{\beta})(T_i^b - T_{i-1}^b) \boldsymbol{x}_i \right]$$

$$\frac{\partial^2 l^{(\mathrm{II})}}{\partial \boldsymbol{\beta} \partial \boldsymbol{\beta}'} = -\sum_{i=1}^{m} \left[k_i \exp(\boldsymbol{x}_i'\boldsymbol{\beta})(T_i^b - T_{i-1}^b) \boldsymbol{x}_i \boldsymbol{x}_i' \right]$$

$$\frac{\partial^2 l^{(\mathrm{II})}}{\partial b \partial \boldsymbol{\beta}} = -\sum_{i=1}^{m} \left[k_i \exp(\boldsymbol{x}_i'\boldsymbol{\beta})(T_i^b \ln T_i - T_{i-1}^b \ln T_{i-1}) \boldsymbol{x}_i \right] \quad (4.63)$$

$$I(\boldsymbol{\theta}) = \begin{bmatrix} \sum_{i=1}^{m} k_i \exp(\boldsymbol{x}_i'\boldsymbol{\beta}) \left[\frac{T_i^b - T_{i-1}^b}{b^2} + T_i^b (\ln T_i)^2 - T_{i-1}^b (\ln T_{i-1})^2 \right] & \sum_{i=1}^{m} k_i \exp(\boldsymbol{x}_i'\boldsymbol{\beta})(T_i^b \ln T_i - T_{i-1}^b \ln T_{i-1}) \boldsymbol{x}_i \\ \sum_{i=1}^{m} k_i \exp(\boldsymbol{x}_i'\boldsymbol{\beta})(T_i^b \ln T_i - T_{i-1}^b \ln T_{i-1}) \boldsymbol{x}_i & \sum_{i=1}^{m} k_i \exp(\boldsymbol{x}_i'\boldsymbol{\beta})[T_i^b - T_{i-1}^b] \boldsymbol{x}_i \boldsymbol{x}_i' \end{bmatrix}$$

(4.64)

4.6.3 模型检验与预测

根据 NHPP 模型的假设，$\Lambda(t_{i,l,j}) - \Lambda(t_{i,l,j-1}) \sim \exp(1)$，则有
$$r_{ilj} = \exp(\boldsymbol{x}_i'\boldsymbol{\beta})(t_{ilj}^b - t_{il(j-1)}^b) \sim \exp(1), i = 1,2,\cdots,m; l = 1,2,\cdots,k_i; j = 1,2,\cdots,n_{il} \tag{4.65}$$

其中，对于 MS – NHPP – Ⅰ 模型，$t_{il0} = 0$；对于 MS – NHPP – Ⅱ 模型，$t_{il0} = T_{i-1}$。

将 r_{ilj} 其定义为残差，则可以对 r_{ilj} 做是否服从指数分布的检验，一般可以采用图检验法，或 Cramer – Von Mises 检验法，它们都依赖于经验分布函数。首先，将所有的 r_{ilj} 按照由小到大的顺序依次排列，得到顺序统计量 $r_{(i)}, i = 1,2,\cdots,n$，其中 n 为各阶段所有阶段的故障总数。对于 Cramer – Von Mises 法[26]，计算统计量

$$W^2 = (1 + 0.16/n)\left[\frac{1}{12n} + \sum_{i=1}^{n}\left(r_{(i)} - \frac{2i-1}{2n}\right)^2\right]$$

若 $W^2 > W_\alpha^2$，则拒绝原假设。图检验法依据指数分布的 Q – Q 图进行检验。首先，将所有的 r_{ilj} 按照由小到大的顺序依次排列，得到顺序统计量 $r_{(i)}, i = 1,2,\cdots,n$，其中 n 为各阶段所有阶段的故障总数。然后，计算 $\alpha_i = \sum_{j=1}^{i}(n-j+1)^{-1}, i = 1,2,\cdots,n$，并在二维直角坐标系中绘制 $(r_{(i)}, \alpha_i)$ 所对应的点。判断所有点是否大致位于一条直线附近，若是，则说明 $r_{ilj} \sim \exp(1)$ 成立，所建立的线性模型与试验数据吻合较好。

如果有新的阶段数据到来，可以通过 $\boldsymbol{\theta}$ 的分布和设计向量 $\boldsymbol{x}_{i+1} = [1, \ln(i+1)]'$ 对该阶段结束时刻的失效强度值进行预测。也可以将 $\boldsymbol{\theta}$ 的分布作为第 $i+1$ 阶段的先验分布，进行贝叶斯分析以获得 $\boldsymbol{\theta}$ 的后验分布，进而获得 $\lambda_{i+1}(T_{i+1})$ 的后验分布。对于 MS – NHPP – Ⅰ 模型，还可以将 $\boldsymbol{\theta}$ 的分布转化为 $S_{\tau,i+1}$ 的分布，将其作为先验分布，利用 4.5 节中的贝叶斯近似计算方法获得 $(S_{\tau,i+1}, b)$ 的后验分布，以此作为评价可靠性水平的依据。

4.6.4 示例分析

表 4.5 为某设备多阶段可靠性增长试验数据，采用含延缓纠正的可靠性增长方式，在每个阶段结束时，仍然在原试验设备基础上改进设计并投入下个阶段试验，因此试验数据符合 MS – NHPP – Ⅱ 模型假设。

表 4.5 多台设备多阶段可靠性增长试验数据（MS – NHPP – Ⅱ）

阶 段	设备序号	数 据
阶段 1 (0 ~ 20h)	S1	0.15,1.64,4.33,8.29,16.35,18.35
	S2	0.17,1.01,2.62,9.27,13.85,15.80,18.79,19.15
	S3	0.74,1.67,5.85,7.39,7.80,12.41,18.44

(续)

阶 段	设备序号	数 据
阶段2 (20~40h)	S1	21.84
	S2	25.63,25.75,27.03,34.06,36.04
	S3	48.62,50.47,54.43,60.56,70.66
阶段3 (40~80h)	S1	49.46,70.35,77.36
	S2	46.78,47.41.52.57.53.27,72.95,73.01
	S3	48.62,50.47,54.43,60.56,70.66
阶段4 (80~160h)	S1	96.71,122.89,140.63
	S2	82.46,82.84,104.03,109.07,159.33

根据 MS-NHPP-Ⅱ模型进行分析,并选择协变量为 $x_i = [1, \ln i]'$,通过计算可得参数 MLE 估计值及其渐进正态分布协方差矩阵如表4.6所列。各个阶段起始、结束时刻的失效强度及系统所达到的 MTBF 估计值如表4.7所列。

表4.6 参数 MLE 估计值及其渐进正态分布协方差矩阵

参 数	MLE	渐进正态分布协方差矩阵
$\begin{bmatrix} b \\ \beta_0 \\ \beta_1 \end{bmatrix}$	$\begin{bmatrix} 0.6850 \\ 0.0050 \\ -0.5557 \end{bmatrix}$	$\begin{bmatrix} 0.0003 & -0.0010 & -0.0008 \\ -0.0010 & 0.0038 & 0.0018 \\ -0.0008 & 0.0018 & 0.0028 \end{bmatrix}$
$\begin{bmatrix} b \\ x_1'\beta \end{bmatrix}$	$\begin{bmatrix} 0.6850 \\ 0.0050 \end{bmatrix}$	$\begin{bmatrix} 0.0003 & -0.0010 \\ -0.0010 & 0.0038 \end{bmatrix}$
$\begin{bmatrix} b \\ x_2'\beta \end{bmatrix}$	$\begin{bmatrix} 0.6850 \\ -0.3802 \end{bmatrix}$	$\begin{bmatrix} 0.0003 & -0.0016 \\ -0.0016 & 0.0076 \end{bmatrix}$
$\begin{bmatrix} b \\ x_3'\beta \end{bmatrix}$	$\begin{bmatrix} 0.6850 \\ -0.6056 \end{bmatrix}$	$\begin{bmatrix} 0.0003 & -0.0019 \\ -0.0019 & 0.0111 \end{bmatrix}$
$\begin{bmatrix} b \\ x_4'\beta \end{bmatrix}$	$\begin{bmatrix} 0.6850 \\ -0.7654 \end{bmatrix}$	$\begin{bmatrix} 0.0003 & -0.0021 \\ -0.0021 & 0.0141 \end{bmatrix}$

表4.7 参数点估计与置信区间估计

阶段	时刻	失效强度 λ 均值	标准差	80%置信区间	MTBF 均值	标准差	80%置信区间
1	T_0	∞	—	—	0	—	—
1	T_1	0.2684	0.0101	[0.2561,0.2813]	3.73	0.140	[3.55,3.90]
2	T_1	0.1821	0.0032	[0.1781,0.1862]	5.49	0.098	[5.3703,5.61]
2	T_2	0.1464	0.0028	[0.1428,0.15]	6.83	0.133	[6.67,7.00]
3	T_2	0.1170	0.0027	[0.1136,0.1204]	8.55	0.194	[8.30,8.81]
3	T_3	0.0940	0.0022	[0.0913,0.0969]	10.64	0.245	[10.32,10.95]
4	T_3	0.0801	0.0024	[0.0771,0.0831]	12.49	0.366	[12.03,12.97]
4	T_4	0.0644	0.0019	[0.062,0.0668]	15.54	0.449	[14.98,16.12]

由表 4.7 可以看出,估计值满足顺序约束关系,具有较短的置信区间,能够较好地弥补部分阶段样本数较少的情况。此外,可以将 $[b,\beta_0,\beta_1]'$ 的分布作为新阶段的先验分布,利用协变量 $x_{i+1}=[1,\ln(i+1)]'$ 和新阶段的试验数据即可获得参数后验分布,从而融合多个阶段信息获得较为准确的可靠性估计。

下面对试验数据与模型的符合程度进行检验,计算 Cramer – Von Mises 统计量: $W^2 = 0.055 < W_{0.25}^2 = 0.116$,因此以显著性水平 0.25 接受原假设。此外,图 4.6 给出了图检验法的结果,图中各点基本位于一条直线上,满足指数分布假设。因此,所给试验数据符合比例强度假设下的 MS – NHPP – Ⅱ 模型。

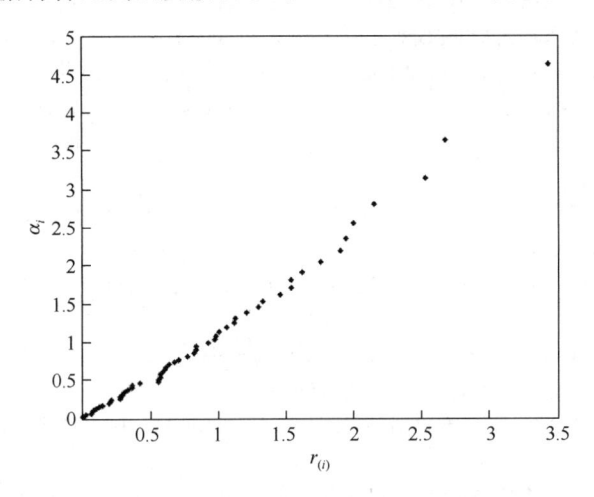

图 4.6 指数分布检验图 $(r_{(i)}, \alpha_i)$

对于某些复杂系统的可靠性增长过程,利用本章所提出的两类多阶段含延缓纠正可靠性增长模型 MS – NHPP – Ⅰ 和 MS – NHPP – Ⅱ 能够较好地描述此类可靠性增长情况。在比例强度泊松过程假设条件下,通过构建多个阶段强度参数之间的线性模型,从而达到融合多个阶段试验数据的目的,基于该模型能够获得较为准确的参数估计和较短的置信区间,并能够对未来阶段的可靠性水平进行预测。通过模型的检验可以判断此类模型与试验数据的吻合程度。

参 考 文 献

[1] 胡明祥. 鱼雷可靠性增长试验和分析方法研究[D]. 西安:西北工业大学,2006.
[2] Yan Z Q,Li X X,Xie H W,et al. Bayesian synthetic evaluation of multistage reliability growth with instant and delayed fix modes[J]. Journal of Systems Engineering and Electronics,2008,19(6):1287 – 1294.
[3] Crow L H. AMSAA discrete reliability growth model[R]. AMSAA Methodology Office Note,1983,1 – 83.

[4] 陈家鼎. 生存分析与可靠性[M]. 北京:北京大学出版社,2005.

[5] Leemis L M. Nonparametric estimation and variate generation for a nonhomogeneous Poisson process from event count data[J]. IIE Transactions,2004,36(12):1155-1160.

[6] Kuhl M E,Lada E K,Steiger N M,et al. Introduction to modeling and generating probabilistic input processes for simulation[C]. Proceedings of the 2006 Winter Simulation Conference,2006,19-35.

[7] Zhou Y Q,Weng Z X. AMSAA-BISE model[C]. 3rd Japan-China Symposium on Statistics,1989,179-182.

[8] Guida M,Calabria R,Pulcini G. Bayes inference for a non-homogeneous Poisson process with power intensity law[J]. IEEE Transactions on Reliability,1989,38(5):603-609.

[9] 张金槐. Bayes可靠性增长分析中验前分布的不同确定方法及其剖析[J]. 质量与可靠性,2004,19(4):10-13.

[10] Yu J W,Tian G L,Tang M L. Predictive analyses for nonhomogeneous Poisson processes with power law using Bayesian approach[J]. Computational Statistics & Data Analysis,2007,51(9):4254-4268.

[11] Lee L,Lee S K. Some results on inference for the Weibull process[J]. Technometrics,1978,20(1):41-45.

[12] 周源泉,郭建英. 可靠性增长幂律模型的Bayes推断及在发动机上的应用[J]. 推进技术,2000,21(1):49-53.

[13] 田国梁. 多台系统Weibull过程形状参数的假设检验[J]. 强度与环境,1989,17(2):41-46.

[14] 周源泉. 维修性增长的Bayes方法[J]. 质量与可靠性,2005,20(3):19-23.

[15] 刘鸿翔,田国梁. 尺度参数不相等时多个Weibull过程的统计分析[J]. 湖北教育学院学报,2003,20(5):1-6.

[16] Mazzuchi T A,Soyer R. A Bayes method for assessing product reliability during development testing[J]. IEEE Transactions on Reliability,1993,42(3):503-510.

[17] 刘飞,王中伟,张为华. 指数寿命产品可靠性增长试验Bayes分析[J]. 国防科学技术大学学报,2006,28(4):128-132.

[18] Hamada M S,Wilson A G,Reese C S,et al. Bayesian reliability [M]. New York:Springer Press,2008.

[19] 苏良军. 高等数理统计[M]. 北京:北京大学出版社,2007.

[20] 党晓玲. 柔性制造系统可靠性增长管理与分析技术研究[D]. 长沙:国防科学技术大学,1999.

[21] Chen Z. Bayesian and empirical Bayes approaches to power law process and microarray analysis[D]. Ph. D dissertation,University of South Florida,2004.

[22] Benton A W,Crow L H. Integrated reliability growth testing[C]. Proceedings Annual Reliability and Maintainability Symposium,1989,160-166.

[23] Calabria R,Guida M,Pulcini G. A reliability-growth model in a Bayes-decision framework[J]. IEEE Transactions on Reliability,1996,45(3):505-620.

[24] Oakes D. Survival analysis[J]. Journal of American Statistical Association,2000,95(449):282-285.

[25] Lawless J F. Regression methods for Poisson process data[J]. Journal of American Statistical Association,1987,82(399):808-815.

[26] 周源泉. 质量可靠性增长与评定方法[M]. 北京:北京航空航天大学出版社,1997.

第五章 多批次试验数据下装备命中概率评估方法

5.1 引 言

命中概率是一种用于评价武器系统精度的综合指标。本章重点针对多批次试验中技术状态变化所带来的试验数据的异总体特性展开研究。首先，分析了单批次同总体数据的命中概率评估方法，主要涉及不同参数分布假设（二项分布和正态分布）下的命中概率计算、不同子弹散布假设情况下的子母弹命中概率计算，以及小样本条件下的命中概率计算。然后，以此为基础，分析了多批次试验过程的特点，建立了分布参数的顺序约束关系，给出了贝叶斯后验分布计算方法和两向相关时的处理方法。

武器精度是描述武器装备技战术性能的重要指标。传统的精度指标一般包括准确度、密集度、圆概率偏差、球概率偏差等。随着目标机动能力的增强和战场情况的复杂化，命中概率逐渐成为评估武器精度的综合指标。命中概率指标由准确度、密集度等指标转化而来，并与目标形状、大小、运动方式有密切关系。命中概率与武器的毁伤规律相结合，可以对武器的攻击效能作出评价。单发命中概率是计算各种射击效率指标的基础[1]，通过研究武器的单发命中概率，可以进一步分析多发命中概率、对集群目标的火力配置等问题。

对于地面上的面目标而言，一般取目标的几何中心 O 为瞄准点（也可根据目标各部分的重要度选择瞄准点），弹着点 $P(x,y)$ 与目标的相对位置如图 5.1 所示。

设弹着点（或落点）$P(x,y)$ 在目标平面内的分布密度为 $f(x,y)$，目标区域为 D，则单发命中概率为 $\iint_D f(x,y)\mathrm{d}x\mathrm{d}y$。类似地，可以定义空间三维体目标的命中概率计算式为 $\iiint_S f(x,y,z)\mathrm{d}x\mathrm{d}y\mathrm{d}z$，其中，$S$ 为目标空间

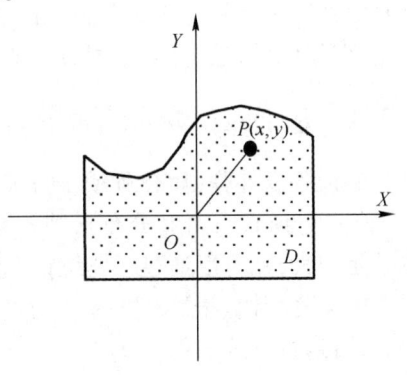

图 5.1 弹着点与目标相对位置示意图

区域。三维命中概率适用于对空中移动目标的精度分析,但其计算较为繁琐。此时,可以通过引入垂直于弹目相对速度的靶面,将其转化为对平面目标的命中概率。因此,本章中的"命中概率"是指对平面目标的命中概率,评估所依赖的试验数据是每次射击在目标平面内的弹着点(或落点)。

当试验次数较多时,可以简单统计成败型数据进行试验评定。这种方法仅仅考虑各次弹着点是否在目标区域之内,可以依据二项分布估计出命中概率值。此外,还可以采用序贯估计方法,尽量减少试验次数。但是,这种方法的信息利用率有限,在小样本情况下获得的估计值缺乏可信性。为了提高命中概率,武器大多采用子母弹战斗部,而不同的子弹排布方式带来了命中概率计算的困难。在上述情况下,需要研究小样本情况下的子母弹命中概率评估方法。此外,对于高性能武器装备而言,其试验批次较多而每个批次样本量有限,各个批次之间还存在技术状态的变化,这是传统的序贯分析所无法解决的。这正是本章关注的问题,将着重讨论多批次试验条件下命中概率指标变化过程的分析方法,以及最后阶段命中概率的评价方法。

因此,本章将首先针对单批次同总体试验数据,研究在子母弹战斗部和小样本情况下的命中概率计算方法;然后,分析多批次试验数据的参数变动规律,采用顺序约束方法建立多批次试验的整体贝叶斯分析模型。

5.2 单批次同总体试验数据的命中概率评估方法

单批次同总体试验数据的分析是多批次异总体试验数据分析的基础。本节针对单批次同总体试验数据,分析了不同分布假设(二项分布与正态分布)、不同战斗部类型(整体弹与子母弹)、不同样本大小(大样本与小样本)情况下的命中概率计算方法。重点针对正态分布假设下的小样本子母弹数据分析方法展开研究,提出了多种计算方法,并对不同方法的性能进行了比较分析。

5.2.1 基于二项分布的命中概率评估方法

假设各发导弹(整体弹或子母弹)每次发射独立,命中情况均服从成功概率为 P 的 $0-1$ 分布(贝努利分布),则 n 发导弹中的命中发数 S 服从二项分布。如果样本数足够大,则可以通过经典统计方法获得单发命中概率 P 的估计。假设 n 发导弹命中 s 发,则单发命中概率 P 的点估计为 $P = s/n$。其置信度为 $1-\alpha$ 的置信下限 P_L 可通过下式求得

$$\sum_{k=0}^{s-1} C_n^k P_L^k (1-P_L)^{n-k} = 1-\alpha$$

此外,P_L 也可以通过贝叶斯方法来求。取无信息先验分布:

$$\mathrm{Beta}(P;a,b) = \frac{\Gamma(a+b)}{\Gamma(a)\Gamma(b)} P^{a-1}(1-P)^{b-1}$$

则 P 的后验分布为 $\mathrm{Beta}(P;s+a,n-s+b)$。给定置信度为 $1-\alpha$，则 P 的置信下限 P_L 可由下式求出：

$$\int_{P_L}^{1} \mathrm{Beta}(P;s+a,n-s+b)\mathrm{d}P = 1-\alpha \tag{5.1}$$

例如，要求命中概率不小于 85%，且置信度不低于 80%。取无信息先验分布为 $\mathrm{Beta}(P;1,1)$，对于某次试验数据 (n,s)，令 $1-\alpha=0.8$，可由式(5.1)求出置信下限 P_L，若 $P_L \geq 0.85$，认为达到指标要求；若 $P_L < 0.85$，认为没有达到指标要求。因此，对于给定的总试验数 n，选取满足 $P_L \geq 0.85$ 的 s 的最小值，此即为满足指标要求的最少命中发数，结果如表 5.1 所列，适用于整体弹或子母弹的情况。

表 5.1 满足指标要求的最少命中发数

n	s	n	s	n	s
10	10	200	175	3000	2567
20	19	300	261	4000	3420
30	28	400	347	5000	4272
40	37	500	433	6000	5124
50	46	600	518	7000	5976
60	54	700	604	8000	6828
70	63	800	690	9000	7680
80	72	900	775	10000	8531
90	80	1000	861	50000	42568
100	89	2000	1714	100000	85096

由于二项分布假设较为简单，仅仅利用了样本中的成败信息，要获得较为准确的命中概率估计，必须具备较大的样本容量。因此，基于二项分布的命中概率评估方法仅适用于大样本的情况。与此不同的是，基于正态分布的命中概率评估方法不再简单地用成败来划分样本，而是利用了每个样本的具体落点数据来估计子弹散布中心的分布规律以及子弹围绕散布中心的分布规律，用多个参数来描述上述散布规律。因此，正态分布假设下的命中概率评估方法信息利用率较高，适用于小样本到大样本的情况。

5.2.2 基于正态分布的整体弹命中概率估计

对于面目标而言，一般认为导弹落点在目标所在平面内呈现二维正态分布。一般将面目标的几何中心定义为坐标系原点 O，将射向（从发射点到目标点的矢量方向)定义为 X 轴,将目标平面内与射向垂直的方向定义为 Y 轴。有时为了计算方便,也可以根据面目标的对称轴来定义坐标系。导弹落点坐标由两向偏差 x 与 y 来表示,则在坐标系 XOY 下,落点坐标 (x,y) 的分布密度函数为

$$f(x,y) = \frac{1}{2\pi\sigma_x\sigma_y\sqrt{1-\rho^2}}\exp\left\{-\frac{1}{2(1-\rho^2)}\left[\frac{(x-u_x)^2}{\sigma_x^2} - 2\rho\frac{(x-u_x)(y-u_y)}{\sigma_x\sigma_y} + \frac{(y-u_y)^2}{\sigma_y^2}\right]\right\} \quad (5.2)$$

式中:(u_x,σ_x) 和 (u_y,σ_y) 分别为 X、Y 向正态分布均值和标准差,反映导弹落点相对于瞄准点的系统偏差和密集度;ρ 为 X 向和 Y 向的相关系数,反映落点散布的主要倾向与坐标轴的偏离程度。在剔除异常值之后,记有效落点数据为 (x_i,y_i),$i=1,2,\cdots,n$,则分布参数 u_x、u_y、σ_x、σ_y、ρ 的估计值为

$$\hat{u}_x = \frac{1}{n}\sum_{i=1}^{n}x_i, \hat{u}_y = \frac{1}{n}\sum_{i=1}^{n}y_i, \hat{\sigma}_x = \sqrt{\frac{1}{n-1}\sum_{i=1}^{n}(x_i-\hat{\mu}_x)^2},$$

$$\hat{\sigma}_y = \sqrt{\frac{1}{n-1}\sum_{i=1}^{n}(y_i-\hat{\mu}_y)^2},$$

$$\hat{\rho} = \frac{\sum_{i=1}^{n}(x_i-u_x)(y_i-u_y)}{\sqrt{\sum_{i=1}^{n}(x_i-u_x)^2\sum_{i=1}^{n}(y_i-u_y)^2}} \quad (5.3)$$

将这些估计值代入二维正态分布密度函数 $f(x,y)$,并将其对目标区域 D 进行积分,即可获得命中概率值:

$$P_{\text{hit}} = \iint_D f(x,y)\mathrm{d}x\mathrm{d}y \quad (5.4)$$

当 $\rho \neq 0$ 时,密度函数 $f(x,y)$ 形式较为复杂。为了计算上的方便,可以通过去相关处理,对落点坐标进行正交变换,从而获得较为简洁的密度函数形式。首先,根据相关系数 ρ 和 X、Y 向标准差 (σ_x,σ_y),将坐标系逆时针旋转某个特定角度 θ,使新的 X'、Y' 轴分别位于二维正态分布方差最大或最小的方向上。经计算可知

$$\theta = \frac{1}{2}\arctan\left(\frac{2\rho\sigma_x\sigma_y}{\sigma_x^2-\sigma_y^2}\right) \quad (5.5)$$

则 $\theta \in \left[-\frac{\pi}{4},\frac{\pi}{4}\right]$,正交变换矩阵为 $\boldsymbol{C} = \begin{bmatrix}\cos\theta & \sin\theta \\ -\sin\theta & \cos\theta\end{bmatrix}$,此时可通过新坐标系 $X'OY'$ 下的落点坐标 $(x'_i,y'_i)^{\mathrm{T}}$ 计算正态分布参数 u'_x、u'_y、σ'_x、σ'_y,其中

$$\begin{cases}(x'_i,y'_i)^{\mathrm{T}} = \boldsymbol{C}(x_i,y_i)^{\mathrm{T}}, (u'_x,u'_y)^{\mathrm{T}} = \boldsymbol{C}(u_x,u_y)^{\mathrm{T}} \\ \sigma'^2_x = \sigma_x^2\cos^2\theta + \sigma_y^2\sin^2\theta + \rho\sigma_x\sigma_y\sin(2\theta) \\ \sigma'^2_y = \sigma_x^2\sin^2\theta + \sigma_y^2\cos^2\theta - \rho\sigma_x\sigma_y\sin(2\theta)\end{cases} \quad (5.6)$$

设新坐标系下两向标准差中的最大值和最小值分别为 $\sigma'_{\max}$、$\sigma'_{\min}$，则

$$\begin{cases} \sigma'^2_{\max} = \dfrac{1}{2}(\sigma_x^2 + \sigma_y^2 + \sqrt{(\sigma_x^2 - \sigma_y^2)^2 + 4\rho^2 \sigma_x^2 \sigma_y^2}) \\ \sigma'^2_{\min} = \dfrac{1}{2}(\sigma_x^2 + \sigma_y^2 - \sqrt{(\sigma_x^2 - \sigma_y^2)^2 + 4\rho^2 \sigma_x^2 \sigma_y^2}) \end{cases} \quad (5.7)$$

若 $\sigma_x \geqslant \sigma_y$，则 $\sigma'_x = \sigma'_{\max}$，$\sigma'_y = \sigma'_{\min}$；若 $\sigma_x < \sigma_y$，则 $\sigma'_x = \sigma'_{\min}$，$\sigma'_y = \sigma'_{\max}$。

特别地，如果将 X 轴旋转到方差最大的方向上，将 Y 轴旋转到方差最小的方向上，则坐标系逆时针转过的角度为

$$\theta = \begin{cases} \dfrac{1}{2}\arctan\left(\dfrac{2\rho\sigma_x\sigma_y}{\sigma_x^2 - \sigma_y^2}\right), & \sigma_x^2 > \sigma_y^2 \\ \dfrac{1}{2}\arctan\left(\dfrac{2\rho\sigma_x\sigma_y}{\sigma_x^2 - \sigma_y^2}\right) + \mathrm{sgn}(\rho)\dfrac{\pi}{2}, & \sigma_x^2 < \sigma_y^2 \\ \mathrm{sgn}(\rho)\dfrac{\pi}{4}, & \sigma_x^2 = \sigma_y^2 \end{cases} \quad (5.8)$$

有 $\theta \in \left(-\dfrac{\pi}{2}, \dfrac{\pi}{2}\right]$，据此可求出正交变换矩阵，进而可求得新坐标系下的落点坐标 $(x'_i, y'_i)^{\mathrm{T}}$ 和分布参数 u'_x、u'_y、$\sigma'_{\max}$、$\sigma'_{\max}$。注意此时有 $\sigma'_x = \sigma'_{\max}$，$\sigma'_y = \sigma'_{\min}$。

通过上述去相关处理，可求得旋转后的坐标系 $X'OY'$ 下的分布密度函数：

$$f(x', y') = \dfrac{1}{2\pi\sigma'_x\sigma'_y}\exp\left[-\dfrac{(x' - u'_x)^2}{2\sigma'^2_x} - \dfrac{(y' - u'_y)^2}{2\sigma'^2_y}\right] \quad (5.9)$$

通过相同的正交变换，可以将目标区域 D 边界上每个顶点的坐标变换到新的坐标系下，从而获得新坐标系下的目标区域 D'。分布密度函数对目标区域积分即可获得命中概率估计值 $P_{\mathrm{hit}} = \iint\limits_{D'} f(x', y')\mathrm{d}x'\mathrm{d}y'$。

下面讨论积分公式 $P_{\mathrm{hit}} = \iint\limits_{D} f(x,y)\mathrm{d}x\mathrm{d}y$ 的计算方法。若目标为长方形，中心为坐标系原点，对称轴与坐标轴方向一致，沿 X、Y 方向的边长分别为 L_x、L_y，则

$$P_{\mathrm{hit}} = \iint\limits_{D} f(x,y)\mathrm{d}x\mathrm{d}y = \int_{-L_y/2}^{L_y/2}\int_{-L_x/2}^{L_x/2} f(x,y)\mathrm{d}x\mathrm{d}y \quad (5.10)$$

若目标为椭圆，中心为坐标系原点，对称轴与坐标轴方向一致，沿 X、Y 方向的半轴长分别为 a、b，则

$$P_{\mathrm{hit}} = \iint\limits_{D} f(x,y)\mathrm{d}x\mathrm{d}y = \int_{-b}^{b}\int_{-\frac{a}{b}\sqrt{b^2-y^2}}^{\frac{a}{b}\sqrt{b^2-y^2}} f(x,y)\mathrm{d}x\mathrm{d}y \quad (5.11)$$

若目标为封闭的不规则形状，则可以将其近似为多边形。将多边形外围边界顶点沿顺时针方向依次记为 (x_{ci}, y_{ci})，$i = 1, 2, \cdots, n$，则

$$P_{\text{hit}} = \iint_D f(x,y)\,\mathrm{d}x\mathrm{d}y = \sum_{i=1}^{n} F_{i,i \bmod (n+1)} \tag{5.12}$$

其中，$F_{i,j} = \int_{x_{ci}}^{x_{cj}} \int_{-\infty}^{y_{ci}+\frac{y_{cj}-y_{ci}}{x_{cj}-x_{ci}}(x-x_{ci})} f(x,y)\,\mathrm{d}x\mathrm{d}y$。

对于运动目标，经常需要计算目标旋转某个角度之后的命中概率。此时，一般可以将旋转后的新的目标顶点计算出来，按照上述方法积分计算。此外，也可使坐标系跟着目标旋转相同角度，只需修改落点分布密度函数，而无需对目标顶点坐标进行转换。设目标沿顺时针方向转过角度 α，则有

$$P_{\text{hit}} = \iint_D f(x\cos\alpha + y\sin\alpha, y\cos\alpha - x\sin\alpha)\,\mathrm{d}x\mathrm{d}y \tag{5.13}$$

5.2.3 基于正态分布的子母弹命中概率估计

对于子母弹而言，其落点分布可以看作由两种分布叠加构成：子弹散布中心的分布，以及子弹围绕散布中心的分布。其中，子弹散布中心在目标平面内所呈现的二维正态分布与上述整体弹落点分布类似。设散布中心坐标变量为 (x_0,y_0)，则其分布形式为

$$f(x_0,y_0) = \frac{1}{2\pi\sigma_x\sigma_y\sqrt{1-\rho^2}}\exp\left\{-\frac{1}{2(1-\rho^2)}\left[\frac{(x_0-u_x)^2}{\sigma_x^2} - 2\rho\frac{(x_0-u_x)(y_0-u_y)}{\sigma_x\sigma_y} + \frac{(y_0-u_y)^2}{\sigma_y^2}\right]\right\} \tag{5.14}$$

根据子弹的落点数据，可以估计出每发子母弹的子弹散布中心，按照前述整体弹的方法估计出散布中心的系统误差 u_x、u_y 和散布标准差 σ_x、σ_y。对于子弹围绕散布中心的分布情况，不同类型的子母弹有不同的假设。例如，用于攻击机场等目标的集束炸弹，子弹数较多，大多几十至上百枚，一般假设子弹在目标平面内呈现圆内均匀分布[2,3]。如果载机或母弹在抛撒时水平速度较大，可以将子弹散布区域看做椭圆，区域内子弹近似均匀分布。子弹散布范围与目标区域的相互关系如图 5.2 所示。

在上述散布情况下，单枚子弹命中目标的概率为 $q = S/B$，其中，S 为子弹散布椭圆与目标的重叠面积（图中阴影部分面积），B 为子弹散布椭圆面积。q 与散布中心坐标 (x_0,y_0) 有关，是 (x_0,y_0) 的函数，记作 $q = f_q(x_0,y_0)$，则散布中心为 (x_0,y_0) 的子母弹所包含的所有 n 枚子弹命中 k 枚以上的概率为

$$p(x_0,y_0) = \sum_{i=k}^{n} C_n^i f_q^i (1-f_q)^{n-i} = 1 - \sum_{i=0}^{k-1} C_n^i f_q^i (1-f_q)^{n-i} \tag{5.15}$$

将其与散布中心 (x_0,y_0) 的分布函数 $f(x_0,y_0)$ 相乘并在二维平面内积分，即可获得此类子母弹在命中标准为 n 中 k 的情况下的单发命中概率：

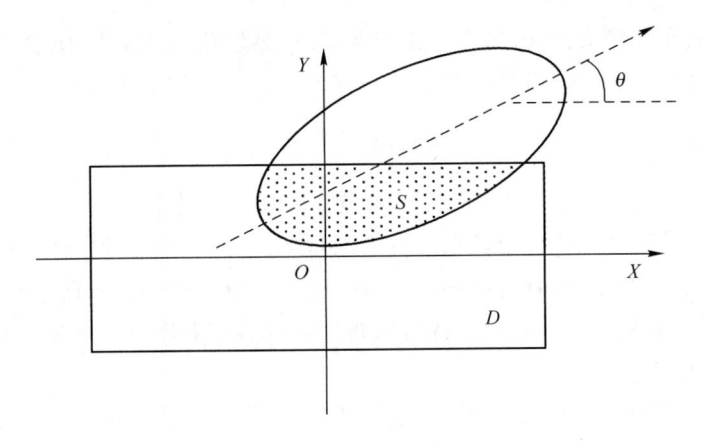

图 5.2 子弹散布范围与目标区域的相互关系

$$P = \int_{-\infty}^{+\infty}\int_{-\infty}^{+\infty} p(x_0, y_0) f(x_0, y_0) \mathrm{d}x_0 \mathrm{d}y_0 \tag{5.16}$$

上述子弹散布假设适用于子弹数较多的情况,如果子弹数较少,子弹落点将呈现环状分布。如果仍然按照上述均匀分布假设进行计算,获得的命中概率估计值与真实值会有较大出入。因此,需要对子弹数较少情况下的散布情况进行更为细致的建模。根据子弹抛撒技术,各个子弹一般在母弹舱内呈现单层或多层均匀排列[4]。由于子弹数较少,为提高命中概率,一般对母弹抛撒位置和抛撒速度有较高要求,抛撒点水平速度近似为 0。因此,子弹在目标平面内呈现单层或多层圆环上的均匀分布。图 5.3 分别给出了单层子弹和双层子弹围绕散布中心的散布情况。

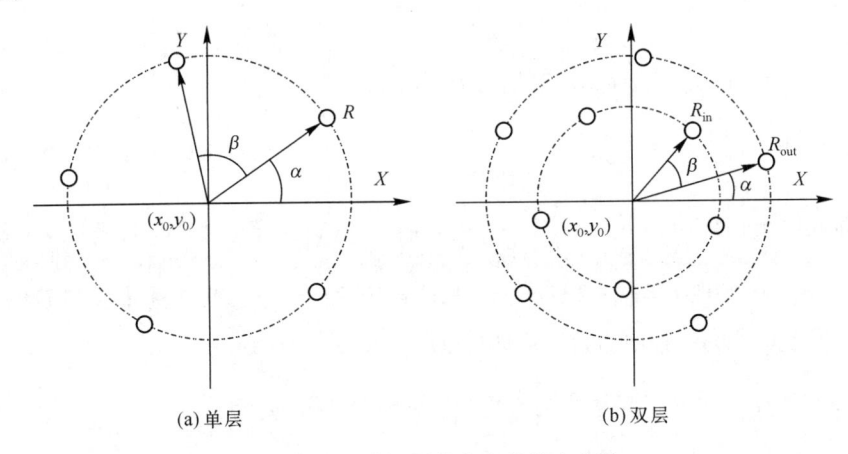

(a) 单层　　(b) 双层

图 5.3 子弹环形分布中的散布参数

对于单层子弹,子弹围绕散布中心 (x_0, y_0) 的分布情况可以用以下三个参数来描述:子弹散布半径 R,子弹间夹角 β,子弹散布起始角 α。其中,子弹间夹角 β 定义为相邻子弹间的夹角,设其服从正态分布 $\beta \sim N(u_\beta, \sigma_\beta^2)$,则必有均值 $u_\beta = 2\pi/n$。子弹散布起始角 α 定义为各个子弹与 X 轴正向的最小夹角,范围设定为 $\left[0, \dfrac{4\pi}{n}\right)$,并设其服从正态分布 $\alpha \sim N(u_\alpha, \sigma_\alpha^2)$。此外,假设子弹半径 R 服从正态分布 $R \sim N(u_R, \sigma_R^2)$。对于具有特定形状和位置的面目标,上述三个参数中任何一个参数的变化都会引起命中概率估计值的变化。因此,在计算子母弹命中概率时,需要根据各发子母弹中的所有子弹相对于各自散布中心的落点数据对上述几个参数的随机分布情况进行估计。

设同一批次内共有 m 发子母弹投入试验,每发子母弹共有 n 枚子弹,各枚子弹围绕该发子母弹的散布中心呈现环状均匀分布。设所有子弹落点坐标为

$$(x_{ij}, y_{ij}), \quad i=1,2,\cdots,m; \quad j=1,2,\cdots,n$$

第 i 发子母弹散布中心为 (x_{0i}, y_{0i}),且 $x_{0i} = \sum_{i=1}^{n} x_{ij}, y_{0i} = \sum_{i=1}^{n} x_{ij}$,则子弹散布起始角 α_i 可按照如下步骤求解:

(1) 对于第 i 发子母弹,按照下式计算每个子弹落点相对于 X 轴正向的角度 γ_{ij}:

$$\gamma_{ij} = \begin{cases} \arctan\left(\dfrac{y_{ij}-y_{0i}}{x_{ij}-x_{0i}}\right), & x_{ij}-x_{0i} > 0 \\ \arctan\left(\dfrac{y_{ij}-y_{0i}}{x_{ij}-x_{0i}}\right)+\pi, & x_{ij}-x_{0i} < 0 \\ \dfrac{\pi}{2}\operatorname{sgn}(y_{ij}-y_{0i}), & x_{ij}-x_{0i} = 0 \end{cases} \quad (5.17)$$

若 $\gamma_{ij} < 0$,取 $\gamma_{ij} = \gamma_{ij} + 2\pi$,于是,$\gamma_{ij} \in [0, 2\pi)$。

(2) 由于 $\sum_{j=1}^{n} \gamma_{ij} = \sum_{l=0}^{n-1}\left(\alpha_i + \dfrac{2\pi l}{n}\right) + \varepsilon = n\alpha_i + \pi(n-1) + \varepsilon$,故取第 i 发弹的子弹散布起始角估计值为 $\hat{\alpha}_i = \dfrac{1}{n}\left[\sum_{j=1}^{n}\gamma_{ij} - \pi(n-1)\right]$。若 $\hat{\alpha}_i \geq 2\pi/n$,则取 $\hat{\alpha}_i = \hat{\alpha}_i - 2\pi/n$;若 $\hat{\alpha}_i < 0$,则取 $\hat{\alpha}_i = \hat{\alpha}_i + 2\pi/n$。于是,$\hat{\alpha}_i \in [0, 2\pi/n)$。按照上述步骤(1)和(2),可得各发子母弹的子弹散布起始角估计值 $\hat{\alpha}_i$,$i=1,2,\cdots,m$。

(3) 计算子弹散布起始角的平均值:$\bar{\alpha} = \sum_{i=1}^{m} \hat{\alpha}_i / m$。

(4) 若所有起始角估计值 $\hat{\alpha}_i$ 均满足 $|\hat{\alpha}_i - \bar{\alpha}| \leq \pi/n$,则转向步骤 5;否则,对所有不满足条件 $|\hat{\alpha}_i - \bar{\alpha}| \leq \pi/n$ 的起始角估计值 $\hat{\alpha}_i$,取 $\hat{\alpha}_i = \hat{\alpha}_i - (\pi/n)\operatorname{sgn}(\hat{\alpha}_i - \bar{\alpha})$,然后转向步骤 3。

(5) 由 $\hat{\alpha}_i$ 计算起始角均值和标准差: $\hat{u}_\alpha = \sum_{i=1}^{m} \hat{\alpha}_i/m, \hat{\sigma}_\alpha^2 = \sum_{i=1}^{m} (\hat{\alpha}_i - \hat{u}_\alpha)^2/(m-1)$。

通过上述步骤,即可获得子弹散布起始角 α 的分布 $\alpha \sim N_\alpha(u_\alpha, \sigma_\alpha^2)$。一般认为,同一批次各发子母弹的散布半径为同一总体,因此首先计算所有落点各自相对散布中心的距离,以此作为散布半径 R 的样本,从中估计正态分布参数 $N_R(u_R, \sigma_R^2)$。对于子弹间夹角 β,可以利用上述步骤1中求得的 γ_{ij} 通过差分获得夹角 β 的样本,从中估计正态分布方差参数 σ_β^2。

对于双层子弹,如果两层子弹数相同且内外层插空排列,则各枚子弹在目标平面内的散布情况如图5.3(b)所示。此时,子弹围绕散布中心的具体分布形式可以通过以下四个参数来描述:外层子弹半径 R_{out},内层子弹半径 R_{in},子弹间夹角 β,子弹分布起始角 α。其中,假设外层子弹半径 R_{out} 服从正态分布 N_{out},内层子弹半径 R_{in} 服从正态分布 N_{in}。子弹间夹角 β 定义为相邻子弹(包括内外层所有子弹)间的夹角,设其服从正态分布 $N_\beta(2\pi/n, \sigma_\beta^2)$。子弹分布起始角 α 定义为外层子弹与 X 轴正向的最小夹角,范围为 $[0, 4\pi/n)$,设其服从正态分布 N_α。按照前述单层子弹的计算方法,可以估计出正态分布 N_{out}、N_{in} 和 N_β。对于 N_α 的估计,可以直接取外层子弹落点,按照前述几个步骤进行估计,但为了获得更为准确的估计,应当利用内外层所有子弹落点数据。此时,可以利用所有落点数据按照前述步骤进行计算,并对步骤2中求出的 $\hat{\alpha}_i$ 与 γ_{ij} 进行比较,若 $\hat{\alpha}_i$ 实为内层子弹起始角,则取 $\hat{\alpha}_i = \hat{\alpha}_i + 2\pi/n$,并将 $\hat{\alpha}_i$ 限制在 $[0, 4\pi/n)$ 范围内。此外,还需将步骤4中的 π/n 改为 $2\pi/n$,其他步骤不变。

上面讨论了利用多发子母弹的落点数据,对单层和双层子弹情况下的子弹散布参数进行估计的方法。当子弹散布参数和散布中心自身的分布参数已知时,可以通过式(5.16)求得子母弹对特定目标的命中概率。散布中心的分布 $f(x_0, y_0)$ 可以通过对多发子母弹散布中心的统计分析得到。因此,难点即在于如何由子弹散布参数的分布 N_{out}、N_{in}、N_β 和 N_α,计算获得 $p(x_0, y_0)$ 的估计值,即散布中心为 (x_0, y_0) 的子母弹所有 n 枚子弹命中 k 枚的概率。由于子弹散布参数较多,很难通过解析方法进行求解,此时,可以采用统计模拟的方式获得。当散布中心 (x_0, y_0) 已知时,双层子弹情况下估计 $p(x_0, y_0)$ 的步骤如下所示(单层子弹情况与之类似)。

(1) 由起始角 α 的正态分布 N_α 随机抽样,产生起始角样本 $\alpha^{(0)}$。

(2) 从起始角 $\alpha^{(0)}$ 依次递增 $4\pi/n$,获得外环子弹基准角,然后根据夹角 β 的标准差 σ_β 随机抽样,产生外环子弹落点相对基准角的偏差,进而叠加在外环子弹基准角上,从而获得各个外环子弹落点与 X 轴的夹角。然后,由外环半径 R_{out} 的正态分布 N_{out} 随机抽样,获得外环子弹半径。由各个外环子弹与 X 轴的夹角和半径计算各个外环子弹的坐标。

（3）从 $\alpha^{(0)}+2\pi/n$ 依次递增 $4\pi/n$，获得内环子弹基准角，然后根据夹角 β 的标准差 σ_β 随机抽样，产生内环子弹落点相对基准角的偏差，进而叠加在内环子弹基准角上，从而获得各个内环子弹落点与 X 轴的夹角。然后，由内环半径 R_{in} 的正态分布 N_{in} 随机抽样，获得内环子弹半径。由各个内环子弹与 X 轴的夹角和半径计算各个内环子弹的坐标。

（4）检查各个子弹是否落在目标区域内，统计所有 n 枚子弹中命中目标的子弹个数，判断该发子母弹是否满足"n 中 k"的命中要求。

（5）将上述步骤（1）~（4）重复 S 次，统计其中满足"n 中 k"的命中要求的子母弹发数 T。将 T/S 作为 $p(x_0, y_0)$ 的估计。

由 $p(x_0, z_0)$ 和散布中心的分布 $f(x_0, z_0)$，即可求得子母弹命中概率的期望值。由于式（5.16）中的积分计算需要数值积分，因此，上述方法实际上是一种数值积分与统计模拟相结合的方法。

通过上述方法，可以获得命中概率的点估计，但工程上有时更关心命中概率的置信下限，此时需要获得命中概率的区间估计。如果试验数据为大样本数据（如采用仿真平台产生的试验数据），可以将这些试验数据规划为 M 组，每组包含 m 发子母弹落点数据。利用前述方法，可以由每组数据计算出一个命中概率的估计值，记为 $P_i, i=1,2,\cdots,M$。将所有的 P_i 按升序排列为 $P_{(1)}, P_{(2)}, \cdots, P_{(M)}$。给定置信水平 $1-\alpha$，升序排列中第 $\lfloor M\alpha \rfloor$ 个数即为命中概率 P 的置信下限 P_L，其中 $\lfloor M\alpha \rfloor$ 表示不大于 $M\alpha$ 的最大整数。这种计算置信下限的方法要求 M 值必须很大，飞行试验数据很难达到这个要求，下面将讨论小样本情况下的命中概率评估方法。

5.2.4 小样本情况下的命中概率估计

受到试验条件和试验成本的限制，外场环境条件下的装备实测试验一般较少。对于导弹等高成本、高性能的特殊装备，发射试验样本量则更小。如果直接应用经典统计方法进行参数估计，将无法保证估计结果的可信性。针对小样本情况，下面给出了双层子弹情况下的子母弹命中概率计算方法：Bootstrap 方法、统计模拟法、经验贝叶斯方法。整体弹或单层子弹情况下的计算方法与之类似。

1. Bootstrap 方法

在不考虑其他先验信息的情况下，一般可以通过 Bootstrap 方法获得参数的均值和置信区间估计。针对该型导弹特点，Bootstrap 方法的主要实现步骤如下所示：

（1）根据所有子弹落点，计算各发子母弹的子弹散布中心 (x_{0i}, y_{0i})，$i=1, 2,\cdots,m$，进而估计散布中心在二维平面内的正态分布 $f(x_0, y_0)$。

（2）计算子弹相对于子弹散布中心的相对落点数据。由所有子弹的相对落点数据估计子弹散布参数的分布 N_α、N_β、N_{out}、N_{in}。

（3）由散布中心的分布 $f(x_0,y_0)$，结合子弹散布参数的分布 N_α、N_β、N_{out}、N_{in}，按照5.2.3节所述方法计算命中概率的估计值 P。

（4）由散布中心数据 (x_{0i},y_{0i}) 构造经验分布函数 F_m，其密度函数为

$$f_m(x_0,y_0)=\begin{cases}\dfrac{1}{m},& (x_0,y_0)=(x_{i0},y_{i0}),\quad i=1,2,\cdots,m \\ 0,& \text{其他}\end{cases} \quad (5.18)$$

（5）由经验分布 F_m 随机产生 m 个散布中心 $(x_{0i}^{(0)},y_{0i}^{(0)})$，$i=1,2,\cdots,m$，以此重新估计子弹散布中心的正态分布 $f(x_0,y_0)$。结合子弹散布参数的分布 N_α、N_β、N_{out}、N_{in}，按照5.2.3节所述方法计算命中概率的估计值 $\hat{P}^{(i)}$。

（6）将步骤（5）重复 M 次，可得 M 个命中概率估计值 $\hat{P}^{(i)}$，$i=1,2,\cdots,M$，从中可得 $\hat{P}^{(i)}$ 的经验分布 F_M^*，并以 $R_M^*=\hat{P}^*(F_M^*)-\hat{P}(F_M)$ 的分布去逼近 $T_M=\hat{P}(F_M)-P(F)$ 的分布，也即取样本值 $(2\hat{P}-\hat{P}^{(i)})$，$i=1,2,\cdots,M$ 的经验分布作为命中概率 P 的经验分布，从而获得 P 的点估计和区间估计。

2. 统计模拟法

统计模拟法是利用统计方法按照参数估计值重新抽样产生样本数据，进而估计命中概率的方法。首先，根据所有子弹落点，计算出各发子母弹的子弹散布中心 (x_{0i},y_{0i})，$i=1,2,\cdots,n$，进而估计散布中心在二维平面内的正态分布 $f(x_0,y_0)$；然后，由各个子弹相对于子弹散布中心的落点数据估计子弹散布参数的分布 N_α、N_β、N_{out}、N_{in}；接下来，由 $f(x_0,y_0)$ 抽样产生一组容量为 m（与原样本容量相同）的散布中心样本，并结合子弹散布参数的分布 N_α、N_β、N_{out}、N_{in}，按照5.2.3节所述方法计算获得命中概率估计值 $\hat{P}^{(i)}$；最后，按照该方法重复抽样产生 M 组容量为 n 的子弹散布中心数据，分别计算获得 M 个命中概率估计值 $\hat{P}^{(i)}$，$i=1,2,\cdots,M$。以此作为命中概率的经验分布，从而获得命中概率 P 的均值和置信区间。

3. 经验贝叶斯方法

当数据量较少时，可以采用经验贝叶斯方法，由试验数据获得各个参数的经验分布，进而从该经验分布中抽样获得各个参数的一次实现值，并运用5.2.3节方法获得命中概率估计值。多次抽样后即可获得命中概率的经验分布，可以采用多种方法获得参数的经验分布。这里，采用无信息先验情况下的贝叶斯方法，将无信息先验分布情况下的贝叶斯后验分布作为各个参数的经验分布。具体步骤如下：

（1）由各个子弹相对于各自的子弹散布中心的相对落点数据估计出子弹散布参数的分布 N_α、N_β、N_{out}、N_{in}。

（2）由所有子母弹的子弹散布中心 (x_{0i},y_{0i})，$i=1,2,\cdots,m$，计算二维正态分布 $f(x_0,y_0)$ 的分布参数 $\theta=(u_x,\sigma_x^2,u_y,\sigma_y^2)$ 的经验分布（正态 - 逆 Gamma 分布）：

$$g(\theta) = \frac{m}{2\pi\sigma_x\sigma_y}\exp\left[-\frac{m(u_x-u_1)^2}{2\sigma_x^2}-\frac{m(u_y-u_2)^2}{2\sigma_y^2}\right]$$

$$\cdot \frac{\beta_1^{\alpha_1}}{\Gamma(\alpha_1)\sigma_x^{2(\alpha_1+1)}}\exp\left(-\frac{\beta_1}{\sigma_x^2}\right)\frac{\beta_2^{\alpha_2}}{\Gamma(\alpha_2)\sigma_y^{2(\alpha_2+1)}}\exp\left(-\frac{\beta_2}{\sigma_y^2}\right) \quad (5.19)$$

其中，$u_1 = \frac{1}{m}\sum_{i=1}^{m}x_{0i}$，$u_2 = \frac{1}{m}\sum_{i=1}^{m}y_{0i}$，$\alpha_1 = \frac{m-1}{2}$，$\beta_1 = \frac{1}{2}\sum_{i=1}^{m}(x_{0i}-u_1)^2$，$\alpha_2 = \frac{m-1}{2}$，$\beta_2 = \frac{1}{2}\sum_{i=1}^{m}(y_{0i}-u_2)^2$。

(3) 从 $\Gamma^{-1}(\alpha_1,\beta_1)$ 中抽样，得到 σ_x^2 的一个实现值 $\sigma_x^{2(i)}$，然后固定 $\sigma_x^2 = \sigma_x^{2(i)}$，从正态分布 $N(u_1,\sigma_x^2/m)$ 中抽样，得到 u_x 的一个实现值 $u_x^{(i)}$。

(4) 从 $\Gamma^{-1}(\alpha_2,\beta_2)$ 中抽样，得到 σ_y^2 的一个实现值 $\sigma_y^{2(i)}$，然后固定 $\sigma_y^2 = \sigma_y^{2(i)}$，从正态分布 $N(u_2,\sigma_y^2/m)$ 中抽样，得到 u_y 的一个实现值 $u_y^{(i)}$。

(5) 利用上述一次实现值 $(u_x^{(i)},\sigma_x^{2(i)},u_y^{(i)},\sigma_y^{2(i)})$ 和子弹散布参数的分布 N_α、N_β、N_{out}、N_{in}，按照5.2.3节所述方法，计算可求得命中概率的一次实现值 $\hat{P}^{(i)}$。

(6) 重复步骤3至5 M 次，计算出 M 个命中概率估计值 $\hat{P}^{(i)}$，$i=1,2,\cdots,M$。将所有的 $\hat{P}^{(i)}$ 按升序排列为 $P_{(1)},P_{(2)},\cdots,P_{(M)}$，作为命中概率的经验分布，从中可以估计命中概率的均值和置信区间。取升序排列中的第 $\lfloor M\alpha \rfloor$ 个数作为命中概率 P 的置信度为 $1-\alpha$ 的置信下限 P_L。将 P_L 与规定的指标值比较，即可判断导弹性能是否达到要求。

5.2.5 示例分析与比较

1. 大样本情况下的评估方法验证

在大样本情况下，基于二项分布的评估方法直接统计成败数据，获得的命中概率值与置信限值可看作较为准确的估计值。为了验证基于正态分布的评估方法的准确性，可以在大样本情况下将其结果与二项分布评估结果进行对比。如果正态分布法获得的命中概率值与置信限值与二项分布法所得结果相差不大，则可以认为基于正态分布的命中概率评估结果在大样本情况下的结果基本可信，从而进一步说明该方法中关于散布中心的正态分布假设与子弹散布参数的分布假设较为合理。

在比较两种方法时，所使用的试验数据均由计算机随机产生。通过计算机模拟产生两组试验数据，每组为1000发子母弹落点数据，所使用的分布参数如表5.2所列。其中，参数 $(u_x,u_y,\sigma_x,\sigma_y,\rho)$ 为散布中心 (x_0,y_0) 的二维正态分布参数，分别对应 X 向和 Y 向的均值、标准差(单位:m)和两向相关系数。(L,W,θ) 为长方形目标形状参数，分别表示长、宽(单位:m)和旋转角度(单位:°)。长方形对称中心在坐标系原点，θ 为长方形目标逆时针旋转的角度，范围为 0°～360°，每隔 10° 计算一次。当 $\theta=0°$ 时，L 与 X 轴方向一致，W 与 Y 轴方向一致。(R_{in}, R_{out}, α, β)为子弹围绕散布中心的散布参数，分别表示内环半径、外环半径（单位：m）、外环子弹起始角和子弹间夹角（单位：°）。它们均假设服从正态分布，表中给出了正态分布参数。此外，假设子母弹的命中标准为 10 中 3。

表 5.2 仿真试验参数设置

编号 i	发数 M	散布中心的分布参数					目标参数			子弹散布参数的分布			
		u_x	u_y	σ_x	σ_y	ρ	L	W	$\theta(°)$	R_{in}	R_{out}	$\alpha(°)$	$\beta(°)$
1	1000	0	0	12	10	0	60	40	0~360	$N(8,1)$	$N(12,1.2^2)$	$N(10,3^2)$	$N(18,3^2)$
2	1000	10	5	12	10	0.3	60	40	0~360	$N(8,1)$	$N(12,1.2^2)$	$N(10,3^2)$	$N(18,3^2)$

对于第 1 组 1000 发子母弹数据（对应参数设置表中的 No.=1），可以分别按照二项分布法和正态分布法进行计算。图 5.4(a)给出了两种方法求得的命中概率均值随目标旋转角度的变化情况，图 5.4(b)给出了两种方法求得的命中概率置信下限值（置信水平为 0.80）随目标旋转角度的变化情况。此外，如果仅利用子母弹散布中心数据，将其看做整体弹落点数据，那么也可以按照整体弹情况下的方法进行计算。图 5.4 同时给出了整体弹情况下的两类方法计算结果。

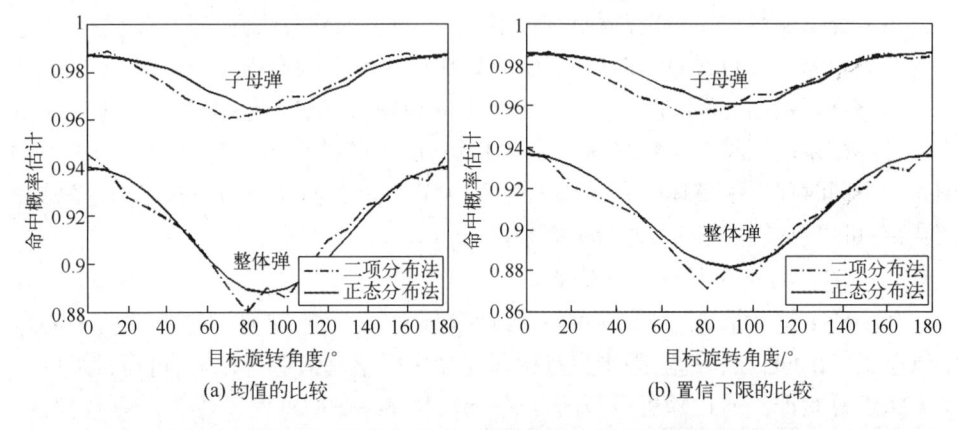

图 5.4 散布中心无系统偏差且相关系数为零时两类方法的比较

(a) 均值的比较　　(b) 置信下限的比较

对于第 2 组 1000 发子母弹数据（对应参数设置表中的编号 2），按照第 1 组数据的处理方法，对二项分布法和正态分布法进行比较，计算结果显示在图 5.5 中。图 5.5(a)给出了两种方法求得的命中概率均值随目标旋转角度的变化情况，图 5.5(b)给出了两种方法求得的命中概率置信下限值（置信水平为 0.80）随目标旋转角度的变化情况。

(a) 均值的比较   (b) 置信下限的比较

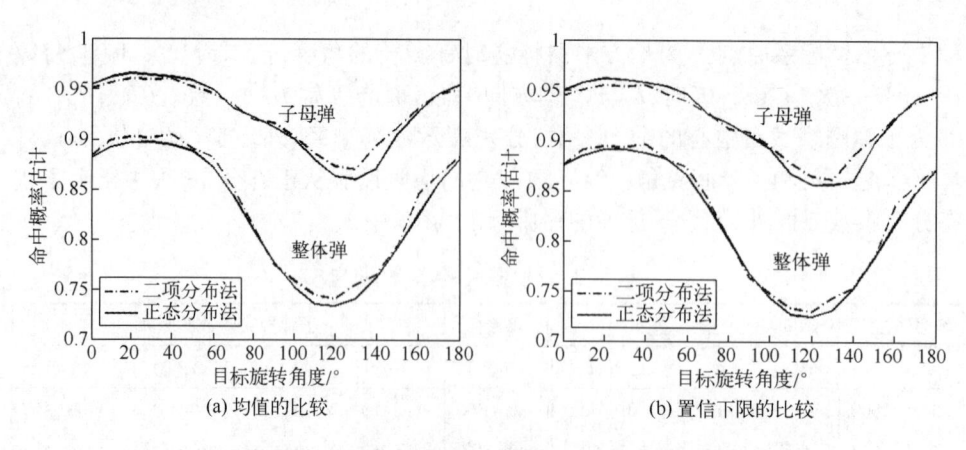

图 5.5　散布中心有系统偏差且相关系数非零时两类方法的比较

从图 5.4 和图 5.5 中可以看出，在大样本情况下，正态分布假设下的结果与二项分布假设下的结果差别不大，从而说明了本节关于散布中心的正态分布假设与子弹散布参数的分布假设较为合理，计算方法基本可信。此外还可以看出，正态分布法所得命中概率值随目标旋转角度的变化曲线较为平滑，二项分布法所对应的曲线则不够平滑。这是因为二项分布法是从试验数据中直接统计命中个数，忽略了落点具体分布情况，仅利用了成败信息。因此，当样本量有限时（仅 1000 发），所得结果受试验数据本身的随机性影响较大。而正态分布法则是从试验数据中估计各个分布参数进行计算，在计算目标特定旋转角度下的命中概率值时，实际上利用了所有落点数据，而不是单独这个角度上的成败数据，因此，各个旋转角度所对应的计算结果之间将会呈现平缓的变化趋势，所得的结果也更为可信。图 5.4 和图 5.5 中同时列出了整体弹和子母弹的命中概率曲线，从中可以发现，采用子母弹战斗部，可以有效地提高导弹命中概率。

2. 小样本情况下的评估方法验证

在小样本情况下，采用 Bootstrap、统计模拟、经验贝叶斯等评估方法所得的命中概率置信区间一般较宽，很难直接将其与命中概率真值进行比较，可通过随机模拟方法进行验证。通过随机模拟的方式产生 $M(M \geqslant 1000)$ 发子母弹落点数据，统计其中满足命中标准的子母弹发数 S。由于样本数较大，并且为了便于与小样本情况下的评估方法进行比较，暂且将 S/M 看作命中概率真值。然后，从 M 发子母弹中随机抽取 10 发子母弹落点数据，作为飞行试验数据，并采用小样本评估方法进行计算，获得置信度为 80% 的命中概率置信下限 P_i，$i=1,2,\cdots,K$。按照该方法重复抽样 $K(K \geqslant 100)$ 次，每次抽取 10 个样本进行计算，获得 K 个命中概率置信下限 P_i，$i=1,2,\cdots,K$。统计满足 $P_i \leqslant S/M \leqslant 1$ 的置信下限的个数 N。如果 N/K 接近 0.80，则说明命中概率真值落在置信下限 P_i 至 1 之间的区间 $[P_i, 1]$ 内的频率接近80%,说明按照上述方法所得的80%的置信下限P_i基本可信。

下面分别针对不同的分布参数,随机产生1000发子母弹数据,按照二项分布方法获得命中概率的经典估计值。从中随机抽取10发作为飞行试验样本,分别按照 Bootstrap 方法、统计模拟法、经验贝叶斯方法进行计算,获得80%置信下限值。重复抽样100次,获得100个置信下限值,统计出经典估计值落在$[P_i,1]$区间内的频率,结果如表5.3所列。表中给出了散布中心(x_0,y_0)的二维正态分布参数$(u_x,u_y,\sigma_x,\sigma_y,\rho)$的取值,其中,$u_y=0,\rho=0$,目标旋转角度为$0°$,其他参数的设置与表5.2相同。

表5.3 小样本情况下三类方法的结果对比

$\sigma_x=\sigma_y$	u_x	经典估计值	经典估计值落在$[P_i,1]$区间内的频率		
			Bootstrap 方法	统计模拟法	贝叶斯方法
15	5	0.895	78%	89%	91%
15	15	0.821	76%	83%	88%
15	25	0.690	73%	81%	86%
30	5	0.453	84%	77%	90%
30	15	0.410	78%	86%	92%
30	25	0.377	82%	84%	87%

由表5.3可以看出,在小样本情况下,经典估计值落在$[P_i,1]$区间内的频率与80%较为接近。其中经验贝叶斯方法对应的频率值略显偏高,说明该方法在小样本情况下获得的置信下限略显偏低,这与该方法本身的结构有关,由于小样本情况下的贝叶斯方法采用了无信息先验,后验分布受样本数影响较大,因此所得后验分布与真实情况偏离较大。如果样本量增加至大样本情况,采用上述几种方法所得的命中概率估计结果趋于一致。大样本情况下的结果比较如表5.4所列。

表5.4 小样本计算方法在大样本数据情况下的结果对比

$\sigma_x=\sigma_y$	u_x	均值的比较				置信下限的比较			
		CE	BO	SS	EB	CE	BO	SS	EB
15	5	0.895	0.8936	0.8925	0.8936	0.8869	0.8826	0.8810	0.8841
15	15	0.821	0.8265	0.8240	0.8241	0.8109	0.8155	0.8137	0.8133
15	25	0.690	0.6803	0.6824	0.6813	0.6777	0.6680	0.6705	0.6667
30	5	0.453	0.4629	0.4641	0.4617	0.4397	0.4564	0.4563	0.4535
30	15	0.410	0.4274	0.4262	0.4277	0.3969	0.4195	0.4196	0.4207
30	25	0.377	0.3888	0.3865	0.3880	0.3641	0.3805	0.3777	0.3808

注:CE—经典估计法;BO—Bootstrap 方法;SS—统计模拟法;EB—经验贝叶斯法。

5.3 多批次异总体试验数据的命中概率评估方法

多批次异总体试验数据的分析是本章的重点。在 5.2 节的基础上,本节分析了多批次异总体试验数据之间的内在联系,将传统的单一参数顺序约束方法进一步推广,建立了各个主要分布参数间的序化约束关系,并给出了贝叶斯后验计算方法。此外,考虑到武器本身的机动或目标运动所造成的 $X-Y$ 两向相关的情况,给出了此类情况下的处理方法。最后通过示例对以上方法的性能进行了分析。

5.3.1 基于二项分布的多批次试验命中概率估计

多数情况下,武器试验过程一般分多个批次进行,每个批次包含若干单发射击试验。某个批次试验结束之后将对试验结果进行分析并加以改进。因此,各批次试验数据不服从同一总体,命中概率指标呈现动态变化的特点。如果根据试验数据分析或专家经验判断,认为命中概率值随批次逐渐提高,则可以在各个批次的命中概率值之间建立顺序约束关系,从而达到融合多批次试验的目的。设试验共有 s 个批次,各批次命中概率分别为 $P_i, i=1,2,\cdots,s$,则存在顺序约束关系: $0 \leq P_1 < P_2 < \cdots < P_s \leq 1$。若第 i 批次共进行 n_i 次射击试验,其中有 s_i 发命中目标,f_i 发未命中目标,则似然函数为

$$L(P_1,P_2,\cdots,P_s) = \prod_{i=1}^{s} C_{n_i}^{s_i} P_i^{s_i} (1-P_i)^{f_i} \quad (5.20)$$

若没有其他信息可以利用,可以将各个参数的联合先验分布设置为无信息先验分布 $\pi(P_1,P_2,\cdots,P_s) \propto 1$,最后阶段命中概率 P_s 的后验分布则为

$$\pi'(P_s) \propto \int_0^{P_s}\cdots\int_0^{P_3}\int_0^{P_2} L(P_1,P_2,\cdots,P_s)\mathrm{d}P_1\mathrm{d}P_2\mathrm{d}P_{s-1} \quad (5.21)$$

对于上述后验分布,可以根据不完全 Beta 函数与二项分布累计和之间的等式关系获得近似解[5,6],但计算过程较为繁琐。此时,可以考虑采用 MCMC 方法通过重复抽样获得各个参数的后验分布,其满条件分布为 $P_i | (P_j, j \neq i) \sim \text{Beta}(s_i+1, f_i+1)$ 且 $P_i \in (P_{i-1}, P_{i+1})$,即 P_i 服从 (P_{i-1}, P_{i+1}) 区间上截尾的 Beta 分布。

基于二项分布的命中概率评估方法仅利用了成败型数据,当样本数较少时,很难获得准确的结果,给后续的鉴定与定型带来风险。更为细致的做法是利用实际落点数据,基于正态分布假设,分析多批次试验过程中命中概率指标的变动情况,下面将针对这一问题展开研究。

5.3.2 基于正态分布的多批次试验命中概率估计

在多批次试验过程中,各批次的产品技术状态不同,各批次试验获得的落点数

据也不服从同一总体。在最终的命中概率评定中,需要依据产品技术状态的变化规律,综合多批次试验数据作出统计推断。如果导弹末端没有机动或者打击目标为固定目标,则各批次试验落点的散布规律一般呈现相似的倾向性,可以选择某个固定坐标系,使得各批次试验内的落点数据在 X、Y 两向上相关系数近似为 0。因此,本节假定各批次试验数据分布密度函数均具有两向独立的性质。

设试验共有 s 个批次,在第 i 批试验中共进行了 n_i 次射击,获得 n_i 个落点数据 (x_{ij}, y_{ij}), $j = 1, 2, \cdots, n_i$。在单个批次内参加试验的 n_i 个产品技术状态相同,可以认为其落点来自同一正态分布。X 向落点坐标服从正态分布 $X_{ij} \sim N(u_{xi}, \sigma_{xi}^2)$,$Y$ 向落点坐标服从正态分布 $Y_{ij} \sim N(u_{yi}, \sigma_{yi}^2)$。由于 X、Y 两向数据不相关,因此可以将二者分开来考虑。

对于 X 向数据,定义第 i 批试验中 X 向密集度为 $h_{xi} = \sigma_{xi}^{-2}$。由落点数据统计获得的样本均值和方差分别为 m_{xi}、w_{xi}。其中,

$$m_{xi} = \overline{x_i} = \frac{1}{n_i} \sum_{j=1}^{n_i} x_{ij}, w_{xi} = S_{xi} = \frac{1}{v_i} \sum_{j=1}^{n_i} (x_{ij} - m_{xi})^2, v_i = n_i - 1 \quad (5.22)$$

如果专家确认导弹准确度和密集度随着批次增加逐渐提高,则各批次 X 向参数之间存在下列顺序约束关系:

$$\begin{aligned} \infty > |u_{x1}| > |u_{x2}| > \cdots > |u_{xs}| > 0 \\ 0 < h_{x1} < h_{x2} < \cdots < h_{xs} < \infty \end{aligned} \quad (5.23)$$

即 X 向正态分布均值参数绝对值 $|u_{xi}|$ 随批次增加逐渐减小,即射击准确度越来越高。同时,正态分布方差参数随批次增加逐渐减小,即密集度 h_{xi} 越来越大。相应可以推知,命中概率随批次增加也越来越高。下面将利用上述顺序约束关系进行命中概率的变动统计分析。

由正态分布密度函数,可得 s 个阶段 X 向落点分布参数的似然函数为

$$\begin{aligned} L(h_{xi}, u_{xi} | n_i, m_{xi}, v_i, w_{xi}) &= \prod_{i=1}^{s} \prod_{j=1}^{n_i} (2\pi)^{-0.5} h_{xi}^{0.5} \exp\left[-\frac{h_{xi}}{2} (x_{ij} - u_{xi})^2 \right] \\ &= \prod_{i=1}^{s} (2\pi)^{-\frac{n_i}{2}} h_{xi}^{\frac{n_i}{2}} \exp\left\{ -\frac{h_{xi}}{2} [v_i w_{xi} + n_i (m_{xi} - u_{xi})^2] \right\} \\ i &= 1, 2, \cdots, s \end{aligned} \quad (5.24)$$

$$l = \ln(L) = \sum_{i=1}^{s} \left\{ -\frac{n_i}{2} \ln(2\pi) + \frac{n_i}{2} \ln(h_{xi}) - \frac{h_{xi}}{2} [v_i w_{xi} + n_i (m_{xi} - u_{xi})^2] \right\}$$

$$\frac{\partial l}{\partial u_{xi}} = h_{xi} n_i (m_{xi} - u_{xi}), \frac{\partial^2 l}{\partial u_{xi}^2} = -h_{xi} n_i, \frac{\partial l}{\partial h_{xi}} = \frac{n_i}{2 h_{xi}} - \frac{1}{2} [v_i w_{xi} + n_i (m_{xi} - u_{xi})^2],$$

$$\frac{\partial^2 l}{\partial h_{xi}^2} = \frac{-n_i}{4 h_{xi}^2}$$

$$\frac{\partial^2 l}{\partial u_{xi} \partial h_{xi}} = \frac{\partial^2 l}{\partial h_{xi} \partial u_{xi}} = n_i(m_{xi} - u_{xi}) \tag{5.25}$$

则 Fisher 信息矩阵为

$$\boldsymbol{I} = \begin{bmatrix} \boldsymbol{I}_1 & 0 & \cdots & 0 \\ 0 & \boldsymbol{I}_2 & \cdots & 0 \\ \vdots & \vdots & \ddots & \vdots \\ 0 & 0 & \cdots & \boldsymbol{I}_s \end{bmatrix}$$

$$\boldsymbol{I}_i = -E \begin{bmatrix} -h_{xi}n_i & n_i(m_{xi}-u_{xi}) \\ n_i(m_{xi}-u_{xi}) & \dfrac{-n_i}{4h_{xi}} \end{bmatrix} = \begin{bmatrix} h_{xi}n_i & 0 \\ 0 & \dfrac{n_i}{4h_{xi}^2} \end{bmatrix} \tag{5.26}$$

由 Jeffreys 原则,可得无信息先验分布为

$$\pi_0(u_{xi}, h_{xi}, i=1,2,\cdots,s) = \sqrt{\det(\boldsymbol{I})} \propto \prod_{i=1}^{s} h_{xi}^{-0.5} \tag{5.27}$$

同理可得,当 $(u_{x1}, u_{x2}, \cdots)$ 已知且 $(h_{x1}, h_{x2}, \cdots)$ 未知时,无信息先验为 $\pi_0(h_{x1}, h_{x2}, \cdots) = \propto \prod_{i=1}^{s} h_{xi}^{-1}$;当 $(h_{x1}, h_{x2}, \cdots)$ 已知且 $(u_{x1}, u_{x2}, \cdots)$ 未知时,无信息先验为 $\pi_0(u_{x1}, u_{x2}, \cdots) \propto 1$。

由于各批次参数 $(u_{xi}, h_{xi}, i=1,2,\cdots,s)$ 均未知,故取其贝叶斯先验分布为 $\prod_{i=1}^{s} h_{xi}^{-0.5}$,则其后验分布为

$$\pi(u_{xi}, h_{xi}, i=1,2,\cdots,s) \propto L(h_{xi}, u_{xi}, i=1,2,\cdots,s \mid n_i, m_{xi}, v_i, w_{xi}, i=1,2,\cdots,s)$$

$$\prod_{i=1}^{s} h_{xi}^{-0.5} \propto \prod_{i=1}^{s} h_{xi}^{\frac{v_i}{2}} \exp\left[-\frac{h_{xi}}{2}(v_i w_{xi} + n_i(m_{xi}-u_{xi})^2)\right] \tag{5.28}$$

落点在 Y 向的分布情况与此类似,存在顺序约束关系:

$$\infty > |u_{y1}| > |u_{y2}| > \cdots > |u_{ys}| > 0$$
$$0 < h_{y1} < h_{y2} < \cdots < h_{ys} < \infty \tag{5.29}$$

同理可得 Y 向分布参数的贝叶斯后验分布为

$$\pi(u_{yi}, h_{yi}, i=1,2,\cdots,s) \propto \prod_{i=1}^{s} h_{yi}^{\frac{v_i}{2}} \exp\left[-\frac{h_{yi}}{2}(v_i w_{yi} + n_i(m_{yi}-u_{yi})^2)\right] \tag{5.30}$$

则在前述约束关系条件下,最后批次 X 向分布参数 (u_{xs}, h_{xs}) 的后验分布为

$$\pi(u_{xs}, h_{xs})$$
$$\propto \int_0^{h_{xs}} \cdots \int_0^{h_{x2}} \left(\int_{-\infty}^{-|u_{xs}|} + \int_{|u_{xs}|}^{\infty} \right) \cdots \left(\int_{-\infty}^{-|u_{x2}|} + \int_{|u_{x2}|}^{\infty} \right) \tag{5.31}$$
$$\pi(u_{xi}, h_{xi}, i=1,2,\cdots,s) \mathrm{d}u_{x1} \cdots \mathrm{d}u_{x(s-1)} \mathrm{d}h_{x1} \cdots \mathrm{d}h_{x(s-1)}$$

最后批次 Y 向分布参数 (u_{ys}, h_{ys}) 的后验分布与式(5.31)类似。上述后验分布形式复杂,难以获得解析形式的解。在仅存在单一约束(如密集度约束 $h_1 < h_2 < \cdots < h_s$)的条件下,采用不完全 Gamma 函数与泊松分布累积项之间的关系,可以获得级数形式的解析解[5]。但是,级数表示的结果仅能适用于分布参数为整数的情况,一般情况下都需要进行插值处理,因此,所得结果只能是一种近似解。同时,这种解法无法适用于上述复杂约束条件下的计算。如果直接采用数值积分的方法,当参数较多时,积分也变得更加烦琐。因此,考虑采用 MCMC 方法来求解。

5.3.3 参数后验分布求解的 MCMC 方法

在基于 Gibbs 抽样的 MCMC 方法中,需要获得各个参数的满条件分布。由后验分布式 $\pi(u_{xi}, h_{xi})$ 可以看出,当其他参数已知时,u_{xi} 服从正态分布 $N(m_{xi}, 1/h_{xi}n_i)$;考虑到顺序约束关系,可知参数 u_{xi} 的满条件分布为区间 $(-|u_{x(i-1)}|, -|u_{x(i+1)}|) \cup (|u_{x(i+1)}|, |u_{x(i-1)}|)$ 上截尾的正态分布 $N(m_{xi}, 1/(h_{xi}n_i))$。同理,当其他参数已知时,h_{xi} 服从 Gamma 分布 $\Gamma\left(\frac{n_i+1}{2}, \frac{1}{2}[v_i w_{xi} + n_i(m_{xi} - u_{xi})^2]\right)$;考虑到顺序约束关系,可知参数 h_{xi} 的满条件分布为区间 $(h_{x(i-1)}, h_{x(i+1)})$ 上截尾的 Gamma 分布 $\Gamma\left(\frac{n_i+1}{2}, \frac{1}{2}[v_i w_{xi} + n_i(m_{xi} - u_{xi})^2]\right)$。

在 MCMC 方法的迭代过程中,各个参数按照各自的满条件分布进行抽样。X 方向上的参数 $(u_{xi}, h_{xi}, i = 1, 2, \cdots, s)$ 的 MCMC 后验计算步骤如下(其中 $\theta^{(k)}$ 表示参数 θ 第 k 次抽样获得的值)。

(1) 首先对参数向量赋初值: $u_{xi}^{(0)}, h_{xi}^{(0)} (i = 1, 2, \cdots, s)$。注意初值应满足均值参数和密集度参数的约束关系。设对于 $\forall k \in Z, u_{x0}^{(k)} = \infty, u_{x(s+1)}^{(k)} = 0, h_{x0}^{(k)} = 0, h_{x(s+1)}^{(k)} = \infty$。取 $k = 1, i = 1$。

(2) 由正态分布 $N(m_{xi}, 1/(h_{xi}^{(k-1)} n_i))$ 中抽样产生 u_{xi}^*。如果
$$u_{xi}^* \notin (-|u_{x(i-1)}^{(k)}|, -|u_{x(i+1)}^{(k-1)}|) \cup (|u_{x(i+1)}^{(k-1)}|, |u_{x(i-1)}^{(k)}|)$$
则转向(2);否则,取 $u_{xi}^{(k)} = u_{xi}^*, i = i + 1$。若 $i > s$,则取 $i = 1$ 并转向(3);否则转向(2)。

(3) 由 Gamma 分布 $\Gamma\left(\frac{n_i+1}{2}, \frac{1}{2}[v_i w_{xi} + n_i(m_{xi} - u_{xi}^{(k)})^2]\right)$ 抽样产生 h_{xi}^*。若 $h_{xi}^* \notin (h_{x(i-1)}^{(k)}, h_{x(i+1)}^{(k-1)})$,则转向(3);否则,取 $h_{xi}^{(k)} = h_{xi}^*, i = i + 1$。若 $i > s$,则取 $k = k + 1, i = 1$,并转向(2);否则转向(3)。

按照上述步骤可以产生一系列抽样值,当抽样次数 k 足够大时,可以选取后面成熟的 $M(M > 5000)$ 个点进行统计计算,从而获得 X 向参数 $(u_{xi}, h_{xi}, i = 1, 2, \cdots, s)$ 的贝叶斯后验分布。Y 向参数 $(u_{yi}, h_{yi}, i = 1, 2, \cdots, s)$ 的后验分布的计算步骤与之类似。

工程上一般关注于产品最终所达到的状态,因此只需考虑最末批次的正态分布参数的后验分布 $\pi(u_{xs},h_{xs},u_{ys},h_{ys})$,以此出发就可以算出试验结束时的命中概率。一种简单的处理方式是由 $\pi(u_{xs},h_{xs},u_{ys},h_{ys})$ 求得各个参数的后验期望,命中概率的积分计算式,获得命中概率的点估计。但该估计值为有偏估计,且无法获得命中概率的置信区间。另外一种方式是将命中概率计算式对 $\pi(u_{xs},h_{xs},u_{ys},h_{ys})$ 进行积分,或者将参数 u_{xs}、u_{xs} 和 h_{ys}、h_{ys} 的后验分布分别拟合为正态分布和 Gamma 分布,然后再将命中概率计算式对各个参数进行积分,但计算较为繁琐。为获得命中概率的区间估计,可以从 $\pi(u_{xs},h_{xs},u_{ys},h_{ys})$ 进行抽样,每次抽样获得的一组参数值代入命中概率计算式中求得一个值,多次抽样后,即可获得命中概率值的抽样分布,从中可以获得命中概率的后验均值和置信区间。这种方法过程简单,并且可以直接选取 MCMC 后验计算过程中的成熟数据作为 $\pi(u_{xs},h_{xs},u_{ys},h_{ys})$ 的抽样值。

此外,需要说明的是,上述后验分布计算方法并不排斥等式约束的情况。例如,如果存在等式约束 $h_i = h_{i+1}$,则可以直接将这两个参数合并为一个参数,似然函数不变,后验抽样时按照一个参数的情况进行抽样即可。如果对某个参数(如均值参数 u)不建立约束关系,后验抽样时不进行截尾即可。综上所述,上述参数后验分布计算方法适用于多种不同的参数约束情况。

对于子母弹的情况,可以将散布中心的散布参数和子弹散布参数分开来考虑。对于散布中心参数,可以按照上述顺序约束方法进行贝叶斯后验估计。对于子弹散布参数,如果各个批次之间没有显著变化,可以将各批次子弹相对于散布中心的落点数据看做同一总体,获得子弹散布参数估计值;再综合利用散布中心参数的贝叶斯后验分布和子弹散布参数的估计值进行命中概率的估计,计算方法与 5.2.3 节类似。

5.3.4 两向相关情况下的处理方法

前面讨论了 X、Y 向不相关情况下的变动统计方法,一般适用于目标固定或没有末端机动的情况。但对于运动目标,尤其是不具有轴角对称性的面目标,导弹一般会在弹道末端进行机动运动,以达到更高的命中概率和毁伤程度。此时很难选取一个固定的坐标系来实现所有批次内落点的去相关处理。对于运动目标,一般可以选取某个固连于目标上的坐标系,来统计落点散布情况。此时得到的单个批次内的落点分布与另一批次的落点分布不仅在分布参数 (u_x,h_x,u_y,h_y) 上有差别,而且 X、Y 向相关系数 ρ 也不同,即第 i 批次对应的相关系数 ρ_i 不等于第 j 批次对应的相关系数 ρ_j。由于有相关系数的存在,此时的参数 (u_x,h_x,u_y,h_y) 并不能直接反映落点准确度和精度的变化情况,也无法建立各参数所对应的顺序约束关系。此时,应当对各个批次落点数据分别进行正交变换,即针对第 i 批次内的落点数据,根据相关系数 ρ_i 和 X、Y 向标准差 $(\sigma_{xi},\sigma_{yi})$,将坐标系逆时针旋转某个特定角

度 θ_i,使新的 X'、Y' 轴分别位于二维正态分布方差最大和最小的方向上。为了建立后续的顺序约束关系,特意将 X 轴旋转到方差最大的方向上,将 Y 轴旋转到方差最小的方向上。经计算可知:

$$\theta_i = \begin{cases} \dfrac{1}{2}\arctan\left(\dfrac{2\rho_i\sigma_{xi}\sigma_{yi}}{\sigma_{xi}^2 - \sigma_{yi}^2}\right), & \sigma_{xi}^2 > \sigma_{yi}^2 \\ \dfrac{1}{2}\arctan\left(\dfrac{2\rho_i\sigma_{xi}\sigma_{yi}}{\sigma_{xi}^2 - \sigma_{yi}^2}\right) + \operatorname{sgn}(\rho_i)\dfrac{\pi}{2}, & \sigma_{xi}^2 < \sigma_{yi}^2 \\ \operatorname{sgn}(\rho_i)\dfrac{\pi}{4}, & \sigma_{xi}^2 = \sigma_{yi}^2 \end{cases} \quad (5.32)$$

可知 $\theta_i \in \left(-\dfrac{\pi}{2}, \dfrac{\pi}{2}\right)$。$\rho_i = \sum_{j}^{n_i}(x_{ij}-\bar{x}_i)(y_{ij}-\bar{y}_i) \Big/ \sqrt{\sum_{j}^{n_i}(x_{ij}-\bar{x}_i)^2 \sum_{j}^{n_i}(y_{ij}-\bar{y}_i)^2}$。

正交变换矩阵为

$$\boldsymbol{C} = \begin{bmatrix} \cos\theta_i & \sin\theta_i \\ -\sin\theta_i & \cos\theta_i \end{bmatrix}$$

新坐标系下的落点坐标和正态分布参数分别为

$$(x'_{ij}, y'_{ij})^{\mathrm{T}} = \boldsymbol{C}(x_{ij}, y_{ij})^{\mathrm{T}}, \quad (u'_{xi}, u'_{yi})^{\mathrm{T}} = \boldsymbol{C}(u_{xi}, u_{yi})^{\mathrm{T}}$$

此时,可以认为随着批次增加,各批次分布参数呈现如下顺序约束关系:

$$\infty > |u'_{x1}| > |u'_{x2}| > \cdots > |u'_{xs}| > 0, \quad 0 < h'_{x1} < h'_{x2} < \cdots < h'_{xs} < \infty \quad (5.33)$$

Y 方向的变换也可以依此类推。此时就可以应用第 5.3.2 节和 5.3.3 节中的方法进行统计推断,获得最终批次正态分布准确度、密集度参数的贝叶斯后验分布。但是,与固定目标情况不同,在计算命中概率时,必须考虑各批次旋转角度 θ_i 的不同。如果产品设计时对 θ 没有任何控制,那么可以将各批次试验实际计算得到的 θ_i 取值忽略掉,认为 θ 在 $(-\pi/2, \pi/2]$ 范围内均匀分布。如果在产品设计时出于提高命中概率或其他产品性能的考虑,要求 θ 尽可能地趋于某个固定角度 α(如 $\alpha=0$,使得散布方差最大的方向尽量与目标长轴方向一致),那么可以认为 θ 在某个小范围内呈均匀分布,或截尾的正态分布,此时就需要从 s 批试验获得的实际 θ_i 值中估计出其分布。如果批次较少,也可以从有限的 θ_i 值中进行 Bootstrap 抽样,将其作为后续命中概率计算的 θ_i 样本。如果经设计部门确认,最末批次的转角值 θ_s 可作为产品定型后的技术状态,那么也可以只取 θ_s 值。在考虑转角的情况下,命中概率计算式为

$$P_{\mathrm{hit}} = \iint_D f(x, y \mid u'_{xs}, h'_{xs}, u'_{ys}, h'_{ys}, \theta)\,\mathrm{d}x\mathrm{d}y \quad (5.34)$$

每次由 $\pi(u'_{xs}, h'_{xs}, u'_{ys}, h'_{ys}, \theta)$ 分布中抽样并代入式(5.34)得到一个命中概率值,多次抽样后即可获得 P_{hit} 的分布情况。

需要注意的是,上述分析的前提是角度 θ 的分布与其他参数 u'_{xs}、h'_{xs}、u'_{ys}、h'_{ys} 的分布相互独立,即 $\pi(\theta|u'_{xs},h'_{xs},u'_{ys},h'_{ys}) = \pi(\theta)$。这与产品本身的设计特性和攻击过程规律有关,一般情况下是成立的。如果 θ_i 的样本较少,无法通过统计方法来证实,也可以由产品设计方对这一点加以分析,以确定各参数间的相依性。如果确实存在相依性,可以用条件分布的形式将其规律表达出来,并在仿真过程中首先产生 u'_{xs}、h'_{xs}、u'_{ys}、h'_{ys} 的分布,然后依据该条件分布生成 θ 的分布。

5.3.5　示例分析与比较

假设目标为 60×40 的长方形运动目标,落点坐标系以目标对称中心为原点,X 轴沿目标长方形长边方向为正向。多批次试验落点数据如表5.5所列,多批次、试验落点分布图如图5.6所示。试验分3个批次进行,各批次之间存在技术状态的改进,准确度和精度逐渐提高,命中概率也随之提高。但由于各批次样本较小,需要融合多批次数据进行分析。

表 5.5　多批次试验落点数据

\multicolumn{2}{c	}{(x_{1j},y_{1j})}	\multicolumn{2}{c	}{(x_{2j},y_{2j})}	\multicolumn{2}{c}{(x_{3j},y_{3j})}
-49.34	46.36	6.22	-2.62	8.09	-15.72
-59.29	-5.54	-31.58	-28.65	-10.75	-8.41
-40.39	10.72	-13.34	-9.82	40.19	-28.02
-5.46	55.39	-34.17	6.11	-3.48	-9.28
2.74	36.05	-25.56	-19.67	-17.25	-22.59
-67.16	58.77	-44.18	12.49	-14.20	12.13
9.56	17.99	-19.42	-37.42	-6.53	-6.49
11.62	18.89	4.79	-20.30	-4.08	-6.55
-6.23	22.27	-15.67	-24.69		
51.48	41.25	-38.01	-22.28		
-6.94	35.61				
43.11	-4.16				
12.17	14.91				
13.71	-1.86				
-3.01	9.24				

首先,分别求取各批次试验中 X、Y 向相关系数及方差,按照前述相关情况下的旋转角度角度计算方法,得到正交变换所需旋转的角度 $\theta_1 = -0.201$,$\theta_2 = -0.603$,$\theta_3 = -0.475$(单位:rad)。于是,可得各批次各自所对应的正交变换

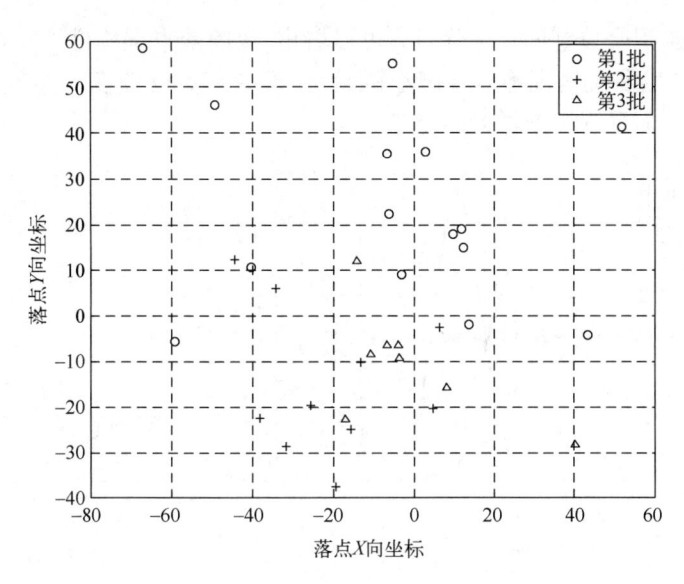

图5.6 多批次试验落点分布图

矩阵,将原始数据转换到新的坐标系 $X'OY'$ 下。此时得到 X'、Y' 向参数的极大似然估计 MLE 如表5.6所列。按照顺序约束关系,采用 MCMC 方法计算贝叶斯后验分布,得到各个分布参数的后验均值和方差如表5.6所列。

表5.6 MLE 与贝叶斯后验估计的比较

参　数	MLE	后验均值	后验标准差
u'_{x1}	-10.85	-16.74	8.53
h'_{x1}	0.0008	0.0008	0.0003
u'_{y1}	22.00	26.24	4.28
h'_{y1}	0.0025	0.0025	0.0009
u'_{x2}	-9.06	-8.74	5.69
h'_{x2}	0.003	0.0025	0.001
u'_{y2}	-24.05	-21.36	3.70
h'_{y2}	0.0046	0.0054	0.002
u'_{x3}	3.97	2.05	4.30
h'_{x3}	0.0025	0.004	0.0014
u'_{y3}	-9.90	-9.75	3.15
h'_{y3}	0.0127	0.0154	0.0069

图5.7和图5.8分别给出了各个试验批次 X 向和 Y 向的准确度、密集度参数 ($u'_{xi}, h'_{xi}, u'_{yi}, h'_{yi}$) 的贝叶斯后验分布图,图中各条分布曲线是由各个参数的 MCMC

后验抽样样本拟合得到的经验分布。可以看出,反映落点准确度的均值参数(u'_{xi},u'_{yi})随着批次增多而呈现绝对值减小的趋势,反映落点密集度的参数(h'_{xi},h'_{yi})则随着批次增多而呈现逐渐增大的趋势。

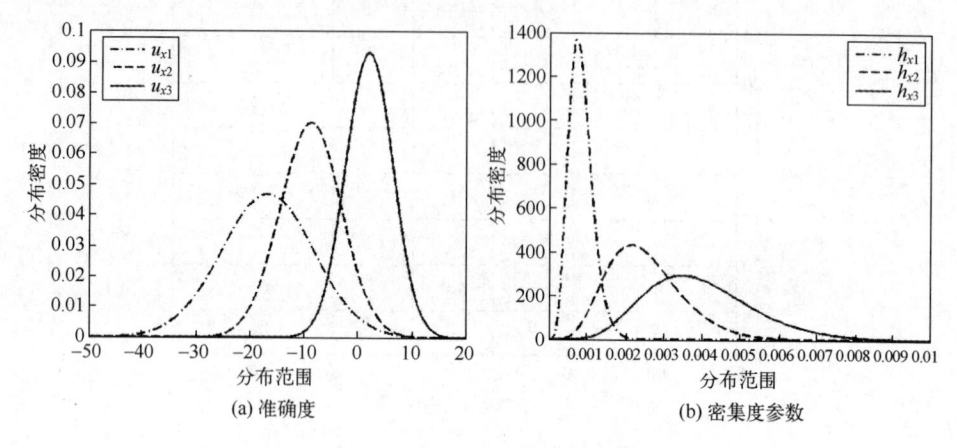

(a) 准确度

(b) 密集度参数

图 5.7　各批次 X 向准确度和密集度参数后验分布

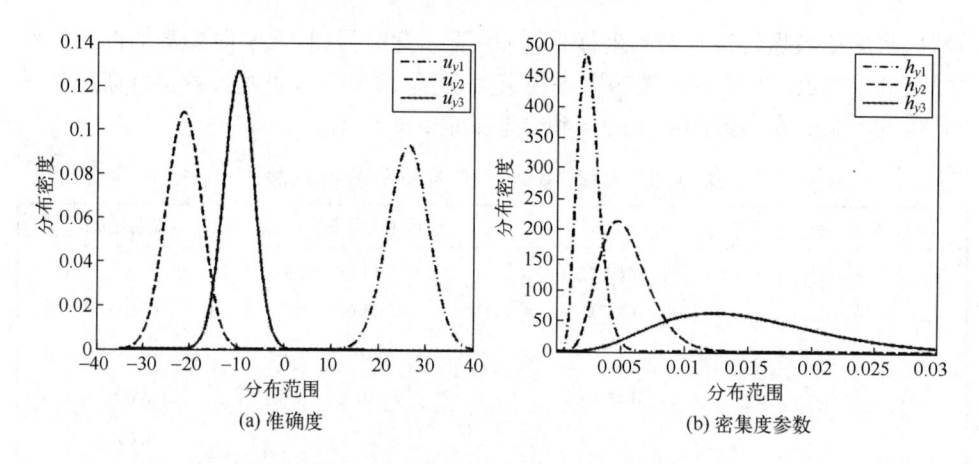

(a) 准确度

(b) 密集度参数

图 5.8　各批次 Y 向准确度和密集度参数后验分布

为了更好地比较传统的 MLE 方法与上述方法的区别,表 5.6 中同时列出了各个参数的 MLE。可以看出,对于正态分布参数,除第 1 批次外,X'、Y'方向的准确度、精度的贝叶斯后验估计大多高于仅利用单批次数据获得的 MLE。这说明,在顺序约束条件下,历史批次的试验数据得到了合理的运用。

对于偏转角度 θ,其经验分布可以采用前述两向相关情况下的处理方法进行选取,在没有其他信息的情况下,可以将经验分布选为离散值上的均匀分布。由于 θ 仅有 3 个样本 θ_1、θ_2、θ_3 可供利用,因此设定 θ 取 3 个样本值 θ_1、θ_2、θ_3 的概率分别为 1/3,也即从 θ_1、θ_2、θ_3 中进行 Bootstrap 抽样,继而利用后验分布 $\pi(u'_{x3},h'_{x3},$

u'_{y3}, h'_{y3})的抽样值,通过积分计算命中概率的后验分布抽样值。计算命中概率,需要对目标区域进行积分,而目标性状和尺寸一般定义在原始坐标系 XOY 中,因此,需要将所有参数的抽样值转换到原始坐标系 XOY 中,然后再进行积分计算。此外,也可以在旋转后的坐标系 $X'OY'$ 中进行积分计算。此时,只需将目标反向(顺时针)旋转 θ 弧度,然后直接利用各参数在 $X'OY'$ 下的抽样值进行积分计算即可。

按照上述方法计算获得的 P_{hit} 后验均值为 0.7853,标准差为 0.0882。如果经专家认定,可只取 θ_3 作为 θ 的取值,则可得 P_{hit} 的后验均值为 0.7834,标准差为 0.0877。如果采用经典统计方法,只利用第 3 阶段数据,计算获得的命中概率值为 0.7324。可以看出,采用顺序约束关系获得的命中概率值高于经典统计方法,其原因在于基于顺序约束关系,可以充分利用历史数据对当前批次参数的分布区间进行有效的压缩,不仅有助于获得更高的命中概率值,并且能够缩短其置信区间。

此外,如果忽略各个批次在准确度、密集度指标上的差别,简单地认为三个批次样本为同一总体,将所有批次的落点数据混合在一起进行计算,则可得命中概率估计值为 0.3975,明显低于顺序约束条件下的估计结果。这样的评估结果相当于对各个批次系统性能的平均,忽视了各个批次指标的动态变化情况,不能反映出最末批次系统精度的真实水平。

需要注意的是,顺序约束关系是上述多批次命中概率评估方法应用的前提,因此需要判断顺序约束条件是否成立。在大样本情况下,可以基于经典统计中的假设检验方法对这种约束关系进行验证,而在小样本情况下,则需要经过专家对其他信息的分析加以判断。

参 考 文 献

[1] 徐培德,谭东风. 武器系统分析[M]. 长沙:国防科学技术大学出版社,2001.
[2] 朱近,夏德深,戴奇燕,等. 侵彻子母弹对跑道封锁概率与打击效果评估[J]. 火力与指挥控制,2007,32(4):106 - 108.
[3] 雷宁利,唐雪梅. 侵彻子母弹对机场跑道的封锁概率计算研究[J]. 系统仿真学报,2004,16(4):2030 - 2032.
[4] 张本,陆军. 子母弹抛撒技术综述[J]. 四川兵工学报,2006,27(3):26 - 29.
[5] 周源泉,翁朝曦. 可靠性增长[M]. 北京:科学出版社,1992.
[6] 张志华,姜礼平. 成败型产品的贝叶斯鉴定试验方案研究[J]. 海军工程大学学报,2004,16(1):9 - 13.

第六章　多来源试验数据下装备命中概率评估方法

6.1　引　　言

　　充分利用多种来源的先验试验信息，构建合理的先验分布，将先验信息与有限的飞行试验样本进行贝叶斯融合，是解决小样本条件下命中概率指标评估的重要方法。本章首先研究了基于仿真试验信息和飞行试验信息的命中概率融合估计问题，针对传统的基于可信度的混合先验融合方法中存在的问题，提出了改进的混合后验融合方法，用特定约束条件下的边际密度函数值替代无信息先验分布下的密度值，获得了较好的估计效果，适用于正态分布参数的贝叶斯融合估计；然后，将上述方法推广到多元统计分布，推导了多元正态分布参数的混合后验融合估计方法，并将其应用于两向相关情况下的命中概率融合估计，计算结果优于两向单独计算的估计方法；最后，在上述研究的基础上，针对传统的多源试验信息融合方法中的缺点，提出了改进的融合结构，将无信息先验分布加入混合先验分布中，从而避免了不可信先验信息对现场试验数据的淹没。

　　在试验评估过程中，小样本情况是非常常见的。尤其是对于造价高昂的一次性产品，其发射试验样本量极为有限。要对其命中概率作出恰当的评价，必须综合利用不同类型的先验信息，这就导致了多源试验信息条件下的命中概率融合评估问题。在多源试验信息中，仿真信息是较为特殊的一类先验信息。由于仿真试验数据可以重复大量地产生，因此，在融合过程中，很容易发生仿真信息对现场试验信息的淹没。针对这一问题，目前的研究集中在两个方面。一方面，通过验模技术或数据的相容性分析来确定仿真系统本身的可信性，即仿真可信度；另一方面，通过设计合理的融合结构，并在其中考虑仿真可信度的影响，从而避免淹没现象。仿真可信度实质上反映了仿真试验在多大程度上能够替代飞行试验。一般而言，仿真试验数据与飞行试验数据的一致性（相容性）水平能够在一定程度上反映仿真的可信性水平，因此可以作为评价仿真可信度的依据。但严格来讲，要对仿真可信度作出较为准确的估计，应当对仿真模型与物理模型作出更为深入的比对和验证，即采用 VV&A（仿真模型的校核、验证与确认）技术，但这不是本书讨论的重点。因此，在后续研究中，仿真可信度一般假设为已知，或者通过数据一致性检验得到。

对于融合结构设计,目前已有多种方法,如混合先验分布方法[1]、限制仿真样本容量的方法[2]、修正幂方法[3]、考虑权重分配的 Bootstrap 方法[4]等。其中,应用较为广泛的是混合先验方法,将不同来源的信息转换为不同的先验分布,并根据可信度或一致性水平获得融合权重,进而推导其贝叶斯混合后验分布形式和后验融合权重。如果先验信息仅有仿真信息,可以将其与无信息先验分布进行加权混合,从而避免仿真信息对飞行试验信息的淹没。

例如,对于成败型试验数据,可以采用基于二项分布的混合先验贝叶斯分析方法。取命中概率 P 的无信息先验分布为 $\pi(P) = \text{Beta}(P;1,1) = 1$。设仿真数据为 (n_1, s_1),即 n_1 次发射中有 s_1 发命中,有 $f_1 = n_1 - s_1$ 发未命中。通过贝叶斯方法,可以获得无信息先验分布条件下的后验分布为 $\text{Beta}(P; s_1+1, n_1-s_1+1)$,将其作为先验分布,与无信息先验分布 $\text{Beta}(P;1,1)$ 进行加权混合,得到混合先验分布为 $\pi(P) = \varepsilon \text{Beta}(P; s_1+1, n_1-s_1+1) + (1-\varepsilon)$。其中,融合权重 ε 取两类数据(仿真数据与飞行数据)的一致性水平或通过其他方法获得的仿真可信度。若飞行试验数据为 (n_0, s_0),则经过推导可得贝叶斯后验分布和后验融合权重分别为

$$\pi(P) = \lambda \text{Beta}(P; s_1+s_0+1, f_1+f_0+1) + (1-\lambda)\text{Beta}(P; s_0+1, f_0+1) \quad (6.1)$$

$$\lambda = \frac{\varepsilon \beta(s_1+s_0+1, f_1+f_0+1)}{\varepsilon \beta(s_1+s_0+1, f_1+f_0+1) + (1-\varepsilon)\beta(s_1+1, f_1+1)\beta(s_0+1, f_0+1)} \quad (6.2)$$

其中,$\beta(a,b) = \dfrac{\Gamma(a)\Gamma(b)}{\Gamma(a+b)}$。

获得命中概率的后验分布函数之后,即可求出命中概率的均值和置信限值,从而对导弹性能是否满足要求作出判断。由于二项分布假设仅仅利用了样本中的成败信息,在小样本情况下获得的贝叶斯后验分布受先验分布参数设置影响较大。因此,在能够获得所有子弹落点数据的情况下,应当优先考虑使用基于正态分布假设的贝叶斯方法进行融合分析。目前,已有很多研究人员沿用以上思路,分析了正态分布条件下的贝叶斯混合先验分布融合方法。但是,普遍没有考虑到正态分布与二项分布的不同之处。由于正态分布的无信息先验为广义的先验分布(即积分不为1,参见定义2.1),无信息先验分布下飞行试验数据的边际分布事实上也是广义的分布函数,它无法与有信息先验分布下的边际分布相比较。此时,如果仍然遵循上述方法进行计算,人为设定无信息先验分布中的常数,那么得出的结果将与实际情况有较大偏差。

为了解决上述问题,本章首先分析基于两类试验信息(仿真试验信息和飞行试验信息)的正态分布变量融合方法,在传统的混合先验融合方法的基础上加以改进,提出了飞行试验样本所对应的 SCML-Ⅱ 估计(有先验样本容量约束的 ML-Ⅱ估计)以及 SCMD 值(有先验样本容量约束的边际密度函数值)。通过以上定义,重新设计了加权混合后验分布的融合结构,通过实例分析了改进方法的估计性

能。然后,在此基础上,采用多元统计方法,分析了基于两类试验数据的命中概率计算方法,获得了两向相关情况下的命中概率融合估计,并与两向单独计算的命中概率估计方法进行了比较。接下来,对传统的多源试验信息的融合方法进行了改进,引入无信息先验分布,并采用前述的 SCMD 值,修改了混合后验融合权重。实例分析表明,改进方法可以避免较差的先验信息对飞行试验信息的淹没。最后,讨论了基于贝叶斯方法的融合多阶段试验数据的命中概率鉴定方案设计。

6.2 基于两类试验信息的正态变量融合估计

正态分布参数的融合评估是命中概率评估的基础,同时也是很多融合方法的主要研究对象。本节针对正态分布参数的融合估计方法开展讨论。首先,给出了正态分布及其共轭分布,并指出正态分布参数的无信息先验分布下现场样本的边际分布不存在。然后,讨论了传统的基于贝叶斯相继律的方法和限制样本容量的方法。分析了仿真可信性的方法中存在的问题,针对这一问题,提出了改进的混合后验融合方法,使用有先验样本容量约束的边际分布 SCMD 替代无信息先验条件下的边际分布,并讨论了仿真可信性的获得方法,给出了完整的融合框架。最后,通过示例对改进方法与传统方法的估计性能进行了比较和说明。

6.2.1 正态分布及其共轭分布

定义正态 – 逆 Gamma 分布函数为

$$f(u,\delta) = (2\pi\delta)^{-0.5}\eta^{0.5}\exp\left\{\frac{-1}{2\delta}[\eta(u-v)^2]\right\} \cdot \frac{\beta^\alpha}{\Gamma(\alpha)}\delta^{-\alpha-1}e^{-\beta/\delta} \quad (6.3)$$

即 $u|\delta \sim N(v,\delta/\eta), \delta \sim \Gamma^{-1}(\alpha,\beta)$。

将其简记为 $(u,\delta) \sim N\Gamma^{-1}(v,\eta,\alpha,\beta)$,并记其密度函数为 $f_{N\Gamma^{-1}}(u,\delta|v,\eta,\alpha,\beta)$。

设样本 $X = \{x_1, x_2, \cdots, x_n\}$ 来自正态分布总体 $N(u,\sigma^2)$ 且样本容量为 n。若记 $\delta = \sigma^2$,则似然函数为

$$L(u,\delta) = f(X|u,\delta) = \prod_{i=1}^n \sqrt{2\pi\delta}\exp\left[-\frac{(x_i-u)^2}{2\delta}\right]$$

$$= (2\pi\delta)^{-n/2}\exp\sum_{i=1}^n \frac{-(x_i-u)^2}{2\delta}$$

$$= (2\pi\delta)^{-n/2}\exp\left\{\frac{-1}{2\delta}[n(\bar{x}-u)^2 + S_x]\right\} \quad (6.4)$$

其中, $\bar{x} = \frac{1}{n}\sum_{i=1}^n x_i, S_x = \sum_{i=1}^n (x_i - \bar{x})^2$。其共轭先验分布为正态 – 逆 Gamma 分

布,若取其先验分布为$(u,\delta) \sim N\Gamma^{-1}(v,\eta,\alpha,\beta)$,则后验分布仍为正态-逆 Gamma 分布,即

$$\pi(u,\delta|X) = \pi(u,\delta)L(u,\delta)/m(X)$$
$$\propto \delta^{-0.5}\exp\left\{\frac{-1}{2\delta}[\eta(u-v)^2 + n(\bar{x}-u)^2]\right\} \cdot \delta^{-(\alpha+n/2)-1}e^{-(\beta+S_x/2)/\delta} \quad (6.5)$$

其中,$\eta(u-v)^2 + n(\bar{x}-u)^2 = (n+\eta)\left(u - \frac{n\bar{x}+\eta v}{n+\eta}\right)^2 + \frac{n\eta(\bar{x}-v)^2}{n+\eta}$,故

$$\pi(u,\delta|X) \propto \delta^{-0.5}\exp\left\{\frac{-1}{2\delta}(n+\eta)\left(u - \frac{n\bar{x}+\eta v}{n+\eta}\right)^2\right\}$$
$$\times \delta^{-(\alpha+n/2)-1}\exp\left\{-\left[\beta + S_x/2 + \frac{n\eta(\bar{x}-v)^2}{2(n+\eta)}\right]/\delta\right\} \quad (6.6)$$

即后验分布为

$$(u,\delta|X) \sim N\Gamma^{-1}\left(\frac{n\bar{x}+\eta v}{n+\eta}, n+\eta, \alpha+\frac{n}{2}, \frac{S_x}{2}+\beta+\frac{n\eta(\bar{x}-v)^2}{2(n+\eta)}\right) \quad (6.7)$$

$$\delta|X \sim \Gamma^{-1}\left(\alpha+\frac{n}{2}, \frac{S_x}{2}+\beta+\frac{n\eta(\bar{x}-v)^2}{2(n+\eta)}\right) \quad (6.8)$$

$$\pi(u|X) = \int_0^\infty \pi(u,\delta|X)d\delta \propto \left[1 + \frac{1}{2\alpha'} \cdot \frac{\alpha'\eta'}{\beta'}(u-v')^2\right]^{-\frac{2\alpha'+1}{2}} \quad (6.9)$$

其中,$v' = \frac{n\bar{x}+\eta v}{n+\eta}, \eta' = n+\eta, \alpha' = \alpha+\frac{n}{2}, \beta' = \frac{S_x}{2}+\beta+\frac{n\eta(\bar{x}-v)^2}{2(n+\eta)}$。

令 $\gamma = \left(\frac{\alpha'\eta'}{\beta'}\right)^{1/2}(u-v')$,则 $\gamma \sim t(2\alpha')$,即自由度为 $2\alpha'$ 的 t 分布。由 $u = v' + \gamma\left(\frac{\beta'}{\alpha'\eta'}\right)^{1/2}$ 可转换获得 u 的后验边际分布 $\pi(u|X)$。

现场试验数据 X 所对应的边际分布为

$$m(X) = \int_0^\infty \int_{-\infty}^\infty \pi(u,\delta)L(u,\delta)dud\delta$$
$$= (2\pi)^{-n/2}\left(\frac{\eta}{n+\eta}\right)^{1/2}\frac{\beta^\alpha}{\Gamma(\alpha)} \frac{\Gamma\left(\alpha+\frac{n}{2}\right)}{\left[\beta+S_x/2+\frac{n\eta(\bar{x}-v)^2}{2(n+\eta)}\right]^{\alpha+n/2}} \quad (6.10)$$

接下来讨论无信息先验分布。根据 Jeffreys 法则,由似然函数可得其无信息先验分布为 $\pi(u,\delta) \propto \delta^{-1}$,故而其后验分布为

$$\pi(u,\delta|X) \propto \pi(u,\delta)L(u,\delta)$$
$$\propto \delta^{-1/2}\exp\left[\frac{-n(\bar{x}-u)^2}{2\delta}\right] \cdot \delta^{-(n-1)/2-1}\exp\left(\frac{-S_x}{2\delta}\right) \quad (6.11)$$

即无信息先验分布情况下的贝叶斯后验分布为

$$(u,\delta \mid X) \sim N\Gamma^{-1}\left(\bar{x}, n, \frac{n-1}{2}, \frac{S_x}{2}\right) \tag{6.12}$$

需要注意的是,对于正态分布参数(u,δ),其无信息先验分布为广义的先验分布函数,即先验分布密度在定义域内积分不为1,因此,其边际分布$m(X)$不存在[5]。

6.2.2 基于贝叶斯相继律的融合方法

设现场信息(飞行试验信息)由容量为n_0的正态分布样本组成,记为$X^{(0)} = \{x_1^{(0)}, x_2^{(0)}, \cdots, x_{n_0}^{(0)}\}$,其中,$x_i^{(0)}$为独立同分布的随机变量,且$x_i^{(0)} \sim N(u,\delta)$。记

$$\bar{x}^{(0)} = \frac{1}{n_0}\sum_{i=1}^{n_0} x_i^{(0)}, S_x^{(0)} = \sum_{i=1}^{n_0}(x_i^{(0)} - \bar{x}^{(0)})^2$$

先验信息(仿真试验信息)由容量为n_1的正态分布样本组成,记为$X^{(1)} = \{x_1^{(1)}, x_2^{(1)}, \cdots, x_{n_1}^{(1)}\}$,其中,$x_i^{(1)}$为独立同分布的随机变量,且$x_i^{(1)} \sim N(u_1,\delta_1)$。记

$$\bar{x}^{(1)} = \frac{1}{n_1}\sum_{i=1}^{n_1} x_i^{(1)}, S_x^{(1)} = \sum_{i=1}^{n_1}(x_i^{(1)} - \bar{x}^{(1)})^2$$

在传统方法中,一般首先对现场样本和先验样本的相容性进行检验。如果二者相容性较低,则认为$u_1 = u, \delta_1 = \delta$不成立,舍弃先验信息,仅利用现场信息进行贝叶斯分析或Bootstrap分析,获得参数估计值。如果二者相容性较高(即通过某显著性水平下的相容性检验),则认为两类信息基本一致,即$u_1 = u, \delta_1 = \delta$成立,此时利用先验信息,借助贝叶斯或经验贝叶斯方法构造出先验分布,按照贝叶斯相继律将其与现场信息进行融合。在先验分布的构造过程中,一般可以取仿真信息的无信息后验分布作为飞行试验的先验分布。

按照上述思路,取无信息先验$\pi(u,\delta) \propto \delta^{-1}$,引入仿真信息后的贝叶斯后验分布为

$$\pi(u,\delta \mid X^{(1)}) = f_{N\Gamma^{-1}}\left(u,\delta \mid \bar{x}^{(1)}, n_1, \frac{n_1-1}{2}, \frac{S_x^{(1)}}{2}\right) \tag{6.13}$$

将其作为飞行样本的先验分布,再结合飞行样本求得贝叶斯后验分布为

$$\pi(u,\delta \mid X^{(1)}, X^{(0)}) = f_{N\Gamma^{-1}}\left(u,\delta \mid \bar{x}^{(1,0)}, n_1+n_0, \frac{n_1+n_0-1}{2}, \frac{S_x^{(1,0)}}{2}\right) \tag{6.14}$$

其中,$\bar{x}^{(1,0)} = \dfrac{n_1 \bar{x}^{(1)} + n_0 \bar{x}^{(0)}}{n_1 + n_0}$,

$$\begin{aligned} S_x^{(1,0)} &= S_x^{(1)} + S_x^{(0)} + \frac{n_1 n_0 (\bar{x}^{(1)} - \bar{x}^{(0)})^2}{(n_1 + n_0)} \\ &= \sum_{i=1}^{n_1}(x_i^{(1)} - \bar{x}^{(1,0)})^2 + \sum_{i=1}^{n_0}(x_i^{(0)} - \bar{x}^{(1,0)})^2 \end{aligned} \tag{6.15}$$

由式(6.15)可知,按照上述贝叶斯相继律获得的贝叶斯融合估计结果,即等价于直接将仿真样本和飞行样本不加区别地混合在一起,然后应用无信息先验 $\pi(u,\delta) \propto \delta^{-1}$,进而获得贝叶斯后验分布。

6.2.3 限制仿真样本容量的融合方法

通过6.2.2节的分析可知,按照普通贝叶斯相继律进行融合时,两类数据一致性水平的具体值对融合结果不产生影响,因此很容易发生仿真数据淹没飞行数据的情况。为避免发生这种情况,可以考虑对仿真样本容量加以限制。由前述贝叶斯后验分布式可知,参数 u、δ 的后验边际分布分别为 t 分布和逆 Gamma 分布。故而求得后验期望为

$$\hat{u} = \frac{n_1 \bar{x}^{(1)} + n_0 \bar{x}^{(0)}}{n_1 + n_0}, \hat{\delta} = \frac{S_x^{(1,0)}}{n_1 + n_0 - 3} \tag{6.16}$$

上述估计值 $\hat{u}$、$\hat{\delta}$ 是融合了仿真数据和飞行数据的贝叶斯估计。由于仿真样本与飞行样本并不完全一致,因此上述估计值并不一定是最优估计。可以选择均方误差(Mean Square Error, MSE)为衡量标准,求最优仿真样本容量 n_1,使得 $\text{MSE}(\hat{u})$、$\text{MSE}(\hat{\delta})$ 达到最小。文献[2,6]给出了上述思路下的分析结果,但过程中采用了近似计算,所得结果不够准确,下面将进一步推导 $\text{MSE}(\hat{u})$、$\text{MSE}(\hat{\delta})$ 的准确计算公式,并给出 MSE 条件下的最优仿真样本容量示例。

命题6.1: 设容量为 n_1 的仿真试验样本 $X^{(1)}$ 来自正态分布 $N(u_1,\delta_1)$,容量为 n_0 的飞行试验样本 $X^{(0)}$ 来自正态分布 $N(u,\delta)$。若记

$$\lambda_1 = \frac{(u_1 - u)^2}{\delta}, \lambda_2 = \frac{\delta_1}{\delta}$$

则对于式(6.16)所给估计值,有

$$\frac{\text{MSE}(\hat{u})}{\delta} = \frac{n_1 \lambda_2 + n_0 + n_1^2 \lambda_1}{(n_1 + n_0)^2} \tag{6.17}$$

$$\frac{\text{MSE}(\hat{\delta})}{\delta^2} = l_1 + l_2 \tag{6.18}$$

其中,

$$l_1 = \frac{[E(\hat{\delta}) - \delta]^2}{\delta^2} = \left\{\frac{1}{n_1 + n_0 - 3}\left[(n_1 - 1)\lambda_2 + n_0 - 1 + \frac{n_1 n_0}{n_1 + n_0}\left(\frac{\lambda_2}{n_1} + \frac{1}{n_0} + \lambda_1\right)\right] - 1\right\}^2,$$

$$l_2 = \frac{\text{Var}(\hat{\delta})}{\delta^2}$$

$$= \frac{1}{(n_1 + n_0 - 3)^2}\left\{(n_1 - 1)\lambda_2^2 + n_0 - 1 + \left(\frac{n_1 n_0}{n_1 + n_0}\right)^2\left[2\left(\frac{\lambda_2}{n_1} + \frac{1}{n_0}\right)^2 + 4\left(\frac{\lambda_2}{n_1} + \frac{1}{n_0}\right)\lambda_1\right]\right\}$$

证明：由式(6.16)可知：

$$\mathrm{Var}(\hat{u}) = \frac{n_1^2(\delta_1/n_1) + n_0^2(\delta/n_0)}{(n_1+n_0)^2} = \frac{n_1\delta_1 + n_2\delta}{(n_1+n_2)^2},$$

$$(E(\hat{u}) - u)^2 = \left(\frac{n_1 u_1 + n_2 u}{n_1 + n_2} - u\right)^2 = \frac{n_1^2(u_1 - u)^2}{(n_1+n_2)^2}$$

由 $\mathrm{MSE}(\hat{u}) = (E(u) - u)^2 + \mathrm{Var}(\hat{u})$，可知式(6.17)成立。

由于 $\dfrac{S_x^{(1)}}{\delta_1} \sim \chi^2(n_1 - 1)$，$\dfrac{S_x^{(0)}}{\delta} \sim \chi^2(n_0 - 1)$，故 $E(S_x^{(1)}) = \delta_1(n_1 - 1)$，$E(S_x^{(0)}) = \delta(n_0 - 1)$，$\mathrm{Var}(S_x^{(1)}) = \delta_1^2(n_1 - 1)$，$\mathrm{Var}(S_x^{(0)}) = \delta^2(n_0 - 1)$。

若令 $W = \bar{x}^{(1)} - \bar{x}^{(0)}$，则 $W \sim N\left(u_1 - u, \dfrac{\delta_1}{n_1} + \dfrac{\delta}{n_0}\right)$，故

$$W^2 \Big/ \left(\frac{\delta_1}{n_1} + \frac{\delta}{n_0}\right) \sim \chi^2\left(1, (u_1 - u)^2 \Big/ \left(\frac{\delta_1}{n_1} + \frac{\delta}{n_0}\right)\right) \text{(非中心}\chi^2\text{分布)}$$

故 $E(W^2) = \dfrac{\delta_1}{n_1} + \dfrac{\delta}{n_0} + (u_1 - u)^2$，$\mathrm{Var}(W^2) = 2\left(\dfrac{\delta_1}{n_1} + \dfrac{\delta}{n_0}\right)^2 + 4\left(\dfrac{\delta_1}{n_1} + \dfrac{\delta}{n_0}\right)(u_1 - u)^2$，

$$\hat{\delta} = \frac{S_x^{(1,0)}}{n_1 + n_0 - 3} = \frac{1}{n_1 + n_0 - 3}\left(S_x^{(1)} + S_x^{(0)} + \frac{n_1 n_0 W^2}{n_1 + n_0}\right)$$

由于 $\bar{x}^{(1)}$、$\bar{x}^{(0)}$、$S_x^{(1)}$、$S_x^{(0)}$ 相互独立，故 W^2、$S_x^{(1)}$、$S_x^{(0)}$ 相互独立。将以上求得的各统计量 W^2、$S_x^{(1)}$、$S_x^{(0)}$ 的期望和方差代入 $\mathrm{MSE}(\hat{\delta}) = (E(\hat{\delta}) - \delta)^2 + \mathrm{Var}(\hat{\delta})$ 即可得式(6.18)成立。证毕。

当 n_0、u_1、δ_1、u、δ 均为已知时，λ_1、λ_2 已知，最小化 $\mathrm{MSE}(\hat{u})$，$\mathrm{MSE}(\hat{\delta})$ 即等价于最小化 $\dfrac{\mathrm{MSE}(\hat{u})}{\delta}$、$\dfrac{\mathrm{MSE}(\hat{\delta})}{\delta^2}$。令 $\dfrac{\partial \ln(\mathrm{MSE}(\hat{u})/\delta)}{\partial n_1} = 0$ 可得 $n_1 = \dfrac{n_0 \lambda_2 - 2n_0}{\lambda_2 - 2n_0\lambda_1}$，此即为使 $\mathrm{MSE}(\hat{u})$ 最小的 n_1，记为 n_{1u}。使 $\mathrm{MSE}(\hat{\delta})/\delta^2$ 最小的仿真样本容量记为 $n_{1\delta}$，不易通过解析方法求出，但可以通过穷举搜索或牛顿迭代法得到。可以选择 $n_{1\min} = \min\{n_{1u}, n_{1\delta}\}$ 作为最终的仿真样本容量。表6.1给出了一些计算结果。

表6.1 基于MSE的最优仿真样本容量

n_0	λ_1	λ_2	n_{1u}	$n_{1\delta}$	$n_{1\min}$	n_0	λ_1	λ_2	n_{1u}	$n_{1\delta}$	$n_{1\min}$
4	0.2	0.2	5	5	5	7	0.8	0.2	1	9	1
4	0.2	0.5	6	10	6	7	0.8	0.5	1	18	1
4	0.2	0.8	8	49	8	7	0.8	0.8	1	65	1
4	0.5	0.2	2	7	2	10	0.1	0.2	10	5	5
4	0.5	0.5	2	13	2	10	0.1	0.5	11	9	9
4	0.5	0.8	2	54	2	10	0.1	0.8	11	42	11

(续)

n_0	λ_1	λ_2	n_{1u}	$n_{1\delta}$	$n_{1\min}$	n_0	λ_1	λ_2	n_{1u}	$n_{1\delta}$	$n_{1\min}$
4	0.8	0.2	1	8	1	10	0.2	0.2	5	5	5
4	0.8	0.5	1	16	1	10	0.2	0.5	5	11	5
4	0.8	0.8	1	57	1	10	0.2	0.8	5	46	4
7	0.2	0.2	5	5	5	10	0.5	0.2	2	7	2
7	0.2	0.5	5	10	5	10	0.5	0.5	2	15	2
7	0.2	0.8	5	48	5	10	0.5	0.8	1	58	1
7	0.5	0.2	2	7	2	10	0.8	0.2	1	10	1
7	0.5	0.5	2	14	2	10	0.8	0.5	1	21	1
7	0.5	0.8	2	58	2	10	0.8	0.8	1	73	1

上述方法通过限制仿真样本的容量,达到极小化贝叶斯估计量 MSE 的目的。但是,上述方法存在一些缺点。首先,要准确地确定仿真样本容量,要求获得 λ_1、λ_2 的准确值,这在有限容量的仿真样本和极小样本的飞行样本的条件下是很难满足的。其次,从表 6.1 可以看出,按照上述方法求得的仿真样本容量一般较小,这就带来了如何选取仿真样本的问题,需要从较多的仿真样本中选取具有代表性的几个样本,这就带来了一定的人为性,那么融合结果很难反映真实情况。最后,仿真模型的优点即在于能够产生大容量的样本,而限制样本容量的做法并没有利用这一优势。

6.2.4 考虑仿真可信性的混合先验融合方法

为了充分利用仿真信息,同时又避免引起仿真数据对飞行试验数据的淹没,可以将先验分布设计为混合先验分布,并在融合权重中考虑仿真可信性[1,7,8]。对于由仿真信息获得的贝叶斯后验分布 $\pi(u,\delta\mid X^{(1)})$,不能直接将其作为飞行样本的先验分布,而是将其与无信息先验分布进行加权融合,得到混合先验分布:

$$\pi^*(u,\delta) = \varepsilon_1\pi(u,\delta\mid X^{(1)}) + \varepsilon_0\pi(u,\delta)$$

$$= \varepsilon_1 f_{N\Gamma^{-1}}\left(u,\delta\mid \overline{x}^{(1)}, n_1, \frac{n_1-1}{2}, \frac{S_x^{(1)}}{2}\right) + \varepsilon_0 C\delta^{-1} \quad (6.19)$$

式中: C 为无信息先验分布中的常数; ε_1、ε_0 为先验融合权重, $\varepsilon_1 \in [0,1]$,且 $\varepsilon_0 = 1 - \varepsilon_1$。一般而言, ε_1 可以由仿真可信度 c_1 转换而来,例如,可以直接取 $\varepsilon_1 = c_1$。

若记先验分布为 $\pi_1 = \pi(u,\delta\mid X^{(1)})$, $\pi_0 = \pi(u,\delta) = C\delta^{-1}$,则

$$\pi^*(u,\delta) = \varepsilon_1\pi_1 + \varepsilon_0\pi_0 \quad (6.20)$$

在上述混合先验分布条件下,将其作为飞行样本的先验分布,可以求得后验分布仍然为混合分布:

$$\pi^*(u,\delta\mid X^{(0)}) = \lambda_1\pi(u,\delta\mid X^{(1)}, X^{(0)}) + \lambda_0\pi(u,\delta\mid X^{(0)})$$

$$= \lambda_1 f_{N\Gamma-1}\left(u,\delta \mid \bar{x}^{(1,0)}, n_1+n_0, \frac{n_1+n_0-1}{2}, \frac{S_x^{(1,0)}}{2}\right) +$$

$$\lambda_0 f_{N\Gamma-1}\left(u,\delta \mid \bar{x}^{(0)}, n_0, \frac{n_0-1}{2}, \frac{S_x^{(0)}}{2}\right) \qquad (6.21)$$

若记后验分布为 $\pi_1' = \pi(u,\delta \mid X^{(1)}, X^{(0)})$，$\pi_0' = \pi(u,\delta \mid X^{(0)})$，则

$$\pi^*(u,\delta \mid X^{(0)}) = \lambda_1 \pi_1' + \lambda_0 \pi_0' \qquad (6.22)$$

当先验假设为 $\pi_i(i=0,1)$ 时，将现场试验数据 $X^{(0)}$ 的边际分布记作 $m_i = m(X^{(0)} \mid \pi_i)$，则后验融合权重为

$$\lambda_1 = \frac{\varepsilon_1 m_1}{\varepsilon_1 m_1 + \varepsilon_0 m_0}, \quad \lambda_0 = 1 - \lambda_1 \qquad (6.23)$$

经推导可得边际分布密度函数值的具体形式为

$$m_1 = m(X^{(0)} \mid \pi_1) = \int_0^\infty \int_{-\infty}^\infty \pi_1 L(u,\delta \mid X^{(0)}) \mathrm{d}u \mathrm{d}\delta$$

$$= (2\pi)^{-n_0/2} \left(\frac{n_1}{n_0+n_1}\right)^{1/2} \frac{(S_x^{(1)}/2)^{(n_1-1)/2}}{\Gamma\left(\frac{n_1-1}{2}\right)} \frac{\Gamma\left(\frac{n_0+n_1-1}{2}\right)}{(S_x^{(1,0)}/2)^{(n_0+n_1-1)/2}} \qquad (6.24)$$

$$m_0 = m(X^{(0)} \mid \pi_0) = \int_0^\infty \int_{-\infty}^\infty \pi_0 L(u,\delta \mid X^{(0)}) \mathrm{d}u \mathrm{d}\delta$$

$$= \int_0^\infty \int_{-\infty}^\infty C\delta^{-1} L(u,\delta \mid X^{(0)}) \mathrm{d}u \mathrm{d}\delta$$

$$= C \cdot (2\pi)^{-(n_0-1)/2} n_0^{-1/2} \frac{\Gamma\left(\frac{n_0-1}{2}\right)}{(S_x^{(0)}/2)^{(n_0-1)/2}} \qquad (6.25)$$

$$\frac{m_1}{m_0} = \frac{1}{C \cdot \sqrt{2\pi}} \left(\frac{n_1 n_0}{n_0+n_1}\right)^{1/2}$$

$$\frac{(S_x^{(1)}/2)^{(n_1-1)/2}(S_x^{(0)}/2)^{(n_0-1)/2}}{(S_x^{(1,0)}/2)^{(n_0+n_1-1)/2}} \frac{\Gamma\left(\frac{n_0+n_1-1}{2}\right)}{\Gamma\left(\frac{n_1-1}{2}\right)\Gamma\left(\frac{n_0-1}{2}\right)} \qquad (6.26)$$

若记 $k_1 = \frac{m_1}{m_0}$，则 $\lambda_1 = \frac{\varepsilon_1 k_1}{\varepsilon_1 k_1 + \varepsilon_0}$。

可以看出，边际分布 $m_i(i=0,1)$ 相当于先验分布 π_i 的似然函数。边际分布越大，说明现场样本 $X^{(0)}$ 与先验分布 π_i 的吻合程度越高。在先验权重 ε_1 一定的情况下，边际分布的比值 k_1 越大，后验融合权重 λ_1 也越大，参数后验估计更多地依赖于后验分布 π_1'。因此，这样的融合结构是合理的。

但是，需要注意的是，由于无信息先验 π_0 为广义先验分布，其在参数定义域

内不可积,因此也不存在边际分布,也即 m_0 事实上是不存在的,m_0 在 X 的定义域内是不可积的。因此,m_0 只是一个相对值,仅能反映在先验假设 π_0 下,不同的现场样本 $X^{(0)}$ 与 π_0 的吻合程度的大小,而不能用于比较在同一现场样本 $X^{(0)}$ 下,不同的先验分布 π_i 与 $X^{(0)}$ 的吻合程度的大小。只有当先验分布 $\pi_i(i=0,1)$ 均为正常的先验分布(积分为1)时,边际分布 m_i 才可以进行比较,比值 k_1 才能真实反映不同先验与现场数据样本的吻合程度。

目前,在上述的融合结构中,普遍忽视了这一问题,当无信息先验为广义先验分布时,仍然计算其边际分布,并将边际分布之比作为计算后验权重的依据。例如,将无信息先验常数取作 $C=1$ 或 $C=(2\pi)^{-1/2}$,也即,将无信息先验取作 $\pi_0 = \delta^{-1}$ 或 $\pi_0 = (2\pi)^{-1/2}\delta^{-1}$。在这种设定下,也能计算得到一个边际分布值 m_0,但此时 k_1 并不能真实反映 $\pi_i(i=0,1)$ 与数据 $X^{(0)}$ 的吻合程度的高低。因此,有可能出现以下情况:无论数据 $X^{(0)}$ 与 π_1 的吻合程度如何,k_1 始终偏小或始终偏大,进而得到错误的后验权重和后验估计。同时,后验权重也会因此失去对先验权重 ε_1 的敏感性。

6.2.5 改进的混合后验融合方法

为了解决上述问题,需要寻找可以与 m_1 相比较的边际分布 m_0,也即使得 k_1 能够反映 $\pi_i(i=0,1)$ 与数据 $X^{(0)}$ 的吻合程度的高低。

由 $m_1 = m(X^{(0)} | \pi_1)$,$\pi_1 = \pi(u,\delta | X^{(1)})$ 可知,当现场样本 $X^{(0)}$ 给定时,m_1 由仿真样本 $X^{(1)}$(或其充分统计量 $\bar{x}^{(1)}$、$S_x^{(1)}$)所决定。注意到 $X^{(1)}$ 的样本容量为 n_1,此时考虑如下问题:对于一组来自某个正态分布且容量为 n_1 的样本 $X^{(1)}$,当其充分统计量 $\bar{x}^{(1)}$、$S_x^{(1)}$ 满足何种条件时,针对给定的现场样本 $X^{(0)}$,由 $X^{(1)}$ 所构造的先验分布 $\pi_1 = \pi(u,\delta | X^{(1)})$ 所对应的边际分布 m_1 达到最大?

命题6.2:对于来自正态总体 $N(u,\delta)$ 的容量为 n_0 的样本 $X^{(0)}$,若分布参数 (u,δ) 的先验分布为正态-逆 Gamma 分布,即 $(u,\delta) \sim N\Gamma^{-1}(v,\eta,\alpha,\beta)$,则其边际分布所对应的极大似然(ML-II)估计值不存在。若限定 $\eta = n_1$,$\alpha = \dfrac{n_1-1}{2}$,$n_1 > 1$,则当且仅当 $v = \bar{x}^{(0)}$,$\beta = \dfrac{(n_1-1)S_x^{(0)}}{2n_0}$ 时,边际分布达到极大值。

证明:在先验分布为 $(u,\delta) \sim N\Gamma^{-1}(v,\eta,\alpha,\beta)$ 的条件下,边际分布为

$$m(X^{(0)}) = (2\pi)^{-n_0/2} \left(\frac{\eta}{n_0+\eta}\right)^{1/2} \frac{\beta^\alpha}{\Gamma(\alpha)} \frac{\Gamma\left(\alpha+\dfrac{n_0}{2}\right)}{\left[\beta + S_x^{(0)}/2 + \dfrac{n_0\eta(\bar{x}^{(0)}-v)^2}{2(n_0+\eta)}\right]^{\alpha+n_0/2}}$$

(6.27)

由于 $\beta>0, S_x^{(0)}/2>0, \alpha>0$，故欲使上式最大，应有 $\overline{x}^{(0)}-v=0$，即 $v=\overline{x}^{(0)}$。

此时，$m(X^{(0)}) \propto \left(\dfrac{\eta}{n_0+\eta}\right)^{1/2} h(\alpha,\beta)$，其中 $h(\alpha,\beta)=\dfrac{\beta^\alpha}{\Gamma(\alpha)} \dfrac{\Gamma\left(\alpha+\dfrac{n_0}{2}\right)}{(\beta+S_x^{(0)}/2)^{\alpha+n_0/2}}$。可知欲使 $m(X^{(0)})$ 最大，应有 $\eta\to\infty$。

$$\ln h = \alpha\ln\beta - (\alpha+n_0/2)\ln(\beta+S_x^{(0)}/2) + \ln\dfrac{\Gamma\left(\alpha+\dfrac{n_0}{2}\right)}{\Gamma(\alpha)} \tag{6.28}$$

令 $\dfrac{\partial \ln h}{\partial \beta}=0$，则可得 $\beta=\alpha S_x^{(0)}/n_0$，将其代入 $\ln h$，可知当 $\alpha\to\infty$ 时，$h\to\infty$。

由此可知，当 $v=\overline{x}^{(0)}$，$\eta\to\infty$，$\alpha\to\infty$，$\beta=\alpha S_x^{(0)}/n_0$ 时，边际分布 $m(X^{(0)})\to\infty$。也即 $m(X^{(0)})$ 所对应的 ML-II 估计值不存在，但当限定 $\eta=n_1$，$\alpha=\dfrac{n_1-1}{2}$，$n_1>1$ 时，当且仅当 $v=\overline{x}^{(0)}$，$\beta=\dfrac{(n_1-1)S_x^{(0)}}{2n_0}$ 时，边际分布达到极大值。证毕。

定义 6.1：对于来自正态总体 $N(u,\delta)$ 的容量为 n_0 的样本 $X^{(0)}$，若分布参数 (u,δ) 的先验分布为正态-逆 Gamma 分布，即 $(u,\delta)\sim N\Gamma^{-1}(v,\eta,\alpha,\beta)$。将以下参数估计值称为 $X^{(0)}$ 所对应的容量为 $n_1(n_1>1)$ 的有先验样本容量约束的第二类极大似然(prior sample Size Constrained Maximum Likelihood-II, SCML-II)估计：$\eta=n_1$，$\alpha=\dfrac{n_1-1}{2}$，$v=\overline{x}^{(0)}$，$\beta=\dfrac{(n_1-1)S_x^{(0)}}{2n_0}$。并将此条件下所得的边际分布密度函数值称为 $X^{(0)}$ 所对应的容量为 $n_1(n_1>1)$ 的有先验样本容量约束的边际分布密度值(prior sample Size Constrained Marginal Density, SCMD)。

若将 $X^{(0)}$ 所对应的容量为 n_1 的 SCMD 值记作 $M_0(n_1)$，则有

$$\begin{aligned}M_0(n_1)&=m(X^{(0)}\mid\pi_1)\\&=(2\pi)^{-n_0/2}\left(\dfrac{n_1}{n_0+n_1}\right)^{1/2}\dfrac{\left(\dfrac{(n_1-1)S_x^{(0)}}{2n_0}\right)^{(n_1-1)/2}}{\left[\dfrac{(n_0+n_1-1)S_x^{(0)}}{2n_0}\right]^{(n_0+n_1-1)/2}}\dfrac{\Gamma\left(\dfrac{n_0+n_1-1}{2}\right)}{\Gamma\left(\dfrac{n_1-1}{2}\right)}\end{aligned}$$
(6.29)

通过上述分析，并结合边际分布式 m_1 的形式，可以回答前述问题。对于一组来自某个正态总体且容量为 n_1 的样本 $X^{(1)}$，当其充分统计量 $\overline{x}^{(1)}$、$S_x^{(1)}$ 满足条件 $\overline{x}^{(1)}=\overline{x}^{(0)}$，$\dfrac{S_x^{(1)}}{2}=\dfrac{(n_1-1)S_x^{(0)}}{2n_0}$ 时，针对给定的现场样本 $X^{(0)}$，由 $X^{(1)}$ 所构造的先验分布 $\pi_1=\pi(u,\delta\mid X^{(1)})$ 所对应的边际分布密度 m_1 达到最大值 $M_0(n_1)$。

若将比值 k_1 重新定义为 $k_1 = \dfrac{m_1}{M_0(n_1)}$，则由 $M_0(n_1)$ 和 m_1 的表达式推导可得

$$k_1 = \frac{m_1}{M_0(n_1)} = \frac{(S_x^{(1)})^{(n_1-1)/2}}{(S_x^{(1,0)})^{(n_0+n_1-1)/2}} \frac{\left[\dfrac{(n_0+n_1-1)S_x^{(0)}}{n_0}\right]^{(n_0+n_1-1)/2}}{\left[\dfrac{(n_1-1)S_x^{(0)}}{n_0}\right]^{(n_1-1)/2}} \quad (6.30)$$

$$\lambda_1 = \frac{\varepsilon_1 k_1}{\varepsilon_1 k_1 + \varepsilon_0} = \frac{\varepsilon_1 m_1/M_0(n_1)}{\varepsilon_1 m_1/M_0(n_1)+\varepsilon_0} = \frac{\varepsilon_1 m_1}{\varepsilon_1 m_1+\varepsilon_0 M_0(n_1)}, \quad \lambda_0 = 1-\lambda_1 \quad (6.31)$$

由此可知，$0 \leq m_1 \leq M_0(n_1)$，也即 $k_1 \in [0,1]$。m_1 越大，说明由样本 $X^{(1)}$ 所构造的先验分布 π_1 与现场样本 $X^{(0)}$ 能够更好地吻合，此时应当更多地信任先验分布 π_1，从而给予后验分布 π_1' 更大的权重。在融合结构中，λ_1 和 k_1 都会随着 m_1 的增大而逐渐增大，这是符合客观规律的。$M_0(n_1)$ 与 m_0 的不同之处在于 $M_0(n_1)$ 是适当的，当 $X^{(1)}$ 的容量 n_1 确定时，$M_0(n_1)$ 的取值也就确定了，它不会随无信息先验常数 C 的变化而变化，并且 $M_0(n_1)$ 的取值是可比较的，它与 m_1 的大小真实反映了 π_1 与 $X^{(0)}$ 的吻合程度。

6.2.6 仿真可信性与相容性检验

先验融合权重 ε_1 一般由仿真可信性 c_1 得到。一般可以取 $\varepsilon_1 = c_1$，或者采用某种线性映射的方式由 c_1 转换得到。因此，要给出先验融合权重，首先需要确定仿真可信性。仿真可信性的评价是一项系统工程，应当通过物理机理分析、模型校核、数据验证等多种方式进行分析。例如，可以通过物理机理的分析获得仿真模型的可信度，进而与数据相容性检验结果相比较，得到复合等效可信度[9]。仿真模型本身的机理不属于本书关心的范畴，此处仅从仿真模型所输出的落点数据出发，通过仿真数据与飞行试验数据的一致性检验，获得仿真可信度。

数据相容性检验大致可以分为参数方法和非参数方法两大类。非参数方法包括 K-S 检验、秩和检验等，不受分布形式的限制，应用较灵活。但是，对于正态分布而言，参数方法的检验效能要高于非参数方法，因此这里选择参数方法，分别对正态分布的均值参数和方差参数进行一致性检验。

设容量为 n_1 的仿真试验样本 $X^{(1)}$ 来自正态分布 $N(u_1,\delta_1)$，容量为 n_0 的飞行试验样本 $X^{(0)}$ 来自正态分布 $N(u,\delta)$。现对以下假设进行检验：$H_0: u = u_1, H_1: u \neq u_1$。若 $\delta_1 = \delta$ 但均未知，则构造统计量[10]：

$$t = \sqrt{\frac{n_1 n_0 (n_1+n_0-2)}{n_1+n_0}} \frac{\bar{x}^{(1)} - \bar{x}^{(0)}}{\sqrt{S_x^{(1)} + S_x^{(0)}}} \sim t(n_1+n_0-2) \quad (6.32)$$

用 t 检验法判别原假设是否成立。为了将上述检验的一致性水平转化为可信

度,取仿真信息可信度为 $c_{1u}=1-2|Cdf_t(t)-0.5|$,$Cdf_t(t)$ 为 t 分布 $t(n_1+n_0-2)$ 在统计量 t 处所对应的累积分布密度函数值。当原假设成立时,$t\approx 0$,$Cdf_t(t)\approx 0.5$,$c_{1u}\approx 1$。若 $\delta_1 \neq \delta$ 但均未知,为检验原假设是否成立,可以参照后续多元统计分析中的检验方法。此外,还需要对正态分布的方差进行检验:$H_0:\delta=\delta_1$,$H_1:\delta\neq\delta_1$。构造统计量 $F=\dfrac{S_x^{(0)}/(n_0-1)}{S_x^{(1)}/(n_1-1)}\sim F(n_0-1,n_1-1)$,用 F 检验法构造统计量。将检验的一致性水平转化为可信度,取仿真可信度为 $c_{1\delta}=1-2|Cdf_F(F)-0.5|$。当原假设成立时,$F\approx 1$,$Cdf_F(F)\approx 0.5$,$c_{1\delta}\approx 1$。仿真可信度必须综合考虑均值和方差两方面的差别,因此取最终的仿真可信度为 $c_1=(c_{1\delta}+c_{1u})/2$ 或 $c_1=(c_{1\delta}c_{1u})^{1/2}$。

6.2.7 示例分析与讨论

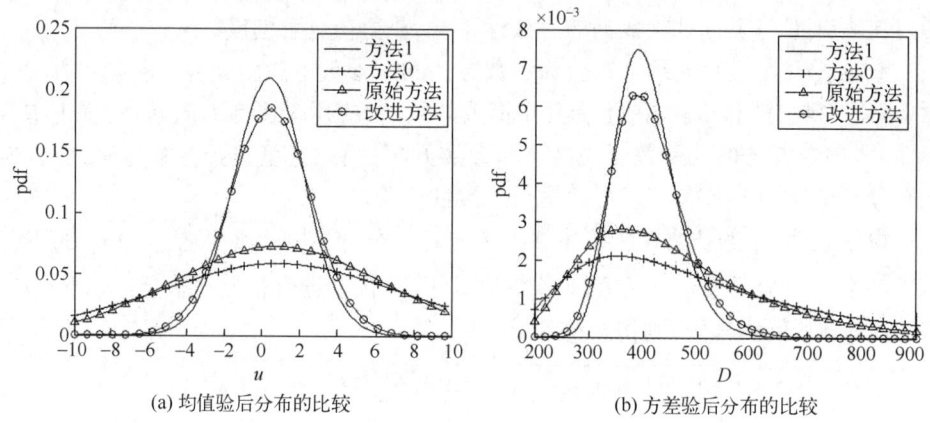

为了比较改进方法与原始方法在估计性能上的差别,首先选择一个示例进行分析。设一组容量为 10 的飞行样本来自正态分布 $N(1,20^2)$,具体取值为 $X^{(0)}=[-2.06,8.89,14.78,-19.96,-29.42,39.28,23.50,-11.84,-9.54,-4.25]$。设仿真样本来自正态总体 $N(-1,20^2)$,从中随机抽取一组容量为 100 的样本。按照原始方法(传统的混合先验分布的融合方法)和改进方法(改进的混合后验分布融合方法),分别进行计算,其中原始方法的无信息先验分布常数 C 取为 1。计算可得两类数据的相容性水平为 0.9514。原始方法中的边际分布之比 $k_1=0.0467$,后验权重 $\lambda_1=0.4778$。改进方法中的边际分布之比为 $k_1=0.995$,后验权重为 $\lambda_1=0.9512$。图 6.1 给出了每种方法中正态分布均值参数 u 和方差参数 δ 的贝叶斯后验分布。注意,原始方法和改进方法的后验分布均为混合分布,具有双峰性质,为了更好地比较两类方法的特性,将均值参数 u 的分布拟合为正态分布,将方差 δ 的分布拟合为逆 Gamma 分布。图 6.1 中给出的是拟合后的分布密度曲线。

(a) 均值验后分布的比较 (b) 方差验后分布的比较

注:方法 1:按照贝叶斯相继律直接混合两类样本所得后验;方法 0:仅利用飞行样本所得后验。

图 6.1 原始方法与改进方法的贝叶斯融合后验分布的比较

由图 6.1 中可以看出,由于两类数据相容性较好,改进方法获得的边际分布之比 k_1 也较大,融合结果较多地考虑了仿真信息的利用。但是,原始方法所求的 $k_1 = 0.0467$ 始终较小,先验信息利用率非常有限。这是因为无信息先验所对应的边际分布 m_0 是不存在的,它的取值是不能与有信息先验所对应的边际分布 m_1 相比较的,所求出的 k_1 也是错误的,结果导致仿真信息基本不起作用。

为了进一步比较两种方法在参数估计性能上的差异,下面对两种方法所得均值和方差估计的均方误差 MSE 进行比较。设飞行样本来自 $N(u,\delta)$,仿真样本来自 $N(u_1,\delta_1)$,其中 $u_1 = -u, \delta = \delta_1 = 20^2$,令 u 在区间 $[0,5]$ 上逐渐增大,也即 $|u_1 - u|/\delta^{0.5}$ 在区间 $[0,0.5]$ 上逐渐增大,记 $d = |u_1 - u|/\delta^{0.5}$。每固定一次参数,便随机产生多组随机样本,从中估计出每种方法的 MSE。D 其实反映了两类样本之间的差异程度。图 6.2 给出了不同方法下参数估计值的 MSE 随 D 的变化情况。可以看出,随着两类样本差异程度的增加,改进方法对均值参数的估计值的 MSE 会逐渐增加,但其 MSE 始终优于原始方法。原始方法的 MSE 与仅利用飞行样本的方法的 MSE 基本相当。此外,图 6.3 还给出了两类方法中的边际分布之比 k_1 随 D 的变化情况。可以看出,随着两类样本差异程度的增加,改进方法的 k_1 逐渐减小,从而降低仿真样本的后验权重,而原始方法的 k_1 值基本不变。

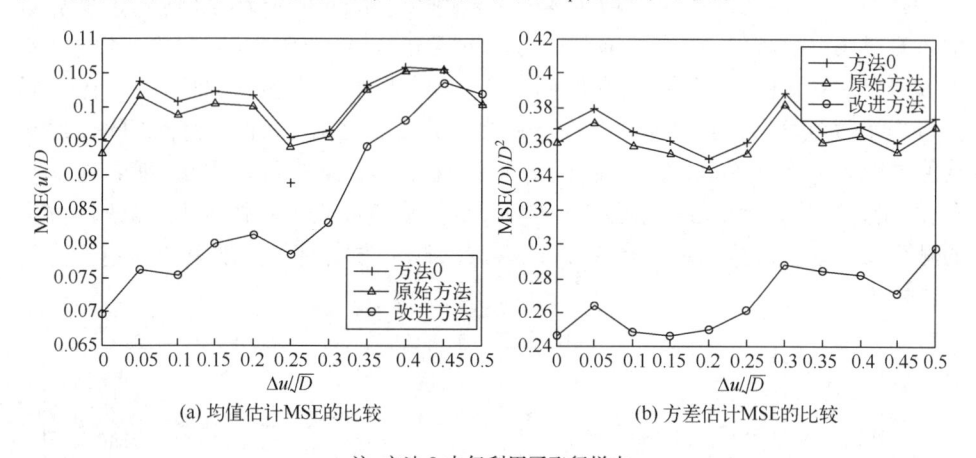

(a) 均值估计MSE的比较

(b) 方差估计MSE的比较

注:方法 0 中仅利用了飞行样本

图 6.2 原始方法与改进方法的后验估计的 MSE 比较

上述分析说明,在某些情况下,无论两类样本相容性如何,按照原始方法所求得的 k_1 有可能始终较小,导致仿真样本被忽视。但是,需要注意的是,原始方法并不是在所有情况下都会导致仿真信息被忽视。事实上,如果仔细分析原始方法中 k_1 的计算式就会发现,k_1 的取值与样本方差有关,当样本方差较小时,k_1 会变得很大,从而导致无论两类信息相容性如何,始终给予仿真样本极大的权重,导致飞行试验数据被淹没。综上所述,按照原始方法获得的 k_1 值是没有意义的,不能用

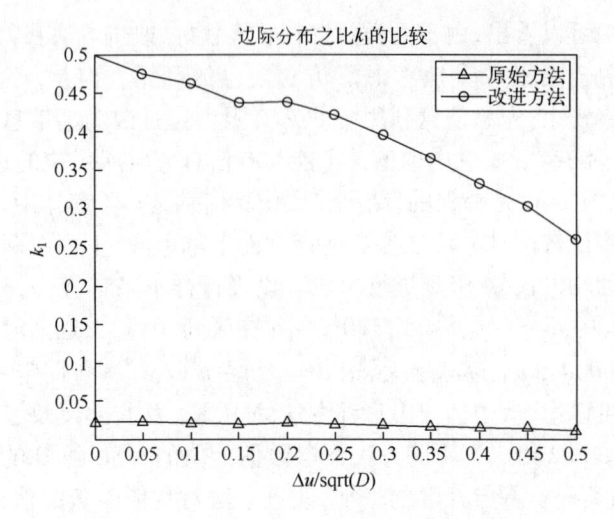

图 6.3 改进方法的边际分布之比的变化规律

于确定后验融合权重 λ_1。而改进方法中的 k_1 能够恰当地反映两类样本的吻合程度,进而影响后验权重,获得较为合理的混合后验分布和参数估计。

此外,还可以通过增加仿真样本来比较两类方法对淹没现象(仿真数据容量增多时对飞行样本的淹没)的抑制能力。设定 $u_1 = -u = 5, \delta = \delta_1 = 20^2$,飞行样本为 $n_0 = 10$,仿真样本容量 n_1 在区间 $[10,110]$ 上逐渐增多,也即 n_1/n_0 在区间 $[1,11]$ 上逐渐增多。计算每种情况下的边际分布之比 k_1 和后验融合权重 λ_1 的平均值。图 6.4 给出了 k_1 和 λ_1 随 n_1/n_0 的变化情况。从中可以看出,随着样本增多,原始方法的后验融合权重会逐渐增大,最终稳定在某个具体值上,而改进方法的融合权重基本保持稳定且略有下降。因此,改进方法对淹没现象的抑制能力强于原始方法。

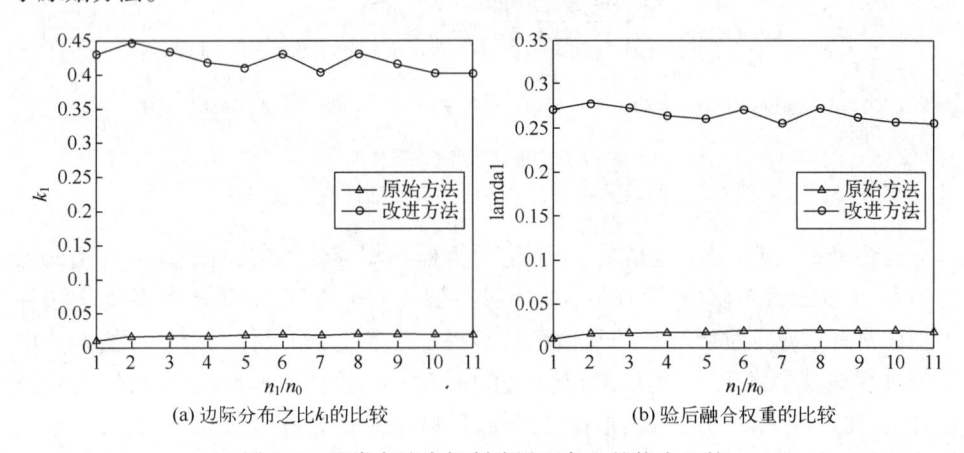

(a) 边际分布之比 k_1 的比较 (b) 验后融合权重的比较

图 6.4 两类方法在抑制淹没现象上的能力比较

6.3 基于两类试验信息的命中概率融合评估

武器攻击面目标的命中概率计算需要融合两个方向上的正态分布参数估计结果。在 6.2 节所提出的改进的正态分布参数融合估计方法的基础上，本节首先分析了两向不相关情况下的命中概率估计方法；然后重点针对两向相关的情况展开研究，采用多元正态分布来描述落点在平面内的散布情况，并定义了适用于多元正态分布参数的 SCMD，将 6.2 节的融合框架推广至多元正态分布的情况；最后，通过示例对方法进行了比较与验证。

6.3.1 两向独立时的命中概率估计

一般认为落点在目标平面内呈现二维正态分布。首先通过数据分析获得二维正态分布参数，然后将该分布密度函数在目标区域范围内积分即可获得命中概率。在目标平面内建立二维正交坐标系 XOY。如果 X 向和 Y 向不相关，则可以分别在两个方向上独立计算。设 X 向正态分布参数为 u_x、δ_x，存在仿真试验数据 $X^{(1)}$ 和现场样本 $X^{(0)}$。Y 向正态分布参数为 u_y、δ_y，存在仿真试验数据 $Y^{(1)}$ 和现场样本 $Y^{(0)}$。在每个方向上，按照 6.2 节所述的改进的混合后验融合方法获得参数后验分布 $\pi^*(u_x,\delta_x \mid X^{(0)})$ 和 $\pi^*(u_y,\delta_y \mid Y^{(0)})$。若目标为长方形，中心在坐标系原点，对称轴与坐标轴方向一致，沿 X、Y 方向的边长分别为 L_x、L_y。从 $\pi^*(u_x,\delta_x \mid X^{(0)})$ 和 $\pi^*(u_y,\delta_y \mid Y^{(0)})$ 中抽样一次，按照下式计算可得命中概率的一次实现值，多次抽样后即可获得命中概率的后验分布。由于采用了混合后验分布，因此命中概率的后验分布也具有多峰性，为便于计算其置信区间，可以将其拟合为 Beta 分布。

$$P_{\text{hit}} = \int_{-L_x/2}^{L_x/2} f(x \mid u_x,\delta_x)(u_x,\delta_x \mid X^{(0)}) \mathrm{d}x \int_{-L_y/2}^{L_y/2} f(x \mid u_y,\delta_y)(u_y,\delta_y \mid Y^{(0)}) \mathrm{d}y \quad (6.33)$$

上述情况适用于 X、Y 两向落点数据不相关的情况。如果两向数据存在明显的相关性，并且仿真数据和飞行试验数据各自的 X、Y 相关系数大致相等，那么可以将仿真数据和飞行数据分别进行去相关处理，然后在新的坐标系 $X'OY'$ 下按照上述两向独立的情况进行处理。如果两类数据各自的 X、Y 相关系数存在显著差别，可以采用简单的加权平均的方式获得最终的 ρ 的估计。但这只是一种近似处理方法，要准确地进行融合计算，需要采用 6.3.2 节介绍的多元统计方法实现两类数据的融合处理。

对于子母弹而言，子弹散布中心相对瞄准点的系统偏差和散布方差与上述整体弹的情况类似，可以按照上述贝叶斯融合方法来计算。除此之外，还需要计算子弹散布参数的融合估计。一般而言，对于第五章介绍的子弹参数 $(R_{\text{out}}, R_{\text{out}}, \alpha, \beta)$，可以采用加权求和的方式计算：

$$R_{out} = \frac{n_1 R_{out1} + n_0 R_{out0}}{n_1 + n_0}, R_{in} = \frac{n_1 R_{in1} + n_0 R_{in0}}{n_1 + n_0}, \alpha = \frac{n_1 \alpha_1 + n_0 \alpha_0}{n_1 + n_0}, \beta = \frac{n_1 \beta_1 + n_0 \beta_0}{n_1 + n_0} \quad (6.34)$$

综合上述子弹分布参数和散布中心的分布参数，按照 5.2.3 节的方法求出命中概率的后验均值、方差和置信限值。子母弹的情况不是本章考虑的重点，因此在后续分析中，仅考虑整体弹的情况，即二维正态分布参数的融合计算方法。

6.3.2 多元正态分布的混合后验融合方法

设样本容量为 n 的多元正态分布样本 $X = \{x_1, x_2, \cdots, x_n\}$，来自 p 维正态分布总体 $N_p(\boldsymbol{u}, \boldsymbol{\Sigma})$，则其似然函数为

$$\begin{aligned}
L(\boldsymbol{u}, \boldsymbol{\Sigma}) &= f(X \mid \boldsymbol{u}, \boldsymbol{\Sigma}) \\
&= \prod_{i=1}^{n} (2\pi)^{-p/2} |\boldsymbol{\Sigma}|^{-1/2} \exp\left[-\frac{1}{2}(\boldsymbol{x}_i - \boldsymbol{u})' \boldsymbol{\Sigma}^{-1} (\boldsymbol{x}_i - \boldsymbol{u})\right] \\
&= (2\pi)^{-np/2} |\boldsymbol{\Sigma}|^{-n/2} \exp\left[-\frac{1}{2} \mathrm{tr} \sum_{i=1}^{n} (\boldsymbol{x}_i - \boldsymbol{u})(\boldsymbol{x}_i - \boldsymbol{u})' \boldsymbol{\Sigma}^{-1}\right] \\
&= (2\pi)^{-np/2} |\boldsymbol{\Sigma}|^{-n/2} \exp\left\{-\frac{1}{2} \mathrm{tr}[S_x \boldsymbol{\Sigma}^{-1} + n(\bar{\boldsymbol{x}} - \boldsymbol{u})(\bar{\boldsymbol{x}} - \boldsymbol{u})' \boldsymbol{\Sigma}^{-1}]\right\}
\end{aligned}$$
$$(6.35)$$

其中，$\bar{\boldsymbol{x}} = \frac{1}{n} \sum_{i=1}^{n} \boldsymbol{x}_i, S_x = \sum_{i=1}^{n} (\boldsymbol{x}_i - \boldsymbol{u})(\boldsymbol{x}_i - \boldsymbol{u})'$。

在上述似然函数下，其共轭先验分布为正态 – 逆 Wishart 分布：

$$\begin{aligned}
\pi(\boldsymbol{u}, \boldsymbol{\Sigma}) &= f_{NW^{-1}}(\boldsymbol{u}, \boldsymbol{\Sigma} \mid v, \eta, \alpha, \boldsymbol{H}) \\
&= (2\pi)^{-p/2} |\boldsymbol{\Sigma}|^{-1/2} \eta^{1/2} \exp\left[-\frac{1}{2}(\boldsymbol{u} - v)' \boldsymbol{\Sigma}^{-1} (\boldsymbol{u} - v)\right] \\
&\quad \frac{|\boldsymbol{\Sigma}|^{-(\alpha+p+1)/2} |\boldsymbol{H}|^{\alpha/2}}{2^{\alpha p/2} \Gamma_p\left(\frac{\alpha}{2}\right)} \exp\left[-\frac{1}{2} \mathrm{tr}(\boldsymbol{H} \boldsymbol{\Sigma}^{-1})\right]
\end{aligned} \quad (6.36)$$

其中，$\Gamma_p\left(\frac{\alpha}{2}\right)$ 为 p 维 Gamma 函数，$\Gamma_p\left(\frac{\alpha}{2}\right) = \pi^{p(p-1)/4} \prod_{i=1}^{p} \Gamma\left(\frac{\alpha - i + 1}{2}\right)$。

将上述分布简记为 $(\boldsymbol{u}, \boldsymbol{\Sigma}) \sim NW^{-1}(v, \eta, \alpha, \boldsymbol{H})$，即 $\boldsymbol{u} \mid \boldsymbol{\Sigma} \sim N_p(v, \boldsymbol{\Sigma}/\eta)$（$p$ 维正态分布），$\boldsymbol{\Sigma} \sim W^{-1}(\boldsymbol{H}, p, \alpha)$（逆 Wishart 分布）。$\boldsymbol{\Sigma}$ 服从参数为 $(\boldsymbol{H}, p, \alpha)$ 的逆 Wishart 分布，$\boldsymbol{\Sigma}$ 已知时 $\boldsymbol{u}$ 的条件分布是参数为 $(v, \boldsymbol{\Sigma}/\eta)$ 的 p 维正态分布。在上述先验分布假设下，后验分布仍为正态 – 逆 Wishart 分布，$(\boldsymbol{u}, \boldsymbol{\Sigma}) \sim NW^{-1}(v', \eta', \alpha', \boldsymbol{H}')$，其中

$$v' = \frac{n \bar{\boldsymbol{x}} + \eta v}{n + \eta}, \quad \eta' = n + \eta, \quad \alpha' = n + \alpha, \quad \boldsymbol{H}' = S_x + \boldsymbol{H} + \frac{n\eta}{n + \eta}(\bar{\boldsymbol{x}} - v)(\bar{\boldsymbol{x}} - v)'$$

如果没有任何先验信息可以利用，一般取无信息先验分布为 $\pi(\boldsymbol{u}, \boldsymbol{\Sigma}) \propto$

$|\pmb{\Sigma}|^{-(p+1)/2}$,此时可求得无信息后验分布为$(\pmb{u},\pmb{\Sigma}) \sim NW^{-1}(\bar{\pmb{x}},n,n-1,S_x)$,即$\pmb{u}|\pmb{\Sigma} \sim N_p(\bar{\pmb{x}},\pmb{\Sigma}/n)$,$\pmb{\Sigma} \sim W^{-1}(S_x,p,n-1)$。

设现场信息(飞行试验信息)由容量为n_0的p维正态分布样本组成,记为$\pmb{X}^{(0)} = (\pmb{x}_i^{(0)})$,$i=1,2,\cdots,n_0$,其中,$\pmb{x}_i^{(0)}$为独立同分布的随机向量,且$\pmb{x}_i^{(0)} \sim N_p(\pmb{u},\pmb{\Sigma})$。记

$$\bar{\pmb{x}}^{(0)} = \frac{1}{n_0}\sum_{i=1}^{n_0} \pmb{x}_i^{(0)}, \quad S_x^{(0)} = \sum_{i=1}^{n_0}(\pmb{x}_i^{(0)} - \bar{\pmb{x}}^{(0)})^2$$

先验信息(仿真试验信息)由容量为n_1的p维正态分布样本组成,记为$\pmb{X}^{(1)} = (\pmb{x}_i^{(1)})$,$i=1,2,\cdots,n_1$,其中,$\pmb{x}_i^{(1)}$为独立同分布的随机变量,且$\pmb{x}_i^{(1)} \sim N(\pmb{u}_1,\pmb{\Sigma}_1)$。记

$$\bar{\pmb{x}}^{(1)} = \frac{1}{n_1}\sum_{i=1}^{n_1} \pmb{x}_i^{(1)}, \quad S_x^{(1)} = \sum_{i=1}^{n_1}(\pmb{x}_i^{(1)} - \bar{\pmb{x}}^{(1)})^2$$

与前述单变量正态分布方法类似,构造多维正态分布参数的混合先验分布:

$$\pi^*(\pmb{u},\pmb{\Sigma}) = \varepsilon_1 \pi(\pmb{u},\pmb{\Sigma} | \pmb{X}^{(1)}) + \varepsilon_0 \pi(\pmb{u},\pmb{\Sigma})$$
$$= \varepsilon_1 f_{NW^{-1}}(\pmb{u},\pmb{\Sigma} | \bar{\pmb{x}}^{(1)},n_1,n_1-1,S_x^{(1)}) + \varepsilon_0 C|\pmb{\Sigma}|^{-(p+1)/2} \quad (6.37)$$

式中:C为无信息先验分布常数。

继而可得其后验分布为仍为混合后验分布:

$$\pi^*(\pmb{u},\pmb{\Sigma} | \pmb{X}^{(0)}) = \lambda_1 \pi(\pmb{u},\pmb{\Sigma} | \pmb{X}^{(1)},\pmb{X}^{(0)}) + \lambda_0 \pi(\pmb{u},\pmb{\Sigma} | \pmb{X}^{(0)})$$
$$= \lambda_1 f_{NW^{-1}}(\pmb{u},\pmb{\Sigma} | v_{01},\eta_{01},\alpha_{01},H_{01}) + \lambda_0 f_{NW^{-1}}(\pmb{u},\pmb{\Sigma} | \bar{\pmb{x}}^{(0)},n_0,n_0-1,S_x^{(0)})$$
$$(6.38)$$

其中,

$$v_{01} = \frac{n_1 \bar{\pmb{x}}^{(1)} + n_0 \bar{\pmb{x}}^{(0)}}{n_1 + n_0}, \quad \eta_{01} = n_1 + n_0, \quad \alpha_{01} = n_1 + n_0 - 1$$

$$H_{01} = S_x^{(1,0)} = S_x^{(1)} + S_x^{(0)} + \frac{n_1 n_0}{n_1 + n_0}(\bar{\pmb{x}}^{(1)} - \bar{\pmb{x}}^{(0)})(\bar{\pmb{x}}^{(1)} - \bar{\pmb{x}}^{(0)})', \quad \lambda_1 = \frac{\varepsilon_1 k_1}{\varepsilon_1 k_1 + \varepsilon_0}, \quad k_1 = \frac{m_1}{m_0}$$

与单变量正态分布融合方法类似,无信息先验的边际分布m_0不存在,不能与m_1进行比较,所求得的k_1也不能真实反映两种先验与现场数据的吻合程度。同样地引入以下命题和定义。

命题 6.3:对于来自p维正态总体$N_p(\pmb{u},\pmb{\Sigma})$的容量为$n_0$的样本$\pmb{X}^{(0)}$,若分布参数$(\pmb{u},\pmb{\Sigma})$的先验分布为正态–逆Wishart分布,即$(\pmb{u},\pmb{\Sigma}) \sim NW^{-1}(v,\eta,\alpha,H)$,则其边际分布所对应的极大似然 ML–II 估计值不存在。若限定$\eta = n_1$,$\alpha = n_1 - 1$,$(n_1 > 1)$,当且仅当

$$v = \bar{\pmb{x}}^{(0)}, \quad H = \frac{(n_1-1)S_x^{(0)}}{n_0}$$

边际分布达到极大值。证明过程略。

定义 6.2：对于来自 p 维正态总体 $N_p(\boldsymbol{u},\boldsymbol{\Sigma})$ 的容量为 n_0 的样本 $\boldsymbol{X}^{(0)}$，若分布参数 $(\boldsymbol{u},\boldsymbol{\Sigma})$ 的先验分布为正态 – 逆 Wishart 分布，即 $(\boldsymbol{u},\boldsymbol{\Sigma}) \sim NW^{-1}(v,\eta,\alpha,\boldsymbol{H})$。将以下参数估计值称为 $\boldsymbol{X}^{(0)}$ 所对应的容量为 $n_1(n_1>1)$ 的有先验样本容量约束的第二类极大似然（prior sample Size Constrained Maximum Likelyhood – II, SCML – II）估计

$$\eta = n_1, \quad \alpha = n_1 - 1, \quad v = \bar{x}^{(0)}, \quad \boldsymbol{H} = \frac{(n_1-1)\boldsymbol{S}_x^{(0)}}{n_0}$$

将此条件下所得的边际分布密度函数值称为 $\boldsymbol{X}^{(0)}$ 所对应的容量为 $n_1(n_1>1)$ 的有先验样本容量约束的边际分布密度值（prior sample Size Constrained Marginal Density, SCMD）。

基于上述命题及定义，对于来自 p 维正态总体且容量为 n_1 的仿真样本 $\boldsymbol{X}^{(1)}$，当其充分统计量 $\bar{x}^{(1)}$、$\boldsymbol{S}_x^{(1)}$ 满足条件 $\bar{x}^{(1)} = \bar{x}^{(0)}$，$\boldsymbol{S}_x^{(1)} = (n_1-1)\boldsymbol{S}_x^{(0)}/n_0$ 时，针对给定的现场样本 $\boldsymbol{X}^{(0)}$，由 $\boldsymbol{X}^{(1)}$ 所构造的先验分布 $\pi_1 = \pi(\boldsymbol{u},\boldsymbol{\Sigma}|\boldsymbol{X}^{(1)})$ 所对应的边际分布密度 m_1 达到最大值 $M_0(n_1)$，则边际分布之比及后验分布权重分别为

$$k_1 = \frac{m_1}{M_0(n_1)} = \frac{|\boldsymbol{S}_x^{(1)}|^{(n_1-1)/2}}{|\boldsymbol{S}_x^{(1,0)}|^{(n_0+n_1-1)/2}} \frac{\left|\frac{(n_0+n_1-1)\boldsymbol{S}_x^{(0)}}{n_0}\right|^{(n_0+n_1-1)/2}}{\left|\frac{(n_1-1)\boldsymbol{S}_x^{(0)}}{n_0}\right|^{(n_1-1)/2}} \quad (6.39)$$

$$\lambda_1 = \frac{\varepsilon_1 k_1}{\varepsilon_1 k_1 + \varepsilon_0} = \frac{\varepsilon_1 m_1 / M_0(n_1)}{\varepsilon_1 m_1 / M_0(n_1) + \varepsilon_0} = \frac{\varepsilon_1 m_1}{\varepsilon_1 m_1 + \varepsilon_0 M_0(n_1)}, \quad \lambda_0 = 1 - \lambda_1 \quad (6.40)$$

为便于计算，将 k_1 重写为

$$k_1 = \left(\frac{|\boldsymbol{S}_x^{(1)}|}{|\boldsymbol{S}_x^{(1,0)}|}\right)^{(n_1-1)/2} \cdot \left(\frac{|\boldsymbol{S}_x^{(0)}|}{|\boldsymbol{S}_x^{(1,0)}|}\right)^{n_0/2} \cdot \left(\frac{n_0+n_1-1}{n_1-1}\right)^{p(n_1-1)/2} \cdot \left(\frac{n_0+n_1-1}{n_0}\right)^{pn_0/2}$$

$$(6.41)$$

上述方法用可比较的边际分布 $M_0(n_1)$ 替换了不可比较（或不存在）的边际分布 m_0，从而使 k_1 真实反映了先验分布 π_1 与现场数据 $\boldsymbol{X}^{(0)}$ 的吻合程度，进而影响后验融合权重 λ_1。

上述多元正态分布的融合方法适用于面目标和体目标的情况。当考虑武器对面目标的命中概率时，可以采用二维正态分布的融合方法，试验数据为二维正态分布样本，即 $p=2$；当考虑武器对三维体目标的命中概率时，可以采用三维正态分布的融合方法，试验数据为三维正态分布样本，即 $p=3$。

计算命中概率时，可以从混合后验分布 $\pi^*(\boldsymbol{u},\boldsymbol{\Sigma}|\boldsymbol{X}^{(0)})$ 中抽样，代入命中概

率计算式 $P_{hit} = \int_D f(X|u,\Sigma)\mathrm{d}X$，即可获得命中概率的一个抽样值，多次抽样并计算后，可得多个命中概率抽样值。将所有抽样值的经验分布看作命中概率的后验分布，即可获得命中概率的均值和置信限值。由于后验分布是双峰的，在计算均值和置信限值时有可能出现置信下限高于均值的情况。为避免此类情况，可以按照矩相等的原则，将其拟合为 Beta 分布，再进行置信上下界的估计。

6.3.3 多元正态分布样本的相容性检验

设容量为 n_1 的仿真试验样本 $X^{(1)}$ 来自正态分布 $N_p(u_1,\Sigma_1)$，容量为 n_0 的飞行试验样本 $X^{(0)}$ 来自正态分布 $N_p(u,\Sigma)$。现对以下假设进行检验：$H_0:u=u_1$，$H_1:u\neq u_1$。若 $\Sigma_1=\Sigma$ 但均未知，则构造统计量[11]：

$$T^2 = \frac{n_1 n_0}{n_1+n_0}(\overline{x}^{(1)}-\overline{x}^{(0)})'\left(\frac{S_x^{(1)}+S_x^{(0)}}{n_1+n_0-2}\right)^{-1}(\overline{x}^{(1)}-\overline{x}^{(0)}) \sim T_p^2(n_1+n_0-2) \quad (6.42)$$

其中，$T_p^2(n_1+n_0-2)$ 为自由度为 (n_1+n_0-2) 的 Hotelling 分布，故有

$$F = \frac{n_1+n_0-p-1}{n_1+n_0-2}T^2 \sim F(p,n_1+n_0-p-1) \quad (6.43)$$

用 F 分布检验法判别原假设是否成立。为了将上述检验的一致性水平转化为可信度，取仿真信息可信度为 $c_{1u}=1-Cdf_F(F)$，其中，$Cdf_F(F)$ 为 F 分布 $F(p,n_1+n_0-p-1)$ 在统计量 F 处所对应的累积分布函数值。当原假设成立时，$F\approx 0$，$Cdf_F(F)\approx 0$，$c_{1u}\approx 1$。

如果 $\Sigma_1\neq\Sigma$ 且均未知，但 Σ_1、Σ 相关性较大，则可构造如下统计量[11]：

$$T^2 = (\overline{x}^{(1)}-\overline{x}^{(0)})'S_*^{-1}(\overline{x}^{(1)}-\overline{x}^{(0)})$$

其中，$S_* = \dfrac{S_x^{(1)}}{n_1(n_1-1)}+\dfrac{S_x^{(0)}}{n_0(n_0-1)}$。

再令

$$f^{-1} = (n_1^3-n_1^2)^{-1}\left[(\overline{x}^{(1)}-\overline{x}^{(0)})'S_*^{-1}\frac{S_x^1}{n_1-1}S_*^{-1}(\overline{x}^{(1)}-\overline{x}^{(0)})\right]^2 T^{-4}$$

$$+ (n_0^3-n_0^2)^{-1}\left[(\overline{x}^{(1)}-\overline{x}^{(0)})'S_*^{-1}\frac{S_x^0}{n_0-1}S_*^{-1}(\overline{x}^{(1)}-\overline{x}^{(0)})\right]^2 T^{-4} \quad (6.44)$$

当原假设成立时，$[(f-p+1)/(fp)]T^2 \sim F(p,f-p+1)$，故可采用 F 检验。

此外，还需要对协方差 Σ_1 和 Σ 是否相等进行检验，具体方法可参考文献[11]，获得协方差阵的一致性水平 $c_{1\Sigma}$。然后，取最终的仿真可信度为 $c_1=(c_{1u}+c_{1\Sigma})/2$ 或 $c_1=(c_{1\Sigma}c_{1u})^{1/2}$。

6.3.4 示例分析与比较

下面比较两向独立计算与多元统计方法的命中概率计算结果。设仿真样本和飞行样本均来自同一个二维正态向量总体 $N_2(\boldsymbol{u},\boldsymbol{\Sigma})$。其中，

$$\boldsymbol{u}=[0,0]',\ \boldsymbol{\Sigma}=\begin{bmatrix}20^2 & 0 \\ 0 & 20^2\end{bmatrix}$$

目标区域设定为 60×40 的长方形，对称中心在坐标系原点，且长边方向与 X 向相一致。计算过程中，设仿真可信性为 $c_1=0.8$。仿真样本容量为 100，飞行样本容量为 10。

图 6.5(a) 给出了上述假设情况下分别按照两种方法计算得到的命中概率后验估计结果。由于飞行样本容量较少，导致样本随机性较大，所得估计结果在 0.52 附近，与命中概率真值 0.591 略有偏差。但是，可以看出，由于两向数据本身相关性较弱，两种方法获得的命中概率估计值基本相当。

如果假设两向数据存在较大的相关性，设相关系数为 0.8，即

$$\boldsymbol{\Sigma}=\begin{bmatrix}20^2 & 320 \\ 320 & 20^2\end{bmatrix}$$

图 6.5(b) 给出了命中概率计算结果。可以看出，按照多元统计方法获得的命中概率估计值在 0.65 附近，而采用两向独立假设所得命中概率值在 0.55 附近，与命中概率真值 0.655 偏差较大。由此可以看出，多元统计方法考虑了多元样本的相关性，获得的后验分布更为可信。此外，需要说明的是，如果飞行试验数据样本量非常有限，如果仅仅通过现场数据计算两向相关性，有可能导致错误的结论。此时，需要通过对大量历史数据的分析以及对导弹自身飞行机理的分析，确认两向是否确实存在相关性。如果相关性较弱，可以采用两向单独计算的方法。

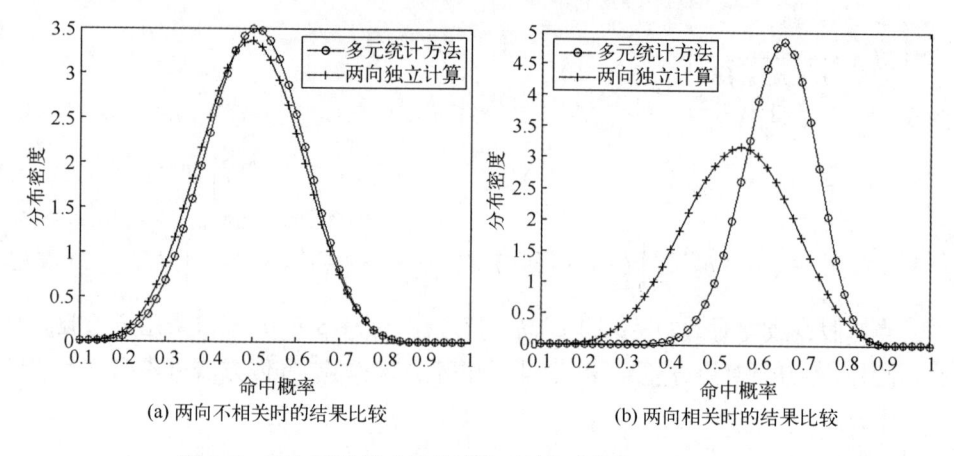

(a) 两向不相关时的结果比较　　(b) 两向相关时的结果比较

图 6.5　两向不相关或相关情况下的命中概率后验分布比较

6.4 基于多源试验信息的融合估计方法

当存在多个可供利用的先验信息源时,一般通过构造混合加权先验分布,与现场数据进行融合。但是传统的融合框架中没有考虑无信息先验分布,无法适用于所有信息源质量都较差的情况。本节首先提出了改进的多源先验分布融合方法,然后引入 6.2 节所提出的 SCMD,从而解决了正态分布参数的多源先验信息融合问题。

6.4.1 多源先验分布融合方法及其改进

设容量为 n_0 的现场样本 $X^{(0)}$ 的分布参数为 θ。设在现场信息之外存在由 s 个信息源获得的先验样本 $X^{(i)}$,$i=1,2,\cdots,s$,从中可以构造出分布参数 θ 的 s 个先验分布 $\pi_i(\theta)$ 及其先验融合权重 ε_i,$\sum_{i=1}^{s}\varepsilon_i = 1$。若设 $X^{(i)}$ 的可信度为 $c_i(0 \leq c_i \leq 1)$,一般可以取 $\varepsilon_i = c_i / \sum_{i=1}^{s} c_i$。则采用混合先验分布为

$$\pi(\theta) = \sum_{i=1}^{s} \varepsilon_i \pi_i(\theta) \tag{6.45}$$

则获得现场样本 $X^{(0)}$ 之后,贝叶斯后验分布为

$$\pi(\theta \mid X^{(0)}) = \sum_{i=1}^{s} \lambda_i \pi_i(\theta \mid X^{(0)}) \tag{6.46}$$

其中,后验融合权重为 $\lambda_i = \dfrac{\varepsilon_i m(X \mid \pi_i)}{m(X \mid \pi)}$,$m(X \mid \pi_i)$ 为先验取 π_i 时的边际分布。上述融合方法考虑了不同先验分布与现场样本的一致性水平或者不同信源本身的可信性,将其反映在先验融合权重 ε_i 的取值大小上,进而影响后验权重,从而从一定程度上避免不可信先验信息的直接混用。但是,仔细分析就会发现,当所有先验信息可信性都较低,或者所有先验信息与现场信息相容性都较差时,这种融合结构仍然会将所有的权重都分配给 s 个信源。当先验样本容量较多时,仍然会淹没现场样本,得出错误的融合估计结果。此时,可以参考本章前述两类试验信息(仿真试验信息与飞行试验信息)的融合方法,在融合结构中加入无信息先验分布及其权重。此时,混合先验分布和混合后验分布分别为

$$\pi(\theta) = \sum_{i=0}^{s} \varepsilon_i \pi_i(\theta) \tag{6.47}$$

$$\pi(\theta\mid X^{(0)}) = \sum_{i=0}^{s}\lambda_i\pi_i(\theta\mid X^{(0)}) \tag{6.48}$$

其中，$\pi_0(\theta)$和ε_0为无信息先验分布及其先验融合权重，且$\sum_{i=0}^{s}\varepsilon_i = 1$。将先验权重与可信度的关系重新定义为$\varepsilon_i = \dfrac{c_i}{s}, i=1,2,\cdots,s, \varepsilon_0 = 1 - \sum_{i=1}^{s}\varepsilon_i = 1 - \sum_{i=1}^{s}\dfrac{c_i}{s}$。$\pi_0(\theta\mid X^{(0)})$和$\lambda_0$分别为无信息先验情况下的贝叶斯后验分布及其后验融合权重。

$$\lambda_i = \frac{\varepsilon_i m(X\mid\pi_i)}{m(X\mid\pi)} = \frac{\varepsilon_i m(X\mid\pi_i)}{\sum_{i=0}^{s}\varepsilon_i m(X\mid\pi_i)} = \frac{\varepsilon_i m(X\mid\pi_i)/m(X\mid\pi_0)}{\sum_{i=0}^{s}[\varepsilon_i m(X\mid\pi_i)/m(X\mid\pi_0)]} \tag{6.49}$$

若将$s+1$个先验分布所对应的边际分布记为$m_i = m(X\mid\pi_i), i=0,1,\cdots,s$，并记$k_i = \dfrac{m_i}{m_0}, i=1,2,\cdots,s$，则有$k_0 = 1$，故

$$\lambda_i = \frac{\varepsilon_i m_i}{\sum_{i=0}^{s}\varepsilon_i m_i} = \frac{\varepsilon_i k_i}{\sum_{i=1}^{s}(\varepsilon_i k_i) + \left(1 - \sum_{i=1}^{s}\varepsilon_i\right)} = \frac{c_i k_i}{\sum_{i=1}^{s}(c_i k_i) + \left(s - \sum_{i=1}^{s}c_i\right)} \tag{6.50}$$

按照上述融合结构，若所有s个信源可信性都较低，则它们所对应的先验融合权重都较低，此时由$\varepsilon_0 = 1 - \sum_{i=1}^{s}\dfrac{c_i}{s}$可知，无信息先验将获得较高权重，混合后验分布将主要由无信息先验条件下获得的后验分布所决定。当各个信息源可信性都较高时，ε_0将趋于0，即无信息先验在混合先验分布中的比重将下降，后验分布将主要由有信息先验分布所决定。与原始的混合先验融合方法相比，这种融合方法可以处理所有信源可信度都较差时的情况，避免不恰当先验信息对现场信息的淹没。

6.4.2 正态分布参数的混合后验融合方法

在上述融合结构中，需要计算不同先验分布情况下的边际分布$m_i, i=0,1,\cdots,s$。对于有信息先验分布$\pi_i, i=1,2,\cdots,s$，它所对应的边际分布$m_i, i=1,2,\cdots,s$一般都存在。而对于某些样本分布总体，无信息先验分布π_0所对应的边际分布m_0不存在，即边际分布之比$k_i = \dfrac{m_i}{m_0}$的值无意义。由前几节内容可知，对于成败型试验数据，其无信息边际分布存在，可以方便地应用上述融合结构，获得混合后验分布。但对于正态分布总体，其分布参数(u,δ)所对应的无信息先验条件下的边际分布m_0不存在。此时，可以参照前述改进的混合先验分布融合方法，分别针对每个信

息源,计算现场样本 $X^{(0)}$ 所对应的容量为 n_i 的 SCMD 值 $M_0(n_i),i=1,2,\cdots,s$,其中 n_i 为第 i 个信息源的样本容量。然后将计算式 $k_i = \frac{m_i}{m_0}$ 改为 $k_i = \frac{m_i}{M_0(n_i)}$。此时,后验权重计算式可修改为

$$\lambda_i = \frac{c_i k_i}{\sum_{i=1}^{s}(c_i k_i) + \left(s - \sum_{i=1}^{s} c_i\right)} = \frac{c_i m_i / M_0(n_i)}{\sum_{i=1}^{s} c_i m_i / M_0(n_i) + \left(s - \sum_{i=1}^{s} c_i\right)} \quad (6.51)$$

$$k_i = \frac{m_i}{M(n_i)} = \frac{(S_x^{(i)})^{(n_i-1)/2}}{(S_x^{(i,0)})^{(n_0+n_i-1)/2}} \frac{\left[\frac{(n_0+n_i-1)S_x^{(0)}}{n_0}\right]^{(n_0+n_i-1)/2}}{\left(\frac{(n_i-1)S_x^{(0)}}{n_0}\right)^{(n_i-1)/2}} \quad (6.52)$$

其中,

$$S_x^{(i,0)} = S_x^{(i)} + S_x^{(0)} + \frac{n_i n_0 (\overline{x}^{(i)} - \overline{x}^{(0)})^2}{(n_i + n_0)} = \sum_{j=1}^{n_i} (x_i^{(i)} - \overline{x}^{(i,0)})^2 + \sum_{j=1}^{n_0} (x_i^{(0)} - \overline{x}^{(i,0)})^2$$

$$\overline{x}^{(i)} = \frac{1}{n_i} \sum_{j=1}^{n_i} x_j^{(i)}, S_x^{(i)} = \sum_{j=1}^{n_i} (x_i^{(i)} - \overline{x}^{(i)})^2, \overline{x}^{(i,0)} = \frac{n_i \overline{x}^{(i)} + n_0 \overline{x}^{(0)}}{n_i + n_0} \quad (6.53)$$

同样地,对于多元正态分布样本,分布参数(u,Σ)的无信息先验所对应的边际分布也不存在,需要按照 6.4.2 节所示方法求出各信源的 $M_0(n_i)$ 值,然后按照上述方法进行后验分布的融合。

6.4.3 示例分析与比较

设现场样本为容量为 20 的飞行样本,来自正态总体 $N(3,18^2)$。假设存在两个先验信息源:信息源 1 容量为 100,来自正态分布 $N(0,20^2)$,记作"样本 1";信息源 2 容量为 100,来自正态分布 $N(-3,20^2)$,记作"样本 2"。计算过程中,将两组先验信息的可信度直接取为各组样本与现场样本的相容性水平。按照前述相容性计算方法得到 $c_1 = 0.7779, c_2 = 0.5799$。如果采用原始的多源信息融合方法,在先验分布中不加入无信息先验,经计算可得后验权重 $\lambda_1 = 0.63, \lambda_2 = 0.37$。如果采用改进方法,在先验分布中加入无信息先验分布,又由于其边际分布不存在,故采用前节所述的改进的混合后验分布方法,用每个来源样本所对应 SCMD 值 $M(n_i)$ 来替换无信息先验所对应的边际分布 m_0,则可得后验权重分别为 $\lambda_1 = 0.232, \lambda_2 = 0.395, \lambda_0 = 0.372$,进而可得混合后验分布。无论是原始方法还是改进方法,所得的后验分布都是多个密度函数的混合分布,因此不是单峰的(原始方法所得后验具有双峰性,改进方法所得后验具有三峰性)。为了便于比较,将均值参数 u 的后验分布拟合为正态分布,将方差参数 δ 的后验分布拟合为逆 Gamma 分布,其结果如图 6.6 所示。从图中可以看出,原始方法所得后验分布基本上相当于"样本 1"

所对应的后验分布和"样本2"所对应的后验分布的折中。如果两个先验样本与现场样本存在较大差别,当先验样本数远大于现场样本数时,最终的融合结果将会大大偏离现场样本,从而导致先验信息淹没现场数据。而改进方法在混合后验分布中考虑了无信息条件下的后验分布,当先验样本与现场样本偏离较大时,将降低先验样本的权重,增加无信息后验分布的权重,从而避免不相容的先验样本对现场数据的淹没。

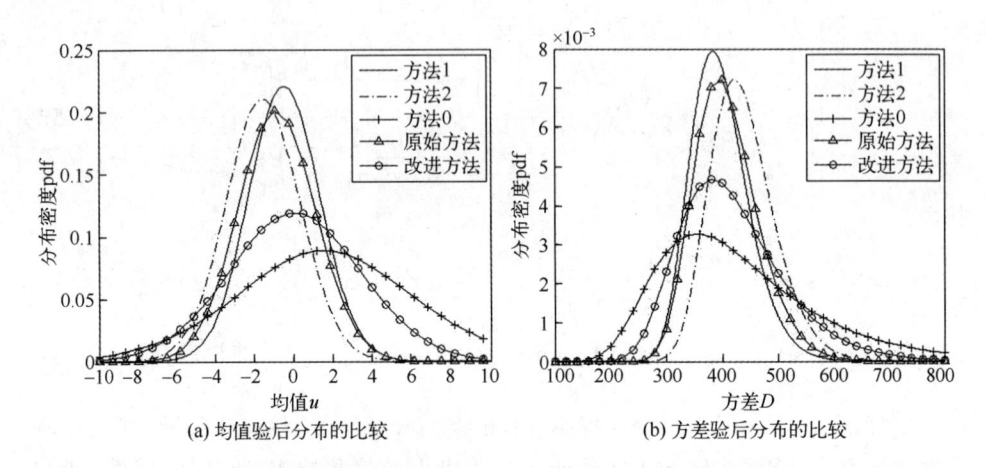

(a) 均值验后分布的比较　　(b) 方差验后分布的比较

注:方法1:将样本1和现场样本直接混合求得的后验分布;方法2:将样本2和现场样本直接混合求得的后验分布;方法0:仅利用飞行样本求得的后验分布。
图6.6　原始的多源融合方法与改进方法的后验估计的比较

6.5　融合多来源数据的命中概率鉴定方案设计

前面讨论了导弹命中概率的评估方法,在实际应用中,很多时候需要对导弹的命中精度或概率进行鉴定,即检验导弹的命中概率是否大于设定的指标。总体原则是利用有限的导弹,尽可能地使得导弹受到不同状态的考验,又使得检验具有较好的检验特性。按照《GJB 3400—1998:对空导弹武器系统制导精度评定方法》中的规定,导弹命中精度(或概率)的检验方法包括计数固定样本抽样检验方法、计数序贯截尾抽样检验方法和计量序贯抽样检验方法。其中,后两者属于"打打看看,看看打打"的序贯检验方法,将在本书的第七章中进行讨论。本节将讨论如何利用贝叶斯方法,融合多种来源的试验信息,对计数固定样本抽样检验方法进行改进。

6.5.1　计数固定抽样检验方法

命中概率的鉴定本质上是一个假设检验问题,设定假设检验方案为

$$H_0: p = p_0; \quad H_1: p = p_1$$

式中：p_0 为导弹命中概率的指标值；p_1 为命中概率的对比值，由研制方和使用方共同商讨决定。鉴别比 $D = q_1/q_0$，通常应该大于等于 1.5，其中，$q_i = 1 - p_i, i = 1, 0$。

双方风险 α、β 是设计鉴定方案过程中最为关注的因素，其中，α 表示研制方风险，表示原假设成立时却被判定为不合格的概率，β 表示备择假设成立时被判定为合格的概率。这两个概率值由双方协商确定，一般取 10% ~ 30% 之间。双方风险确定之后，求解下式即可确定试验用导弹数 n 以及可接受的最大不命中数 m^*：

$$\begin{cases} \sum_{i=0}^{m^*} C_n^i p_0^{n-i} q_0^i = 1 - \alpha \\ \sum_{i=0}^{m^*} C_n^i p_1^{n-i} q_1^i = \beta \end{cases} \quad (6.54)$$

通过实弹打靶获取 n 发弹中的不命中数 m，当 $m \leq m^*$ 时，接受原假设 H_0；否则，拒绝原假设。m 表示正常飞行（非故障）而不命中的弹数。图 6.7 给出了 $n = 20$、$p_0 = 0.9$ 和 $p_1 = 0.8$ 时，两类风险随着 m 的变化曲线，可以看出，随着未命中次数 m 的增加，研制方风险降低，而使用方风险却随之增加，如果要求双方风险均小于 30%，则 $n = 20$ 时无法满足这一要求；如果要求双方风险均小于 35%，则 $m = 2$ 时可以满足要求，即采用(20,2)这一鉴定方案。图 6.8 给出了当 $p_0 = 0.9$、$p_1 = 0.8$、未命中弹数 $m = 2$ 时，两类风险随着发射次数的变化曲线。随着发射次数的增加，研制方风险增加，使用方风险降低。可以看出，如果要求双方风险均小于 30%，则发射次数为 18 可以满足要求，即可采用(18,2)这一鉴定方案。

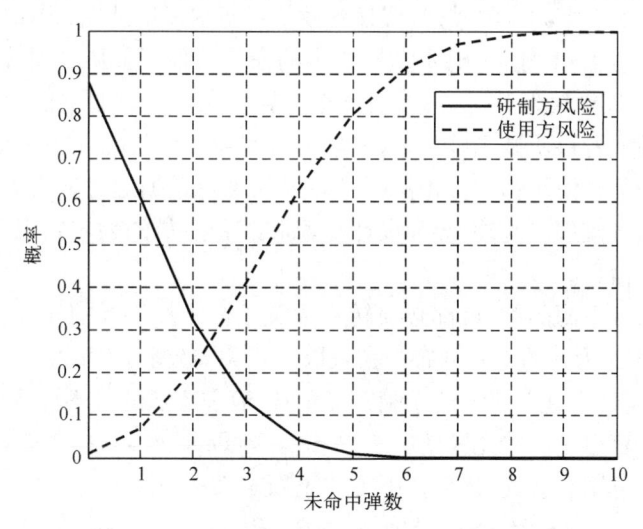

图 6.7 双方风险随未命中弹数的变化曲线

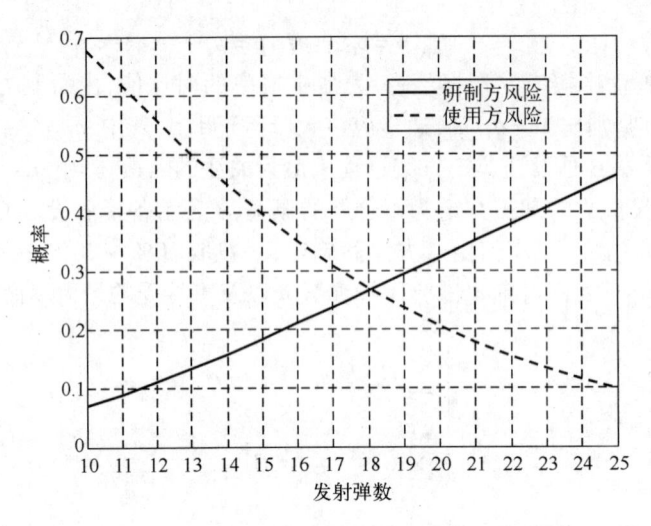

图 6.8 双方风险随发射弹数的变化曲线

6.5.2 利用贝叶斯方法对计数固定抽样检验方法的改进

从 6.5.1 节可以看出,在确定鉴定方案时,并没有用到关于导弹命中概率的先验信息,而在试验过程中,导弹的先验信息是比较充分的。在命中精度评估中,充分使用先验信息,提高点估计和置信区间估计的精度,已经成为工程界的共识。但是,在鉴定领域,利用贝叶斯方法融入各阶段试验信息的理念,并没有得到足够重视和推广应用。

按照 5.2.1 节中的有关描述,假设各发导弹每次发射独立,则命中情况均服从成功概率为 p 的 $0-1$ 分布,则 n 发导弹中的命中发数 s 服从二项分布。实际上,未命中数 m 服从参数为 $1-p$ 的二项分布。导弹在飞行试验之前,往往会开展大量的仿真试验或者科研试飞试验,这些数据与实际飞行数据通过一致性检验之后,可以作为先验信息使用;同时,相似型号导弹的飞行数据通过适当处理之后,也可以作为先验信息使用。此外,导弹设计专家和工程人员的领域知识也可以提供一定程度的先验信息。

无论是何种来源的信息,都必须转换为关于命中概率 p 的先验密度函数。通常以 Beta 分布作为 p 的先验分布。在获取了相关的先验信息之后,利用第二章的有关知识,即可建立起关于 p 的先验密度函数,有关方法此处不再赘述。

假定已经获得了 p 的先验密度函数 $\pi(p) = \text{Beta}(a, b)$,接下来需要根据两类风险确定鉴定方案。首先,按照以下方式重新定义两类风险:

$$\alpha = P(p > p_\alpha \mid \text{Reject}), \; \beta = P(p < p_\beta \mid \text{Accept}) \tag{6.55}$$

式中:p_α、p_β 分别为两类风险的判定"阈值",由方法共同商定,通常可选定为 p_0,即命中概率的规定值;Accept 为接受原假设;Reject 为拒绝原假设。简单地说,生产方风险为"拒绝了原假设,但实际命中概率大于规定值的概率",使用方风险则为"接受了原假设,但实际命中概率小于规定值的概率"。相对于传统的定义方式,这种定义方式更为直观明了。按照贝叶斯公式,可得

$$\alpha = \frac{P(\text{Reject} \mid p > p_\alpha)}{P(\text{Reject})}, \beta = \frac{P(\text{Accept} \mid p < p_\beta)}{P(\text{Accept})} \quad (6.56)$$

$P(\text{Reject})$ 表示的是当命中概率为 p 时,$m > m^*$ 的概率,故有

$$P(\text{Reject}) = \int_0^1 P(m > m^*) \pi(p) \mathrm{d}p = \int_0^1 \sum_{i=m^*+1}^n C_n^i p^{n-i}(1-p)^i \pi(p) \mathrm{d}p$$

类似地,可得

$$P(\text{Accept}) = \int_0^1 P(m \leq m^*) \pi(p) \mathrm{d}p = \int_0^1 \sum_{i=0}^{m^*} C_n^i p^i (1-p)^{n-i} \pi(p) \mathrm{d}p$$

而 $P(\text{Reject} \mid p > p_\alpha)$ 则表示在 $p > p_\alpha$ 的条件下,拒绝原假设的概率,有

$$P(\text{Reject} \mid p > p_\alpha) = \int_{p_\alpha}^1 P(m > m^*) \pi(p) \mathrm{d}p = \int_{p_\alpha}^1 \sum_{i=m^*+1}^n C_n^i p^{n-i}(1-p)^i \pi(p) \mathrm{d}p$$

$P(\text{Accept} \mid p < p_\beta)$ 表示在 $p < p_\beta$ 的条件下,接受原假设的概率,有

$$P(\text{Accept} \mid p < p_\beta) = \int_0^{p_\beta} P(m \leq m^*) \pi(p) \mathrm{d}p = \int_0^{p_\beta} \sum_{i=0}^{m^*} C_n^i p^i (1-p)^{n-i} \pi(p) \mathrm{d}p$$

这样,只需要在 $\alpha \leq \alpha_0, \beta \leq \beta_0$ 的约束条件下,试探求出 n 和 m^* 的值即可。上述公式看起来非常复杂,实际上,如果 p 的先验密度函数 $\pi(p)$ 为 Beta 分布,则计算过程将会简化很多。注意到

$$\begin{aligned} p^i (1-p)^{n-i} \pi(p) &= \frac{\Gamma(a+b)}{\Gamma(a)\Gamma(b)} p^i (1-p)^{n-i} p^{a-1}(1-p)^{b-1} \\ &= \frac{\Gamma(a+b)}{\Gamma(a)\Gamma(b)} p^{a+i-1}(1-p)^{b+n-i-1} \\ &= \frac{\Gamma(a+b)\Gamma(a+i,b+n-i)}{\Gamma(a)\Gamma(b)\Gamma(a+b+n)} \text{Beta}(a+i,b+n-i) \quad (6.57) \end{aligned}$$

如此则可以简化大量的运算过程。图 6.9 给出了当 $p_\alpha = p_\beta = 0.9$,命中概率 p 的先验密度函数为 Beta(4,0.5),发射次数为 15 时,两类风险随着未命中弹数的变化曲线。可以看出,当要求两类风险均小于 20% 时,鉴定方案(15,1)可以满足要求。图 6.10 给出了当 $p_\alpha = p_\beta = 0.9$,命中概率 p 的先验密度函数为 Beta(4,0.5),未命中弹数为 2 时,两类风险随着发射次数的变化曲线。如果要求两类风险为 15% 左右,(12,1)的鉴定方案可以满足要求。

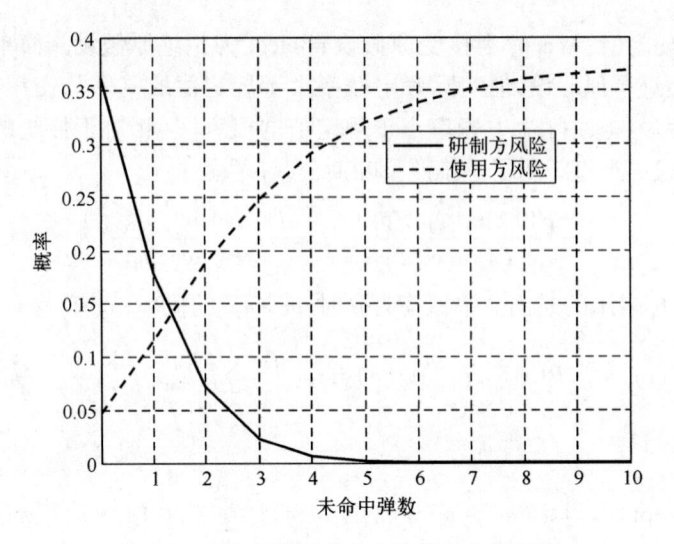

图 6.9 双方风险随未命中弹数的变化曲线

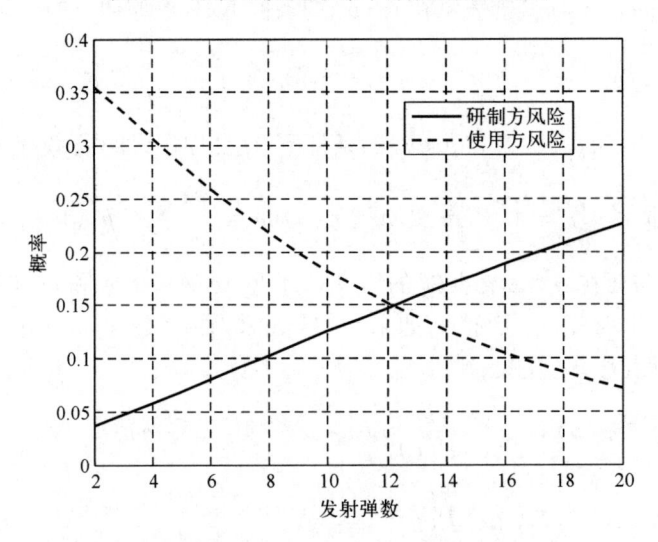

图 6.10 双方风险随发射弹数的变化曲线

参 考 文 献

[1] Li Q, Wang H, Liu J. Small sample Bayesian analyses in assessment of weapon performance[J]. Journal of Systems Engineering and Electronics, 2007, 18(3):545 – 550.
[2] 张士峰,蔡洪. Bayes 分析中的多源信息融合问题[J]. 系统仿真学报, 2000, 12(1):54 – 57.
[3] 杨华波,夏青,张士峰,等. Bayes 修正幂验前方法在制导精度评定中的应用[J]. 宇航学报, 2009, 30

(6):2237-2242.
[4] 胡正东,曹渊,张士峰,等. 特小子样试验下导弹精度评定的 Bootstrap 方法[J]. 系统工程与电子技术, 2008,30(8):1493-1497.
[5] Hamada M S,Wilson A G,Reese C S,et al. Bayesian Reliability[M]. New York:Springer Press,2008.
[6] 徐德坤. 弹道导弹命中精度评定方法及其应用研究[D]. 长沙:国防科学技术大学,2007.
[7] 李鹏波,谢红卫,张金槐. 考虑验前信息可信度时的 Bayes 估计[J]. 国防科学技术大学学报,2003,25(4):107-110.
[8] 黄寒砚,段晓君,王正明. 考虑先验信息可信度的后验加权 Bayes 估计[J]. 航空学报,2008,29(5):1245-1251.
[9] 段晓君,王刚. 基于复合等效可信度加权的 Bayes 融合评估方法[J]. 国防科学技术大学学报,2008,30(3):90-94.
[10] 吴翊,李永乐,胡庆军. 应用数理统计[M]. 长沙:国防科学技术大学出版社,1995.
[11] 何晓群. 多元统计分析[M]. 北京:中国人民大学出版社,2004.

第七章 航空子母炸弹制导精度鉴定的贝叶斯方法

7.1 引　　言

在现代战争中,具有制空优势的一方可以用空中火力支援地面作战。但是,随着现代防空武器的不断发展,各种传统的近距离突防技术已很难奏效,执行对地攻击任务的飞行员及其战机被击落的可能性越来越大。为了应对这种挑战,各国竞相发展各种防区外发射武器系统,使其能够在敌人防空火力之外投放发射,以保证飞行员和战机的安全。

风修正航空子母炸弹,也称为风修正机载布撒器(Wind Corrected Munitions Dispenser,WCMD),是一种在投放过程中,根据弹上的制导信息,通过尾翼的不断调整,利用风与尾翼相互作用的空气动力来修正偏差,达到保持自身姿态和预定滑翔弹道的目的,并精确达到预定布撒位置的空对地武器。它具有在敌防区外投放、低成本、高精度、模块化、多用途、全天候和隐身滑翔等优点。它能携带多种子弹药,主要攻击机场跑道、交通枢纽、武器装备阵地和指挥控制中心等重要军事目标。

WCMD 的低成本、防区外投放等优良特性,吸引了许多国家大力发展类似的武器。美国雷神公司研制的 JSOW(Joint Standoff Weapon)是其中的一组典型系列产品。根据有效载荷的不同,JSOW 分为 AGM-154A、AGM-154B、AGM-154C 等几个型号,可以用来对付从轻型车到装甲车等各种目标。弹内装有全球定位系统/惯性导航复合制导系统(GPS/INS)。制导系统可以通过预先装定的模式接收瞄准信息,也可以从母机的机载探测器或其他制导系统接收最新的目标信息。

尽管相对导弹系统而言,WCMD 类武器装备的研制成本较低,但由于高新技术的广泛应用,其研制和试验费用依然相当可观,不可能大量重复地进行包括定型试验在内的各类试验,小样本分析已成为其试验分析与评估工作的一大特点。同时,鉴于 WCMD 子母弹的攻击方式与弹道导弹等整体弹不同,导致了布撒均匀度等新的战术技术指标,进一步使得类似系列武器装备的鉴定问题成了一个难点和新问题。

由于仿真技术的运用和试验手段的进步与多样化,使得在靶场试验之前,已经具备了多种可供利用的信息,即先验信息,如研制过程中可使用的历史信息、研制过程中各分系统的试验信息、在不同研制阶段、不同试验条件下的试验信息以及仿真试验信息等。因此,试验分析与评估工作需要着力研究如何综合利用这些先验信息,贝叶斯统计理论和方法无疑是达成这一目的的有效途径。

武器装备试验需要采用"打打看看,看看打打"的试验方案,因此,序贯评估方法也备受重视。在实现这种试验方案的过程中,常常有这种情况,即在每次试验(或批次试验)之后,作出有关性能参数的分析,经过某些处置(改进)后,再进行下一批次试验。这样,在各批次试验之间,武器系统的性能参数是变化的,每次试后验所获得的样本并不属于同一总体,即使总体的分布形式已知,但分布参数却仍然是动态变化的。因此,小样本和多阶段变总体的统计分析问题,是WCMD武器装备试验分析与评估中非常值得重视和研究的问题[1]。

7.2 WCMD武器技战术指标分析

WCMD的工作过程是,在空中滑翔至预定的开舱空间位置(称为布撒点)后,其母弹开舱引爆,再由布撒器布撒出的子弹对目标进行面杀伤。在装备论证或验收时,用户偏好于更底层的,能直接反映杀伤效果的毁伤效能战术指标,通常有毁伤面积、子弹散布密度、布撒均匀度、子弹起爆率、子弹杀伤威力等,其中,毁伤面积、子弹散布密度、布撒均匀度与制导系统密切相关。

无论对传统的整体弹还是子母弹,制导系统精度鉴定都是一项必须完成的工作。考虑WCMD的鉴定,在研究制导系统鉴定方案之前,本章试图研究能否从直接的毁伤效能指标出发,给出制导精度鉴定的参考指标,这需要分析毁伤效能战术指标与制导精度技术指标之间的关系。如果能够科学地将部分的毁伤效能战术指标转换为要鉴定的制导精度指标,当转换后的制导精度指标通过检验时,对WCMD的毁伤效能也会信心大增。或者说,尽管制导精度指标要求的确受到诸多因素的影响,但研究如何从毁伤效果出发,提出制导精度指标要求,无疑也是有价值的。

在布撒机构完好,按铅垂线向下方作圆布撒的设定场景下,子弹散布密度主要由布撒点高度决定;毁伤面积取决于布撒面积,进而取决于布撒点的高度和水平精度;布撒均匀度主要取决于WCMD在布撒点的姿态和速度。因此,当鉴定对象为制导系统时,鉴定方案应该从布撒点精度和布撒均匀度这两方面展开。实际上,由于在制导飞行过程中会受到各种因素的影响,WCMD的实际布撒点在水平方向和高度方向,都会与预定的布撒点有一定的偏差,这会直接影响到毁伤面积,如图7.1(a)所示,姿态和速度偏差则会直接影响布撒均匀度。

7.2.1 子弹散布密度与母弹布撒高度

高度偏差主要影响目标覆盖率和子弹散布密度,特别是后者。在子弹数目总数确定后,子弹散布密度取决于布撒面积,进而取决于布撒点的高度。设实际和预定布撒点高度分别为 h' 和 h,布撒圆半径分别为 L' 和 L,在预定点布撒时正好覆盖 $S_{目标}$,出舱子弹的最大水平速度为 v_L,则高度与半径有如下关系[图 7.1(a)]:

$$\begin{cases} L = v_L t \\ h = \dfrac{1}{2}gt^2 \end{cases} \Rightarrow \frac{h'}{h} = \frac{t'^2}{t^2} = \left(\frac{L'}{L}\right)^2 \Rightarrow \frac{L'}{L} = \sqrt{\frac{h'}{h}} \tag{7.1}$$

给定 v_L、子弹数目和散布密度指标后,由式(7.1)可以得到对布撒高度的指标要求。假设散布密度要求每平方米子弹个数的范围为 $[a,b]$,子弹总数目为 E,那么,可以得到布撒高度的允许范围为 $[Eg/a\pi v_L^2, Eg/b\pi v_L^2]$。假设布撒点在高度方向上无系统性偏差,布撒高度以区间中点为均值呈正态分布,如果取高度的双侧允许范围的临界点为 3σ 点,则对应的高度偏差的方差指标应该为 $\sigma_0 = Eg(b-a)/6ab\pi v_L^2$。这样,从子弹散布密度要求出发,可以对高度偏差检验指标提出相应的要求。

7.2.2 毁伤面积与布撒精度

由式(7.1)可以看出,在布撒高度通过鉴定的前提下,预定与实际的布撒高度差异较小,实际布撒半径和预定布撒半径的比值将接近于 1,布撒面积的偏差也会很小。因此,在此前提下,可以认为对目标毁伤面积(布撒面积与目标面积的重叠部分)主要取决于布撒点的平面偏差。同样,希望从毁伤面积指标出发,对布撒点的平面偏差指标提出相应的要求,也就是给出圆概率偏差 CEP。

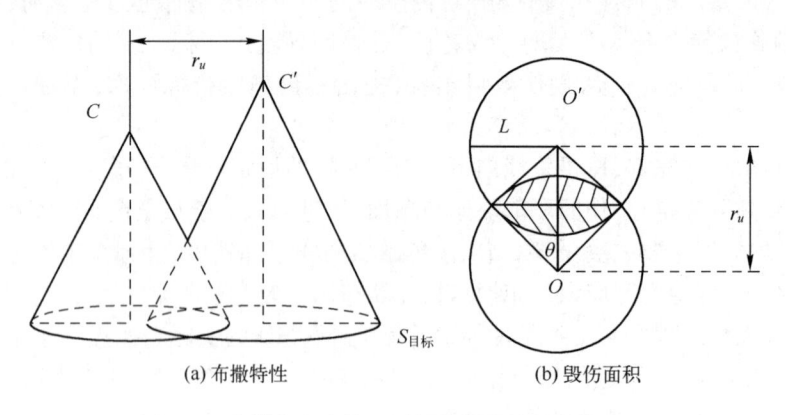

(a) 布撒特性　　(b) 毁伤面积

图 7.1　布撒点存在偏差时的布撒特性及毁伤面积

假设要摧毁的面积为 $S_{目标}$,实际和预定布撒点分别为 C' 和 C,垂直高度为 h,布撒的圆半径为 L,如图 7.1(b) 所示。如果布撒点无高度偏差,布撒圆半径相等,此时的毁伤面积只与布撒点平面偏差有关。设 WCMD 的毁伤面积指标为毁伤面积不小于 $a_0 S_{目标}$,$0<a_0<1$,实际布撒点与理论布撒点之间的水平距离为 r_u,要满足毁伤面积战术指标,必须使阴影区域面积满足

$$S_{阴影} \geqslant a_0 S_{目标} \tag{7.2}$$

设圆中直角三角形的夹角为 θ,则

$$S_{扇形} = \theta L^2, \quad S_{三角形} = \frac{r_u}{2}\sqrt{L^2 - \frac{1}{4}r_u^2} \tag{7.3}$$

$$S_{阴影} = 2 \times (S_{扇形} - S_{三角形})$$

$$= 2\arccos\frac{r_u}{2L}L^2 - r_u\sqrt{L^2 - \frac{1}{4}r_u^2} \geqslant a_0 \pi L^2 \tag{7.4}$$

$$2\arccos\frac{r_u}{2L} - \frac{r_u}{L^2} \cdot L \cdot \sqrt{1-\left(\frac{r_u}{2L}\right)^2} \geqslant a_0 \pi \tag{7.5}$$

注意到 $\arccos\frac{r_u}{2L} = \theta, \theta \in [0, \pi/2]$,于是有

$$\theta - \frac{1}{2}\sin 2\theta \geqslant \frac{\pi}{2} a_0 \tag{7.6}$$

式(7.6)左边单调增,且 $\cos\theta$ 在 $[0, \pi/2]$ 的范围内单调减,可知存在常数 c,能够将式(7.2)给出的毁伤指标转换为

$$r_u \leqslant c a_0 L \ (c \geqslant 0) \tag{7.7}$$

此时,根据已知战术指标的要求和布撒半径的范围,就可以提出对布撒点平面偏差的要求,那么,在火工品威力和毁伤面积的检验指标都已确定的情况下,就可以对 WCMD 的毁伤火力进行鉴定与分析了。

7.3　WCMD 鉴定方案设计

研究了不同层面指标转换后,重点研究 WCMD 鉴定的三个部分——布撒点高度偏差检验、平面偏差密集度检验和布撒均匀度检验,其中,布撒点的平面误差服从 Releigh 分布,高度误差服从正态分布[2]。

7.3.1　经典的序贯检验方法

高新武器装备的试验鉴定方案,既要科学合理,又要尽量做到成本最小化,这是一条总的原则。为了这一目的,通常要在试验鉴定方案中充分利用先验信息,贝叶斯统计推断方法就是一种利用先验信息的有效方法。目前的鉴定试验中,常采

用所谓"打打看看,看看打打"的试验策略,也就是说,试验得到的是序贯的试验结果,需要运用以前的试验结果,再作出综合分析和评定。如果能作出判断(如武器系统的性能已经达到了设计要求),则终止试验,否则,还需要组织下一次试验。因此,试验鉴定方案必须适应小样本和序贯的特点。

1. 序贯概率比检验 SPRT 方法

A. Wald 在 20 世纪 40 年代提出的序贯概率比检验(Sequential Probability Ratio Test,SPRT)方法。设有关于分布参数的对立假设:

$$H_0: \theta = \theta_0$$
$$H_1: \theta = \theta_1 = \lambda\theta_0, \quad \lambda > 1$$

式中:λ 为检出比。记 $X_n = \{x_1, x_2, \cdots, x_n\}$ 为独立同分布样本,构造似然函数:

$$L(X_n; \theta) = \prod_{i=1}^{n} f(x_i | \theta)$$

于是有似然比

$$\Lambda(X_n) = \frac{L(X_n; \theta_1)}{L(X_n; \theta_0)}$$

式中:$f(x_i | \theta)$ 为 θ 给定时,x_i 的分布密度函数。

引入常数 A、B,$0 < A < 1 < B$,A. Wald 构造了如下序贯检验方案:

当 $\Lambda(X_n) \leq A$ 时,则采纳假设 H_0;

当 $\Lambda(X_n) \geq B$ 时,则采纳假设 H_1;

当 $A < \Lambda(X_n) < B$ 时,则继续进行下一次试验。

其中,

$$A \approx \frac{\beta}{1-\alpha}, \quad B \approx \frac{1-\beta}{\alpha}$$

α、β 为预先给定的检验功效指标,即犯两类错误的概率。

可以看出,Wald 的序贯概率比检验是在经典的似然比检验基础上形成的,对其随机停时(结束试验时的次数)的分析表明,和经典检验方案相比较,实现同样的检验功效,所需要的平均试验次数会有所减少。但由于没有用到先验信息,致使停时仍有减少的空间,特别是对于昂贵产品的试验,这样的挖潜还是非常必要的。

2. 贝叶斯序贯概率比检验方法

在 Wald 序贯检验的基础上,引入先验信息(表现为先验概率),再利用获得现场试验样本 X_n 之后的后验概率 $P(H_0 | X_n)$ 和 $P(H_1 | X_n)$ 来构造检验方案,就形成了贝叶斯序贯概率比检验(贝叶斯 SPRT)方法。这时,序贯检验方案为

当 $P(H_0 | X_n) \leq C_L$ 时,采纳 H_1;

当 $P(H_0 | X_n) \geq C_U$ 时,采纳 H_0;

当 $C_L < P(H_0 | X_n) < C_U$ 时,继续下一次试验。

其中,与 A. Wald 的 SPRT 方法类似,由预设的检验功效确定门限值 C_L、C_U。

3. 贝叶斯序贯后验加权检验方法

贝叶斯序贯后验加权检验(Bayes Sequential Posterior Odd Test, Bayes SPOT)方法利用后验加权似然比构造的检验方案。考虑统计假设:

$$H_0: \theta \in \Theta_0, \quad H_1: \theta \in \Theta_1$$

其中,$\Theta_0 \cup \Theta_1 = \Theta, \Theta_0 \cap \Theta_1 = \Phi$。$\Theta$ 为参数空间,Θ_0、Θ_1 是 Θ 的一个分划。

对于独立同分布样本 $(x_1, x_2, \cdots, x_n)$,构造似然函数在 Θ_0 和 Θ_1 上的后验加权比:

$$O_n = \frac{\int_{\Theta_1} \left[\prod_{i=1}^{n} f(x_i | \theta) \right] \mathrm{d} F^\pi(\theta)}{\int_{\Theta_0} \left[\prod_{i=1}^{n} f(x_i | \theta) \right] \mathrm{d} F^\pi(\theta)}$$

式中:$F^\pi(\theta)$ 为 θ 的先验分布函数;$\pi(\theta)$ 为其密度函数。运用下列检验法则:

当 $O_n \leq A$ 时,采纳假设 H_0,终止试验;

当 $O_n \geq B$ 时,采纳假设 H_1,终止试验;

当 $A < O_n < B$ 时,继续进行下一次试验。

SPOT 方法也可以运用于简单假设的场合,例如,对于简单假设

$$H_0: \theta = \theta_0, \quad H_1: \theta = \theta_1$$

且 $P_{H_0} = \pi_0, P_{H_1} = \pi_1$,此时 $O_n = \frac{\pi_1}{\pi_0} \cdot \frac{L(X|\theta_1)}{L(X|\theta_0)}$,门限值为 $A = \frac{\beta_{\pi_1}}{P_{H_0} - \alpha_{\pi_0}}, B = \frac{P_{H_1} - \beta_{\pi_1}}{\alpha_{\pi_0}}$。可见,SPOT 方法的门限值随先验信息 P_{H_0} 和 P_{H_1} 的变化而变化。

7.3.2 布撒点的高度偏差检验

高度偏差检验采用贝叶斯统计决策方法,即对高度方向上的偏差 $h \sim N(\mu, \sigma^2)$ 进行分析,并假设 $\mu = 0$(无系统性偏差),进行方差鉴定。引入假设:

$$H_0: \sigma = \sigma_0, \quad H_1: \sigma = \sigma_1 = \lambda \sigma_0, \lambda > 1$$

记在 n 次试射后,布撒点高度偏差的测量值为 $\mathbf{Z} = (z_1, z_2, \cdots, z_n)$,是高度方向上的独立同分布样本,于是似然函数为

$$p(\mathbf{Z} | H_i) = \frac{1}{(2\pi\sigma_i^2)^{\frac{n}{2}}} \exp\left(-\frac{1}{2\sigma_i^2} \sum_{j=1}^{n} (z_j - \mu)^2\right), i = 0 \quad (7.8)$$

似然比为

$$l(\mathbf{Z}) = \frac{p(\mathbf{Z} | H_1)}{p(\mathbf{Z} | H_0)}$$

$$= \left(\frac{\sigma_0}{\sigma_1}\right)^n \exp\left[\frac{1}{2}\left(\frac{1}{\sigma_0^2} - \frac{1}{\sigma_1^2}\right) \sum_{j=1}^{n}(z_j - \mu)^2\right] \tag{7.9}$$

将式(7.9)取对数,并使决策损失最小,则有下列决策不等式:

$$\sum_{j=1}^{n}(z_j - \mu)^2 \begin{array}{c} 接受\ H_0 \\ > \\ < \\ 接受\ H_1 \end{array} 2\frac{\lambda^2 \sigma_0^2}{\lambda^2 - 1}\ln(\lambda^n T) \tag{7.10}$$

其中,决策门限 T 为

$$T = \frac{C_{10} - C_{11}}{C_{01} - C_{00}} \cdot \frac{P_{H_0}}{P_{H_1}} \tag{7.11}$$

而 C_{ij} 为决策中的损失。

通常,决策中的损失取决于火力运用中射击效率的损失,需要有关各方审慎确定。为说明其含义,此处认为不犯两类错误时的风险为 0(C_{ij} 表示当 H_j 为真,采纳 H_i 时的损失),则

$$T = \frac{C_{10} - 0}{C_{01} - 0} \cdot \frac{P_{H_0}}{P_{H_1}} = \frac{C_{10}}{C_{01}} \cdot \frac{P_{H_0}}{P_{H_1}} \tag{7.12}$$

由此可知,如果 $C_{10} > C_{01}$,即是说,当 H_0 为真但采纳 H_1(弃真)时所造成的损失,大于 H_1 为真但采纳 H_0(采伪)的损失,此时将使 T 增大,从而将引起偏于采纳 H_0 的后果(采纳 H_0 的区域扩大了),这有利于生产方。

反之,当 $C_{10} < C_{01}$ 时,则将使采纳 H_1 的区域扩大。这和实际情况的分析是吻合的。至于先验信息,如果 $P_{H_0} > P_{H_1}$,此时将使 T 增大,从而宜于采纳 H_0。

7.3.3 布撒点的平面偏差检验

当高度偏差通过检验后,毁伤面积取决于平面偏差。由于复杂假设条件下的计算非常复杂,而且同简单假设下相比,检验功效的改善并不显著,因此,仍建议采用简单假设对平面偏差进行检验。在犯两类错误的概率相同时,即达到相同的检验功效时,贝叶斯序贯方法的平均试验数比经典检验方法所需要的试验数要少[3,4],因此,本书提出一种改进的贝叶斯 SPRT 方法,其改进之处在于对贝叶斯 SPRT[5] 序贯方法的门限值进行修正,以便进一步减少决策所需的试验次数,并加快算法的收敛速度。传统的贝叶斯 SPRT 方法的区间判断采用的是 A. Wald SPRT 算法[6]。

设有如下对立假设:

$$H_0: \theta = \theta_0, H_1: \theta = \lambda\theta_0 = \theta_1, \lambda > 1 \tag{7.13}$$

记 $X_n = \{x_1, x_2, \cdots, x_n\}$ 为独立同分布样本,作似然函数 $L(X_n; \theta) = \prod_{i=1}^{n} f(x_i \mid \theta)$,

于是得到似然比函数 $\Lambda(X_n) = L(X_n;\theta_1)/L(X_n;\theta_0)$,其中 $f(x_i|\theta)$ 是参数给定后总体的分布密度函数。

事实上,注意到后验分布 $P(H_0|X_n)$ 是似然比的函数:
$$P(H_0|X_n) = P_{H_0}/[P_{H_0} + (1-P_{H_0})\Lambda(X_n)]$$

且 $P(H_0|X_n)$ 是似然比 $\Lambda(X_n)$ 的递减函数。这样,按照似然比 $\Lambda(X_n)$ 构造的序贯检验可以改变为按 $P(H_0|X_n)$ 构造的序贯检验。于是有下列序贯检验方案:

当 $\Lambda(X_n) \geq B$,即 $P(H_0|X_n) \leq \left(1 + \dfrac{1-P_{H_0}}{P_{H_0}}B\right)^{-1}$ (记作 C_L)时,采纳 H_1;

当 $\Lambda(X_n) \leq A$,即 $P(H_0|X_n) \geq \left(1 + \dfrac{1-P_{H_0}}{P_{H_0}}A\right)^{-1}$ (记作 C_U)时,采纳 H_0;

当 $A < \Lambda(X_n) < B$,即 $C_L < P(H_0|X_n) < C_U$ 时,继续下一次试验。

其中,$A = \beta/(1-\alpha)$,$B = (1-\beta)/\alpha$,其中 α 和 β 是不考虑先验信息时的犯第一类和第二类错误的概率,在样本参数确定的情况下,它们的值是不变的。

在工程实践中,贝叶斯 SPRT 方案多用于简单假设下的检验,考虑到所使用的先验信息难免含有一定的主观因素,并且样本总体实际上是在变动之中,这样一来,始终采用常规序贯方法的常量门限值,会导致检验所需试验次数还有减少的潜力。因此,通过修正决策门限值,对贝叶斯 SPRT 方法进行了改进,以便进一步减少决策所需的试验次数,并加快算法的收敛速度。

可利用贝叶斯 SPOT 方法的门限值来改进贝叶斯 SPRT 的门限值:
$$A' = \beta_{\pi_1}/(1-\alpha_{\pi_0}), B' = (1-\beta_{\pi_1})/\alpha_{\pi_0} \tag{7.14}$$

式中:$\alpha_{\pi_0} = \displaystyle\int_{\theta\in\Theta_0}\alpha(\theta)\mathrm{d}F^\pi(\theta)$,$\alpha(\theta)$ 是当 $\theta\in\Theta_0$,H_0 为真时但采纳 H_1 的概率,即弃真的概率;$\beta_{\pi_1} = \displaystyle\int_{\theta\in\Theta_1}\beta(\theta)\mathrm{d}F^\pi(\theta)$,$\beta(\theta)$ 是当 $\theta\in\Theta_0$,H_1 为真时但采纳 H_0 的概率,即采伪的概率。

此时,α_{π_0} 和 β_{π_1} 分别是考虑先验信息情况下的犯第一和第二类错误的概率,并由此构成了新的检验方案。

7.3.4 布撒均匀度鉴定方案

布撒均匀度是指子弹在布撒圆内的面积均匀性,是 WCMD 需要鉴定的一项战术技术指标。从理论上说,布撒均匀度的评定可以归结为对均匀随机分布的拟合优度检验,但这要求有足够大的样本。而实际情况是试验次数属于小样本情况,用传统的统计方法难以进行检验。

一般来说,布撒均匀度可以从子弹在布撒圆内沿周向均匀度和沿径向均匀度两方面考察,因此,均匀度应包括径向均匀度指标和周向均匀度指标[7]。

首先研究径向均匀度。如果子弹数目为 E,那么将布撒圆面积按径向等分成 n 份(作为示例,在图 7.2 中取 $n=10$),以同心圆环的形式等分该圆面积(图 7.2),则每份面积为 $S=\pi r^2/10$。考虑子弹径向布撒均匀度时,若各圆环内的子弹数均为平均值 $E/10$,对应着径向最均匀的状态;若某个圆环内的子弹数趋于 0 或趋于最大值 E 时,为均匀度最恶劣的情况。

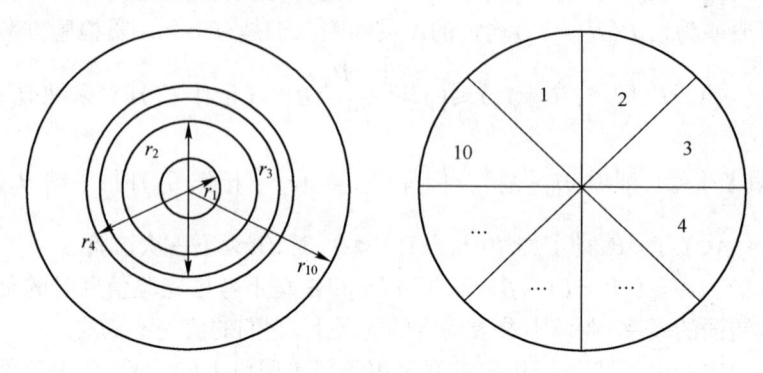

图 7.2 布撒圆在径向和周向上的等分

从概率角度来看,在子弹随机均匀散落的条件下,任意一颗子弹落入某一指定等分区的概率为 $p=1/n$,落入其他区域的概率为 $q=1-p$,则落入指定区域内的子弹数的概率 $p(k)$ 服从二项分布 $p(k)=\mathrm{C}_E^k p^k q^{E-k}$。取置信水平为 10%,当子弹数过大或过小,落入分布双侧尾部时,定义其均匀度 $a_i=0$,并记双侧临界值分别为 r 和 R。在定义均匀度的度量时,考虑以偏离区域平均值 $M=E/10$ 的程度作为均匀度,对每个区域而言,落入子弹数为 k 时,定义局部径向均匀度为

$$a_i = \begin{cases} 0 & (k<r, k>R) \\ 1-|(k-M)/(R-M)| & (r \leqslant k \leqslant R) \end{cases} \quad (7.15)$$

而整个布撒圆的径向均匀度定义为

$$p = \frac{1}{n}\sum_{i=1}^{n} a_i, i=1,2,\cdots,n, 0 \leqslant p \leqslant 1$$

作为数值示例,假设 WCMD 中含有 200 枚子弹,$n=10$,则各圆环内的子弹数均为平均值 20 时,均匀度达到最佳。均匀分布布撒时,落入任意区域内的子弹数服从二项分布:

$$p(k) = \mathrm{C}_{200}^k p^k q^{200-k}, k=0,1,\cdots,200$$

由图 7.3 可知,在落入子弹数为平均值 20 颗时,概率最大,这正是均匀度要求所希望的。此时,计算二项分布的双侧置信水平为 10% 的临界点,可得 $R=40$,$r=8$,于是,局部径向均匀度实际为

$$a_i = \begin{cases} 0 & (k<8, k>40) \\ 1-|(k-M)/(40-M)| & (8 \leqslant k \leqslant 40) \end{cases}, M=20 \quad (7.16)$$

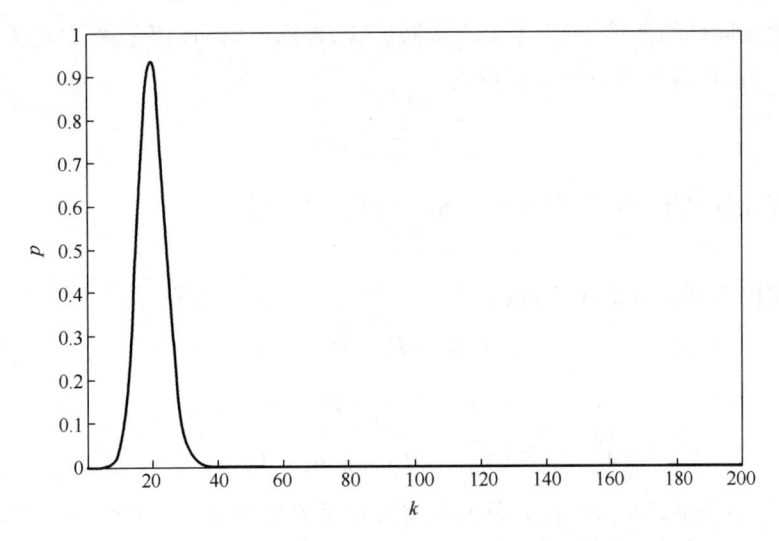

图 7.3　子弹总数为 200 时，落入某一区域子弹数的概率分布

周向均匀度的定义与径向均匀度指标类似,可以沿周向将布撒圆等分成 n 个区,如图 7.2 所示,不妨仍取 $n=10$。同样,在数值示例中,每个区域内的子弹数为 $M=20$ 时,周向均匀度达到最佳。局部周向均匀度指标为

$$b_i = \begin{cases} 0 & (k<r, k>R) \\ 1 - |(k-M)/(R-M)| & (r<k<R) \end{cases} \tag{7.17}$$

而整个布撒圆的周向布撒均匀度定义为

$$q = \frac{1}{n}\sum_{j=1}^{n} b_j, \ j=1,2,\cdots,n, \ 0 \leqslant q \leqslant 1$$

在子弹数目较大时,从概率的角度来说,无论如何选择起始角度来划分周向区域,周向均匀度指标不会因角度划分起始线的不同而有太大的改变,于是,可以选取母弹预定布撒瞄准轴作为起始线。

按照这样的方式分别建立了径向与周向的均匀度指标后,可以认为,所谓 WCMD 的均匀度满足设计要求,指的是径向与周向均匀度必须同时满足要求。对均匀度进行鉴定时,需要分别对径向与周向均匀度进行鉴定。下面仅以径向均匀度指标为例,确定其统计量的分布,周向均匀度指标的统计量分布的确定可仿此进行。

要对径向均匀度指标 P 进行评定,首先必须找到与指标 P 有关的统计量并确定其分布。

WCMD 径向布撒均匀度指标 P 的实际分布是未知的,即使在最理想的布撒情况下,局部径向均匀度 a_i 也是截尾分布,整体径向均匀度 P 实际分布的获得有相当的难度。建议采用贝叶斯 Bootstrap 方法来确定 $\overline{P}$ 的分布,具体方案为:

假设在同样的条件下,做了 L 次布撒试验,得到径向均匀度指标 P 的 L 个样本 $p_1, p_2, \cdots, p_L$,将指标 P 的统计量取为

$$\overline{P} = \frac{1}{L}\sum_{i=1}^{L} p_i \tag{7.18}$$

由统计量 $\overline{P}$ 来估计径向均匀度指标 P,则有估计偏差:

$$T_n = \overline{P} - P \tag{7.19}$$

由此构造 Bootstrap 统计量:

$$D_n = \overline{P}_V - \overline{P} \tag{7.20}$$

$$\overline{P}_V = \sum_{i=1}^{L} V_i P_i$$

$$(V_1, V_2, \cdots, V_n) \sim \text{Dirichlet}(1,1,\cdots,1) \tag{7.21}$$

由 D_n 的分布去估计 T_n 的分布,从而获得统计量 $\overline{P}$ 的分布,具体计算步骤如下。

(1) 产生 N 组(N 足够大)Dirichlet 分布 $d_n(1,1,\cdots,1)$ 的随机向量序列 $V(1), V(2), \cdots, V(N)$,其中,$V(i) = (V_{i1}, V_{i2}, \cdots, V_{in})$,$i = 1, 2, \cdots, N$;

(2) 对每一个 $V(i)$,计算相应的 $\overline{P}_V(i) = \sum_{j=1}^{L} V_{ij} P_i$,从而计算 $D_n(i) = \overline{P}_V(i) - \overline{P}$,其中,$i = 1, 2, \cdots, N$。

(3) 以 $D_n(1), D_n(2), \cdots, D_n(N)$ 作为 T_n 的估计,作直方图。

(4) 对步骤 3 的直方图,用最小二乘曲线拟合方法,即可获得 T_n 的分布密度函数 $f(t)$。

(5) 对步骤 4 中的分布密度函数进行一次积分,即可获得 T_n 的分布函数 $F(t)$。

(6) 对给定的径向均匀度指标 P,可获得统计量 $\overline{P}$ 的条件分布函数 $F(t/p)$ (即似然分布函数)和条件分布密度函数 $f(t/p)$。

在用 Bootstrap 方法确定出均匀度的分布函数后,引入假设:

$$H_0: p_0 = P; H_1: p_1 = \lambda P, \lambda > 1$$

从而将均匀度评定问题转为统计假设检验问题。至此,对现场样本得出的均匀度数据进行检验时,具体方案可以采用与 7.3.1 节中相似的统计决策方法。

对 WCMD 武器系统而言,只有在毁伤面积、散布密度和布撒均匀度同时满足要求时,武器才能获得最大的毁伤效能,对制导系统的鉴定能够有力支持对毁伤效能的综合评估。

7.4 仿真结果分析

仅以平面偏差的方差鉴定(即通常所谓的密集度)为例,对方案的使用情况进

行仿真分析。假设由于采用了制导装置和风修正的系列措施,WCMD 的系统性偏差(即准确度)和高度偏差都已经通过检验。此时,WCMD 的毁伤效能取决于其平面随机偏差。假设其战术指标为摧毁目标面积的 70%,火工品威力要求理想散布密度为 $0.02/m^2$,散布密度范围 $0.015 \sim 0.025$ 个$/m^2$,子弹数量为 300 个,则布撒半径应为 $60 \sim 80m$,通过指标转换分析,可以得到检验指标为:平面偏差(CEP)$r_u \leq 38.4m$,而待检验的方差 $\sigma = 24.5$,水平 CEP 与毁伤面积比之间的转换关系,如图 7.4 所示。

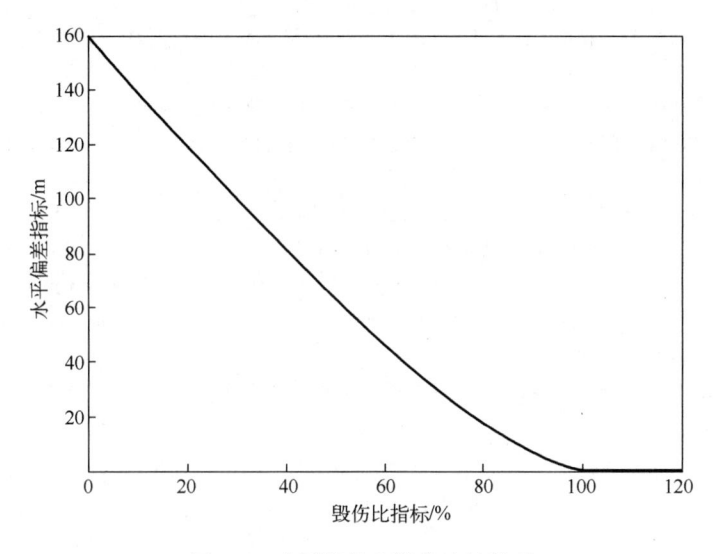

图 7.4 水平偏差和毁伤比的关系

如果有先验信息为 $P_{H_0} = 0.72(P_{H_1} = 1 - P_{H_0})$,取鉴别比 $\lambda = 1.3$,随机产生 10 组正态分布数据,可得结果如表 7.1 所列(S^2 为横纵向偏差平方和,T 为决策门限,Λ 为似然比)。

表 7.1 使用不同分析方法的结果比较

样本数 N	现场样本 数据/m 横向	现场样本 数据/m 纵向	S^2/m^2	统计决策算法 $T(m^2)$	统计决策算法 $\Lambda(x)$	贝叶斯 SPRT 算法 A	贝叶斯 SPRT 算法 B	改进的贝叶斯 SPRT 算法 A'	改进的贝叶斯 SPRT 算法 B'
6	-17.3	22.8	9883	9745	0.6763	0.2533	1.267	0.4577	3.190
7	19.7	-14.2	10467	10185	0.4376	0.2533	1.267	0.4183	2.363
8	5.4	-10.9	10697	10567	0.3402	0.2533	1.267	0.3681	2.297
9	-10.5	-11.7	10951	10903	0.2183	0.2533	1.267		
10	7.6	13.7	11196	11357	0.1069				

由结果可以看出,采用改进的 SPRT 算法后,可以减少决策所需的试验次数而达到同样的检验功效($\alpha = \beta = 0.05$)。统计决策方法 10 次试验才能做出结论,贝叶斯 SPRT 算法需要 9 次,而改进的 SPRT 算法只需要 8 次。

参 考 文 献

[1] 张湘平. 小子样统计推断与融合理论在武器系统评估中的应用研究[D]. 长沙:国防科学技术大学,2003.

[2] 张金槐,唐雪梅. Bayes 方法[M]. 2 版. 长沙:国防科技大学出版社,1993.

[3] 张金槐. 利用验前信息的一种序贯检验方法——序贯验后加权检验方法[J]. 国防科学技术大学学报,1991,13(6):1 – 13.

[4] 张金槐. 关于 Bayes 序贯检验的一些思考[J]. 飞行器测控学报,1992,11(2):1 – 8.

[5] 张金槐. 序贯验后加权检验在落点散布鉴定运用的思考[J]. 飞行器测控学报,1998,17(6):1 – 5.

[6] Brown L D, Cohen A, Samuel – Cahn E. A sharp Necessary condition for admissibility of sequential tests – Necessary and sufficient confidence for and miscibility of SPRT's [J]. The Annual of Statistics, 1983, 11 (2):640 – 653.

[7] 唐雪梅,徐文旭. 导弹子母弹抛撒的均匀性指标的确定及评定方法[J]. 系统工程与电子技术,1999,21(1):21 – 24.

第八章 预警雷达最大探测距离鉴定与评估的贝叶斯方法

8.1 引　　言

最大探测距离是雷达探测性能的最基本指标。《预警机系统导论》[1]一书中对预警机雷达最大探测距离的定义为"载机飞行在预定的高度和速度时,雷达按预定的搜索方式,在某一类地面上空,对给定相对航向、航速与高度的典型目标(如平均截面积为 $5m^2$,起伏特性为斯维林 I 型),在预定的发现概率 P_d 与虚警概率下,雷达能够探测到该目标的最大距离"。雷达在探测目标时,容易受到噪声、目标截面积起伏和其他随机因素的影响,其探测距离、虚警概率等指标具有统计特性。因此,为了对一些探测性能指标进行评估或鉴定,应该设计相关试验。对于预警雷达而言,对应的试验为检飞试验。

雷达检飞是一种大型的复杂外场试验,在检飞之前应该根据检飞条件和各指标的统计特性制定检飞方案,根据所要求的最大探测距离置信区间和置信度,确定观察点数和检飞架次。常用的计算方式为根据规定的概率 P_0,从"发现概率 – 探测距离"曲线中查出对应的探测距离 R_0 即为最大探测距离 R_{max},通常取 $P_0 = 0.5$。"发现概率 – 探测距离"曲线是通过雷达检飞试验获得的。GJB 74A—1998 中规定了雷达最大探测距离评估的相关方法[2]。

8.2 雷达最大探测距离评估的经典方法

8.2.1 检飞计划制定和数据处理

在制定检飞计划时,需要保证目标机与载机的对应位置覆盖雷达的各个阵面、各个频点、各天线扫描角、向背站以及目标机的各个检飞高度。为了验证雷达特定天线扫描角下的探测能力,检飞航线的设计思路为

$$V_z \sin\alpha = V_m \sin\beta$$

式中:V_z 为载机速度;V_m 为目标机速度;α 为雷达天线扫描角;β 为目标机视向角。载机和目标机分别在各自航线上飞行,按照 K 时方法保持同步进入,进入距

离为雷达不同工作模式下最大探测距离指标值的 1.1 倍。检飞中通过控制载机和目标机的飞行速度,可以得到不同阵面、不同天线扫描角对应的目标机视向角。由于载机受到高空风的影响,飞行中会存在较大的偏流角,因此,实际飞行过程中采取载机保持航向,不修风飞行;目标机保持航迹飞行的方法进行修正。

预警雷达属于情报雷达,对目标发现概率的要求不如火控雷达的要求高,通常取对目标发现概率为 0.5 的探测距离为最大探测距离。中远程预警雷达一般以 20km 作为距离间隔 ΔR 进行取样。为了增加取样的置信度,在相邻的取样间隔之内,一般重叠 1/2。

统计所有的检飞架次,可得在单个取样间隔 ΔR 内,雷达进行了 n 次扫描,发现目标 x 次,雷达的发现概率为

$$p = \frac{x}{n}$$

针对所有的取样间隔,分别计算对应的发现概率,以此可拟合出"发现概率 – 探测距离"曲线,找出发现概率 $p_0 = 0.5$ 处对应的探测距离即为最大探测距离 R_{max},如图 8.1 所示。

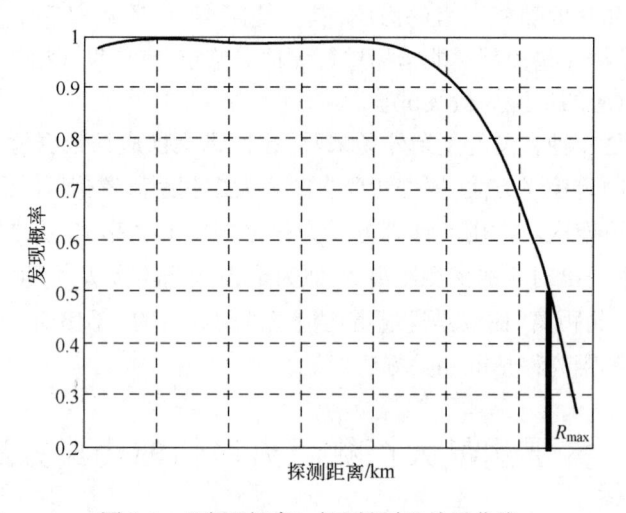

图 8.1 "发现概率—探测距离"关系曲线

8.2.2 检飞架次的确定

预警雷达检飞试验根据 GJB 74A—1998 进行设计,检飞架次的计算公式为

$$F_N = \frac{NVT}{3600\Delta R}$$

式中:F_N 为检飞架次;ΔR 为距离取样间隔(单位:km);N 为距离取样间隔内所需要的观测次数;V 为目标机相对于雷达的速度(单位:km/h);T 为观测周期(单位:s)。

其中,ΔR 的取值与预警雷达特性有关,一般为10km 或20km;V 和 T 都是预先设定的。因此,检飞架次的直接影响因素为 N,即 ΔR 内所需要的观测次数;N 越大,所需要的检飞次数就越大。N 取决于检飞所要求的置信水平和置信区间,通常取置信水平为90%或95%。图8.2给出了发现概率为0.5时,在这两个置信水平下,置信区间长度随着观测样本量的变化曲线。

由图8.2可见,如果定义发现概率为0.5时的探测距离为最大探测距离,在90%的置信水平下,要求发现概率置信区间的长度不超过0.2,则 ΔR 内的观测次数(即观测样本量)应该为80次左右。如果要求不超过0.1,则观测样本量更是达到了350次之多。

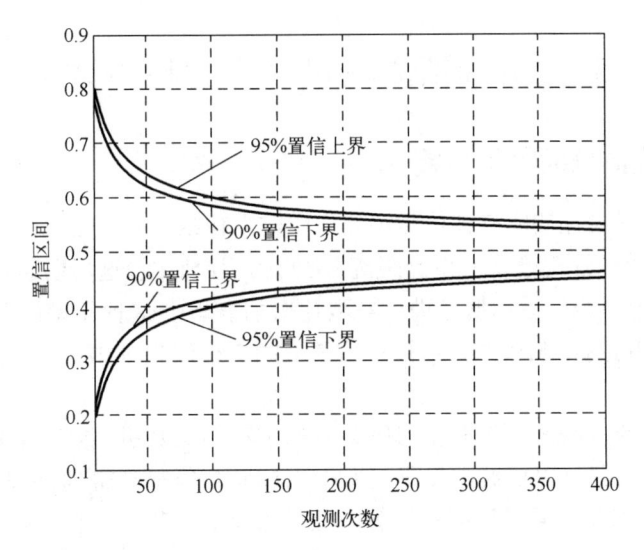

图8.2 发现概率为0.5时,发现概率置信区间与观测次数的关系

图8.2所示的曲线是由经典统计方法下的二项分布的区间估计确定的。假定在一个距离取样间隔 ΔR 内,共进行了 n 次扫描,在指定的虚警率下,发现次数为 x,则发现次数 x 服从二项分布,即

$$f(x\mid n,p) = C_n^x p^x (1-p)^{n-x}, x = 0,1\cdots,n$$

式中:p 为发现概率。

实际上,图8.2描述的是在观测样本(n,x)下,发现概率的双侧置信区间估计 $[p_L,p_U]$,点估计为 $p = x/n$。令 α 表示置信水平,则置信区间估计可由下式计算得到

$$\sum_{i=1}^{x} C_n^i p_L^i (1-p_L)^{n-i} = \frac{\alpha}{2}, \quad \sum_{i=1}^{x} C_n^i p_U^i (1-p_U)^{n-i} = 1 - \frac{\alpha}{2} \tag{8.1}$$

由于指定了发现概率 $p = 0.5$,因此,$x = 0.5 \cdot n$。为了避免 x 出现非整数值,可

在绘图时只考虑n为偶数的情况。n为奇数时对应的置信区间估计可平滑得到。此外,为了简化计算,国家标准《GBT 4088—2008:数据的统计处理和解释:二项分布参数的估计与检验》中给出近似计算公式[3]。

可以看出,这种检飞方法所需要的观测次数数量较大,是因为完全没有考虑雷达定型之前的先验信息。雷达在定型检飞之前,还会开展科研试飞等试验,状态稳定之后,才会转入定型工作。稳定状态下的科研试飞数据完全可以作为雷达检飞的先验数据。另外,相似型号或者具有历史继承性雷达型号的定型检飞数据也可以作为先验信息。这就为贝叶斯方法在预警雷达检飞试验设计中提供了应用的空间。

8.3 利用贝叶斯方法设计雷达检飞试验方案

8.3.1 先验信息的收集与整理

预警雷达最大探测距离评估相关的先验信息包括:

(1)雷达的"发现概率-探测距离"之间的理论曲线,这可以通过雷达的设计参数计算,或者与相似雷达型号进行参数比对后获取。这种先验信息比较难以获取,而且由于雷达探测距离受到很多因素的影响,理论曲线的可信度很难得到保证。

(2)雷达的科研试飞数据和相似型号的定型检飞数据,数据结构如表8.1所列。前3列的数据可以根据试飞或定型检飞试验收集整理得到,后两列中的发现概率点估计和95%的置信区间的计算方式可参见8.2节。

表8.1 先验信息数据结构

距离间隔/km	扫描次数	发现次数	发现概率点估计	95%的置信区间
40~60	20	19	0.95	[0.7207 0.9994]
…	…	…	…	…

先验信息的应用必须遵循以下两条基本原则:

(1)避免无中生有,所有的先验信息都必须有依据,宁可少用或者不用先验信息,也不能盲目的扩大先验信息。

(2)充分收集并利用各种来源的先验信息,并正确评价其可信水平。

从雷达的检飞试验现状来看,雷达的科研试飞数据与相似型号的雷达定型检飞数据比较容易获取;相对于前面两类数据而言,这类数据具有较高的可信度。但是,在很多情况下,相似型号雷达并不多见。因此,可以利用雷达的科研试飞数据作为雷达最大探测距离评估中的先验数据。

8.3.2 先验信息的建模

1. 各距离采样间隔下先验信息数据的建模

先验信息数据与定型检飞数据在结构上是一致的,都是"距离采样间隔 ΔR - 观测次数 n - 发现次数 x"的形式。在同一个距离取样间隔 ΔR 下,发现次数 x 服从二项分布,参数 p 表示发现率。在贝叶斯方法中,将 p 看做随机变量,在总体样本服从二项分布时,p 通常认为服从 Beta 分布,即

$$p \sim \text{Beta}(a,b)$$

其中,a 和 b 称为先验分布的超参数。先验信息的建模问题就成为估计超参数 a 和 b 的问题。

根据数据 (n,x),可计算得到 p 的均值和分位数(置信水平 α 下的置信下界),具体计算方法如式(8.1)所示。得到均值 $\bar{p}$ 和分位数 p_L 之后,利用矩等效法,求解以下方程组,即可估计出超参数 a 和 b。

$$\begin{cases} \dfrac{a}{a+b} = \bar{p} = \dfrac{x}{n} \\ \int_0^{p_L} \text{Beta}(a,b) = \alpha \end{cases}$$

当 $n > x$ 时,上述方程可以准确解出;但是,当 $n = x$ 时,上述方程无解。这是因为发现概率的点估计已经为 1,超参数 $\beta = 0$,这显然是不合适的。此时,矩等效法不再适用,应按照贝叶斯相继律进行处理。

假定在科研试飞之前对 p 没有任何信息,则 p 应该服从 $[0,1]$ 范围内的均匀分布,等价为 Beta 分布 Beta$(0.5,0.5)$;当获取了科研试飞数据 (n,x) 之后,Beta 分布有更新,更新后的分布为 Beta$(x+0.5, n-x+0.5)$,即 Beta$(x+0.5,0.5)$。此时,p 的先验均值变为

$$\bar{p} = \frac{x+0.5}{n+1}$$

n 取值越大,$\bar{p}$ 就越近于 1。

2. 最大距离处探测概率 p_0 的先验密度函数

利用表 8.1 所列的先验信息,可以拟合得到"先验发现概率 - 探测距离"之间的关系曲线。类似地,可分别得到"95%置信区间下界 - 探测距离""95%置信区间上界 - 探测距离"两条拟合曲线。利用"先验概率点估计 - 探测距离"这一拟合曲线,可得到先验最大探测距离,即发现概率 $p_0 = 0.5$ 处对应的探测距离。然后分别计算先验最大探测距离下对应的发现概率置信上下界,如图 8.3 所示,其中,最上(下)面的曲线是根据发现概率的双侧置信上(下)界拟合得到的;中间的曲线是根据发现概率的点估计拟合得到的,而这就是 GJB 74A—1998 中规定的,用于评估最大探测距离的拟合曲线。按照最大探测距离的定义,利用中间的曲线,找出概率为

0.5时对应的探测距离,如图8.3中的水平(加粗)直线所示。然后,在这一最大探测距离处,作一垂线,这一垂线与上下两条曲线的交点即为$p_0=0.5$的置信上下界,即先验置信区间$[p_1^{prior}, p_2^{prior}]$。图8.3中,$p_0$的先验置信区间为$[0.3682, 0.6309]$。

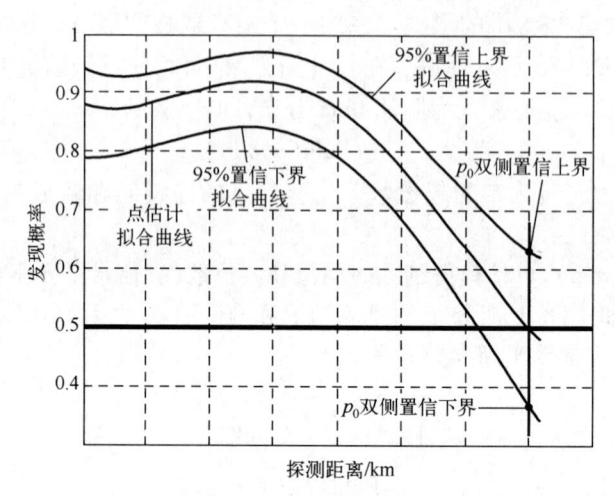

图8.3 发现概率$p_0=0.5$对应的置信上下界

接下来可利用贝叶斯方法建立p_0的先验分布。理论上,可采用区间$[p_1^{prior}, p_2^{prior}]$上的均匀分布作为$p_0$的先验分布。但是,考虑到$p_0$存在超出这一范围的可能性,利用Beta分布Beta(a,b)作为p_0的先验分布是比较合适的。可利用矩等效方法将$[p_1^{prior}, p_2^{prior}]$上的均匀分布等效转换为Beta分布Beta$(a,b)$。具体方法[4]如下。

$[p_1^{prior}, p_2^{prior}]$上的均匀分布所对应的均值和方差分别为

$$\mu = \frac{p_1^{prior} + p_2^{prior}}{2}, \sigma^2 = \frac{(p_1^{prior} - p_2^{prior})^2}{12}$$

概率密度函数Beta(a,b)的均值和方差分别为

$$\mu = \frac{a}{a+b}, \sigma^2 = \frac{ab}{(a+b)^2(a+b+1)}$$

令上下两式对应相等,即可求得超参数a和b,由此可确定p_0的先验分布。需要指出的是,p_0的均值应该为0.5,因此,其置信区间应该是关于0.5对称的。由于拟合以及计算过程中的一些偏差,某些时候$[p_1^{prior}, p_2^{prior}]$并不一定严格按照0.5对称。

为了使得置信区间保持对称,可将置信区间适当扩大,具体的处理方式为:

如果$p_2^{prior} - 0.5 > 0.5 - p_1^{prior}$,则$p_1^{prior} = 0.5 - (p_2^{prior} - 0.5) = 1 - p_2^{prior}$,$p_2^{prior}$保持不变;

如果 $p_2^{prior} - 0.5 < 0.5 - p_1^{prior}$,则 $p_2^{prior} = 0.5 + (0.5 - p_1^{prior}) = 1 - p_1^{prior}$,$p_1^{prior}$ 保持不变。

这是一种相对保守的处理方式,实际上是扩大了 p_0 的置信区间范围。按照谨慎使用先验信息的原则,这种方式是合理的。以图8.3所示的置信区间[0.3682,0.6309]为例,经过处理之后,新的置信区间为[0.3682,0.6318],比原来的置信区间稍稍有所扩展。按照矩等效法得到的关于 p_0 的先验密度函数为

$$\pi(p_0) = \text{Beta}(21.0874, 21.0874)$$

8.3.3　确定观测样本数(检飞架次)

根据发现概率 p_0 的先验密度函数,可得到计算不同的置信水平 α 和置信区间 $[p_1, p_2]$ 下,所需要的观测样本数,即距离间隔 ΔR 内开展的观测次数 N,由此可确定检飞架次。

假设开展了 N 次观测,应该使得发现概率的后验均值为0.5,则观测到的次数 S 应该满足:

$$\frac{S+a}{a+b+N} = 0.5$$

按照贝叶斯分析方法,可知发现概率 p_0 的后验密度函数也是 Beta 函数,即

$$\pi(p_0 | N, S) = \text{Beta}(a+S, b+N-S)$$

按照检飞要求,在置信水平 α 下,发现概率 p_0 的置信区间为 $[p_1, p_2]$,即宽度为 $\Delta p = |p_2 - p_1|$,即满足下式

$$\begin{cases} \int_0^{p_1} \pi(p_0 | N, S) \, dp_0 = (1-\alpha)/2 \\ \int_0^{p_2} \pi(p_0 | N, S) \, dp_0 = (1+\alpha)/2 \end{cases}$$

利用前面的思路,还可以得到观测次数与发现概率 p_0 先验置信区间之间的关系,如同 GJB 74A—1998 中给出的关系曲线图。

图8.4给出了当发现概率 p_0 的先验置信区间为[0.4,0.6]时,观测次数与 p_0 置信区间宽度之间的关系。由图8.2可以看出,当置信水平为10%时,按照GJB 74A—1998中的做法,进行100次观测,p_0 对应的置信区间为[0.42,0.58]左右;而按照图8.4所示的曲线,可知在这样的先验信息水平下,100次观测下 p_0 的置信区间已经缩小到了[0.44,0.56]左右,只需要50次左右的观测就可使得 p_0 的置信区间保持在[0.42,0.58]左右,可以节省一半左右的检飞架次。

图8.5给出了当发现概率 p_0 的先验置信区间为[0.3,0.7]时,观测次数与 p_0 置信区间宽度之间的关系。可以看出,当观测次数为100次时,p_0 的90%双侧置信区间为[0.425,0.575];开展80次左右观测,p_0 的90%双侧置信区间为[0.42,0.58],相对于GJB 74A—1998,可以节省检飞架次20%左右。

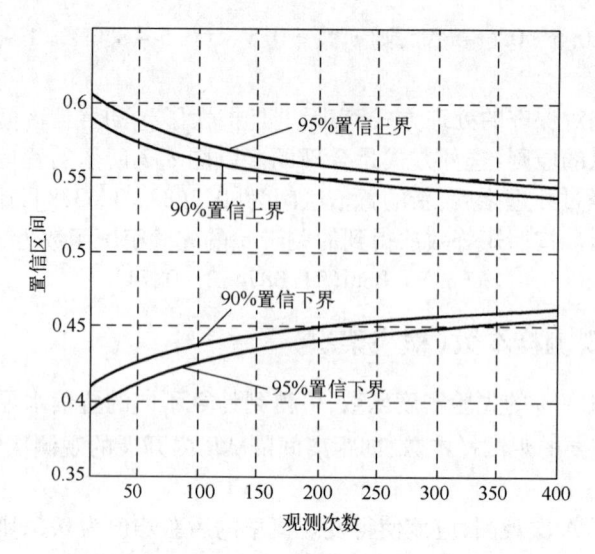

图 8.4 观测次数与发现概率置信区间的关系
（发现概率区间 p_0 的先验置信区间为 $[0.4, 0.6]$，$p_0 = 0.5$）

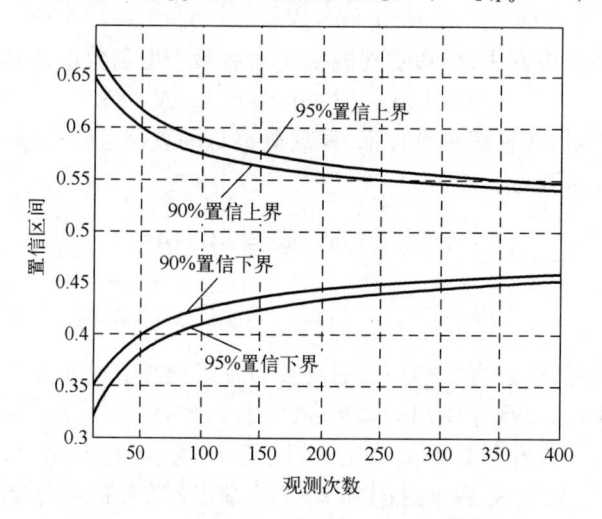

图 8.5 观测次数与发现概率置信区间的关系
（发现概率区间 p_0 的置信区间为 $[0.3, 0.7]$，$p_0 = 0.5$）

8.3.4 开展定型检飞并评估最大距离

开展定型检飞试验之后，得到不同的距离取样间隔 ΔR 内的检飞数据 (n', x')。将它们与先验信息相结合，即得到后验的发现概率估计值，利用这些估计值，即可得到拟合得到"发现概率-探测距离"关系曲线。在该曲线上，找出发现概率为 0.5 处对应的探测距离，即为最大探测距离。

假定在某个距离取样间隔 ΔR 内,其发现概率 p 的先验密度函数为 $\mathrm{Beta}(a,b)$,按照贝叶斯方法中的共轭分布原则,可知在这个距离取样间隔 ΔR 内,p 的后验概率密度函数为 $\mathrm{Beta}(a+x',b+n'-s')$。由此可得,$p$ 的后验估计值为

$$\bar{p} = \frac{\alpha + x'}{\alpha + \beta + n'}$$

依此类推,得到所有的距离取样间隔下发现概率的后验估计值,这样就可以将科研试飞数据和定型检飞数据融合在一起,并拟合得到"发现概率－探测距离"关系曲线,由此可得出最大探测距离,如图 8.1 所示。

参 考 文 献

[1] 郦能敬. 预警机系统导论[M]. 北京:国防工业出版社,1998.
[2] 国防科学技术工业委员会. 军用地面雷达通用规范(GJB 74A—1998)[S],1998.9.
[3] 中国国家标准化管理委员会. 二项分布参数的估计与检验(GB/T 4088—2008)[S]. 2009.1.
[4] 明志茂. 动态分布参数的 Bayes 可靠性综合试验与评估方法研究[D]. 长沙:国防科学技术大学,2009.

附录 A MCMC 算法概述

MCMC 的全称为 Markov Chain Monte Carlo,即马尔可夫链蒙特卡洛方法,利用该方法可实现从密度分布中进行抽样。在贝叶斯统计决策和推断中,通常立足于参数的后验分布来分析其相关的统计特性,当参数为一维时,即单个参数,如单参数指数分布中的失效率 λ,能够很容易地利用解析方法得到其后验期望、方差及置信区间等统计特性;但是,若参数为多维时,如正态分布的期望 μ 和标准差 σ,那么,为了获取 μ 或者 σ 的统计特性,则必须构建(μ,σ)的联合后验分布,并分别求取 μ 和 σ 的边际密度函数,这是一个非常烦琐复杂的过程。而且在很多情况下,特别是当参数维数超过 2 时,利用解析方法求取边际分布将非常困难,甚至是不可能的。因此,利用 MCMC 方法对分布进行抽样,从而获得各参数的统计特性,就成为必然之选。MCMC 的出现,解决了贝叶斯统计学中模型处理困难的问题,很大程度上了促进了贝叶斯统计学的复兴。

MCMC 的抽样过程实际上就是建立一个不可回归的、非周期的马尔可夫链,使其稳态分布接近于所研究的密度分布,然后从稳态分布中进行抽样。其中,最为常用的两种抽样算法分别为 Metropolis – Hastings 算法和 Gibbs 采样算法。

A.1 Metropolis – Hastings 算法

令 $g(\boldsymbol{\theta})$ 表示待研究的密度分布,其中,$\boldsymbol{\theta}$ 为参数向量,为了便于描述,假定 $\boldsymbol{\theta}$ 为 n 维向量,即包括 n 个参数。在贝叶斯统计推断或决策中,$g(\boldsymbol{\theta})$ 通常为 $\boldsymbol{\theta}$ 的后验分布,即 $g(\boldsymbol{\theta}) = \pi(\boldsymbol{\theta} \mid \boldsymbol{X})$。Metropolis – Hastings 算法包括如下几个步骤。

步骤 1:为 $\boldsymbol{\theta}$ 指定一个初始值,采用 $\boldsymbol{\theta}^0$ 表示。

步骤 2:为 $\boldsymbol{\theta}$ 指定一个备选值,采用 $\boldsymbol{\theta}^*$ 表示,通常情况下,$\boldsymbol{\theta}^*$ 可以按照如下方式指定:

$$\theta_i^* = \theta_i^0 + sZ; \theta_j^* = \theta_j^0, i \neq j$$

式中:$s > 0$ 为尺度参数;Z 为正态标准差;θ_i^*、θ_i^0 分别为向量 $\boldsymbol{\theta}^*$ 和 $\boldsymbol{\theta}^0$ 中的第 i 个元素。这意味着 $\boldsymbol{\theta}^*$ 仅仅在一个元素上与 $\boldsymbol{\theta}^0$ 存在区别。在实际工程中,可以采用从某个密度中进行抽样的方式来获得 $\boldsymbol{\theta}^*$,即构造密度函数 $f(\boldsymbol{\theta}^* \mid \boldsymbol{\theta}^0)$,$f(\cdot)$ 称为建议

密度。建议密度的选择需要遵循三个原则：①必须能够保证在有限次采样中,遍历整个参数空间；②建议密度不能是周期函数；③必须满足

$$0 < \frac{f(\boldsymbol{\theta}^* \mid \boldsymbol{\theta}^0)}{f(\boldsymbol{\theta}^0 \mid \boldsymbol{\theta}^*)} < \infty$$

步骤3：以概率 r 接受 $\boldsymbol{\theta}^*$ 作为下一步的采样值 $\boldsymbol{\theta}^1$；或者拒绝接受 $\boldsymbol{\theta}^*$ 作为下一步的采样值,而是接受 $\boldsymbol{\theta}^0$ 作为下一步的采样值 $\boldsymbol{\theta}^1$。其中,r 称为接受概率：

$$r = \min\left(1, \frac{g(\boldsymbol{\theta}^*)}{g(\boldsymbol{\theta}^0)} \times \frac{f(\boldsymbol{\theta}^0)}{f(\boldsymbol{\theta}^*)}\right)$$

在具体执行过程中,通常的做法为从均匀分布 Uniform$(0,1)$ 中进行随机抽样,当抽样值 $u \leqslant r$ 时,则接受 $\boldsymbol{\theta}^*$ 作为下一步的采样值；否则,接受 $\boldsymbol{\theta}^0$ 作为下一步的采样值。

步骤4：将 $\boldsymbol{\theta}^1$ 作为初值,重新执行上述过程。

如果构造的建议密度满足

$$f(\boldsymbol{\theta}^* \mid \boldsymbol{\theta}^{j-1}) = f(\boldsymbol{\theta}^*)$$

即与前一次采样值无关,则所构造的马尔可夫链称为独立链。如果建议密度可以写为如下形式：

$$f(\boldsymbol{\theta}^* \mid \boldsymbol{\theta}^{j-1}) = h(\boldsymbol{\theta}^* - \boldsymbol{\theta}^{j-1})$$

且函数 $h(\cdot)$ 关于原点对称,即有

$$f(\boldsymbol{\theta}^* \mid \boldsymbol{\theta}^{j-1}) = f(\boldsymbol{\theta}^{j-1} \mid \boldsymbol{\theta}^*)$$

那么,构造的马尔可夫链被称为随机游动链。其中,$\boldsymbol{\theta}^{j-1}$ 表示第 $j-1$ 次采样得到的参数向量样本。通常可以采样正态分布密度作为 $\boldsymbol{\theta}^*$ 的建议密度。

需要指出的是,在 Metropolis-Hastings 算法中,最开始的采样值可能存在较大的相关性,当采样进行一段时间之后,相关性将逐渐减小,甚至消失。把相关性较大的采样阶段称为老炼阶段,显然,老炼阶段的采样数据不能作为 $\boldsymbol{\theta}$ 的可信样本。

例：从自动车床加工的一批零件中随机抽取 10 个,测得其尺寸与规定尺寸的偏差分别为 2,1,-2,3,2,4,-2,5,3 和 4（单位：μm）。零件尺寸偏差服从正态分布 $N(\boldsymbol{\theta}, \sigma^2)$,试求 θ 和 σ^2 的贝叶斯估计。

可以看出,要求取 θ 和 σ^2 的贝叶斯估计,首先必须得到 θ 和 σ^2 的联合概率密度函数,然后求得各自的边际密度函数,从前面的示例中可以看出,这一求取过程将非常复杂。因此,此处可以采用数值方法来求取这两个参数的点估计。

如果自动车床已经经过校正,那么加工过程中产生的零件偏差,可以认为是由随机因素导致的。自动车床理想状态下加工的零件,其偏差应该为零。因此,可以认为 θ 的先验密度为标准正态密度,即 $N(0,1)$。$\sigma^2 = D$ 的先验密度为逆 Gamma

分布 $\Gamma^{-1}(\alpha,\beta)$，可以从历史数据和仿真计算中得到这一先验分布的参数，假定分别为 $\alpha=1.5$ 和 $\beta=3$。

(θ,D) 的似然函数为

$$L(\theta,D) \propto \left(\frac{1}{\sqrt{D}}\right)^{10} \exp\left[-\frac{(\theta-1)^2+2(\theta-2)^2+2(\theta-3)^2+2(\theta-4)^2+2(\theta+2)^2+(\theta-5)^2}{2D}\right]$$

(θ,D) 的联合先验密度函数为

$$\pi(\theta,D) \propto \left(\frac{1}{D}\right)^{2.5} \exp\left(-\frac{\theta^2}{2}-\frac{3}{D}\right)$$

这样一来，可得 (θ,D) 的联合后验密度函数为

$$\pi(\theta,D\mid X) \propto \left(\frac{1}{D}\right)^{7.5} \exp\left[-\frac{\theta^2}{2}-\frac{(\theta-1)^2+2(\theta-2)^2+2(\theta-3)^2+2(\theta-4)^2+2(\theta+2)^2+(\theta-5)^2}{2D}\right]$$

考虑到 $D>0$，在进行 Metropolis-Hasting 抽样时，有可能产生负值，因此，可令 $\lambda=\ln(D)$，这样一来，λ 的取值范围则为整个实数空间，(θ,λ) 的联合后验密度函数为

$$\pi(\theta,\lambda\mid X) \propto \exp(-6.5\lambda)\exp\left[-\frac{\theta^2}{2}-\frac{(\theta-1)^2+2(\theta-2)^2+2(\theta-3)^2+2(\theta-4)^2+2(\theta+2)^2+(\theta-5)^2}{2\exp(\lambda)}\right]$$

假定已经开展了 $j-1$ 次抽样，θ 的抽样值为 $\theta^{(j-1)}$，$D=\sigma^2$ 的抽样值为 $D^{(j-1)}$。首先，按照 $\theta^* = \theta^{(j-1)} + s_1 Z$ 的方式构造建议密度 $f(\theta^*\mid\theta^{(j-1)})$，即建议密度为正态分布密度，均值为 $\theta^{(j-1)}$，方差为 s_1^2，D 按照以下方式进行采样

$$\ln(D^*) = \ln(D^{(j-1)}) + v$$

式中，v 服从正态分布，均值为 0，方差为 s_1^2。这样一来，可得 D 的建议密度为

$$f(D^*\mid D^{(j-1)}) = \frac{1}{\sqrt{2\pi}s_2 D}\exp\left[-\frac{[\ln(D^*)-\ln(D^{(j-1)})]^2}{2s_2^2}\right]$$

其次，分别计算接受概率 r，并确定是否接受 θ^* 和 D^* 作为下一次采样值。具体算法流程如图 A.1 所示。

编写程序实现上述过程，共开展 10000 次采样，截取后 8000 次抽样进行分析，可得其抽样轨迹，如图 A.2 所示。可以看出，抽样轨迹图类似于随机噪声，说明抽样的随机性较好。抽样的自相关系数也说明了这一点，如图 A.3 所示，θ 和 λ 的自相关系数都快速地从 1 降为 0，说明不同批次的抽样独立性较强。图 A.4 给出的是 θ 和 λ 的等概率线图，可以看出，(θ,λ) 密集的分布在它们的后验均值附近的区域内。图 A.5 给出了 θ 和 σ^2 的边缘核密度估计的曲线。

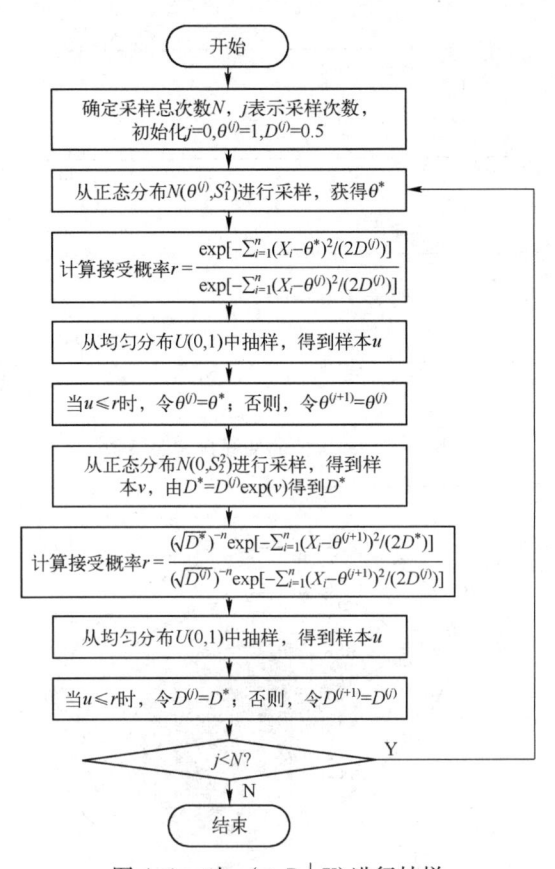

图 A.1　对 $\pi(\theta,D\mid X)$ 进行抽样

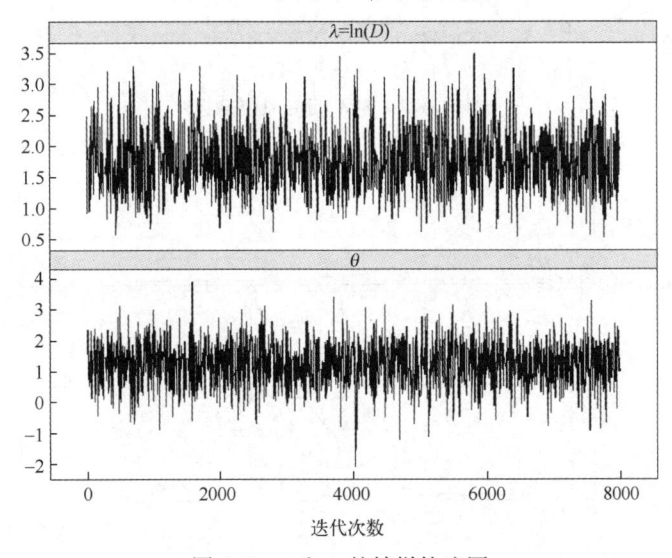

图 A.2　θ 和 λ 的抽样轨迹图

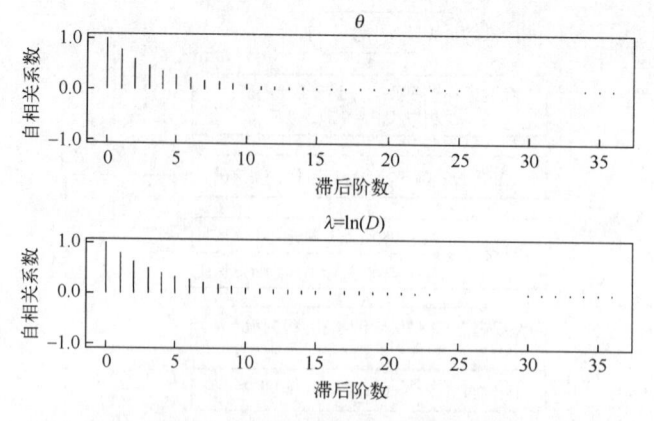

图 A.3　θ 和 λ 的抽样自相关系数

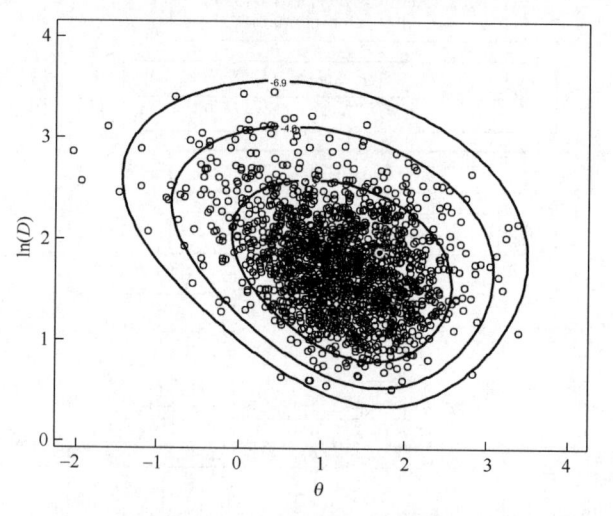

图 A.4　θ 和 λ 的等概率线图

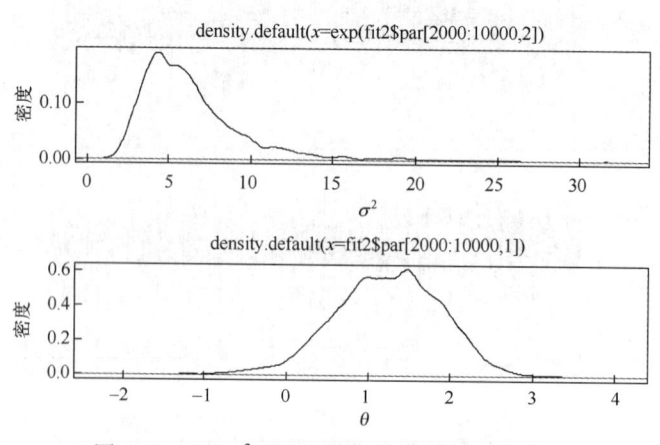

图 A.5　θ 和 σ^2 的边缘密度曲线(核密度估计)

A.2　Gibbs 抽样

Metropolis – Hastings 算法尽管是一种高效的算法,但是,它对建议密度的依赖性较强,如果建议密度的构建不合理,那么得到的采样值可能将不够合理。为此,研究人员提出了 Gibbs 抽样算法。具体方式为针对所研究的分布密度 $g(\boldsymbol{\theta})$,分别构建单个参数的条件密度函数,即

$$g_1(\theta_1 \mid \theta_2, \theta_3, \cdots, \theta_n)$$
$$g_2(\theta_2 \mid \theta_1, \theta_3, \cdots, \theta_n)$$
$$\vdots$$
$$g_n(\theta_n \mid \theta_1, \theta_2, \cdots, \theta_{n-1})$$

这样条件密度函数函数被称为满条件密度函数。接下来,可以根据这些条件密度函数,对 $(\theta_1, \theta_2, \cdots, \theta_n)$ 分别进行抽样。具体的算法流程如图 A.6 所示。贝叶斯统计推断软件 WinBUGS 在 MCMC 抽样过程中,使用的就是 Gibbs 抽样算法。

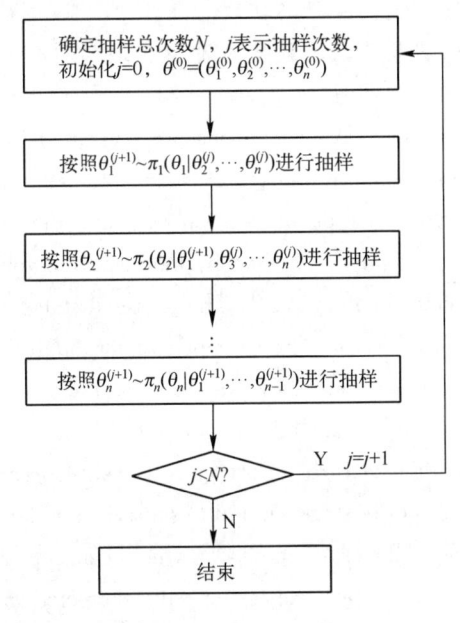

图 A.6　Gibbs 抽样算法

内 容 简 介

本书针对装备试验数据普遍存在的"小样本、多阶段"的特点,分析和设计相关试验评估方法。在不同阶段开展的试验,由于装备的性状发生了明显的改变,各阶段的试验数据表现出明显的异总体特性。同时,受制于试验成本,各个阶段的试验数据,特别是装备整体试验,表现出明显的小样本特性。面对这些问题,传统的统计分析方法已经无能为力。本书探索利用贝叶斯方法和变动统计理论解决这类问题的渠道。针对装备试验评估中的两类典型问题——多阶段可靠性增长试验评估和多阶段多来源数据条件下的技战术指标的评估与鉴定,讨论贝叶斯方法和变动统计理论的具体应用。讨论了风修正航空子母炸弹和预警雷达这两类具体装备技战术指标评估与鉴定方案的设计与实现。

本书旨在为从事武器装备试验评估与鉴定领域的科研人员提供借鉴,也可为相关专业的研究生教学提供参考。

Some test evaluation methods for weapons are presented in order to overcome the difficulties caused by small sample and multi-stage test data. The tested weapon may vary in structure and performance at different stages, and then the test data at different stages is not identically distributed. Limited by the cost, the volume of data samples of the weapon or its subsystems is often small. The classical statistical method cannot meet the need of performance evaluation of the weapon under small sample and multi-stage test data. Therefore, we try to find a new way to solve this problem by using Bayesian method and dynamic population method. The two methods are applied to two representative topics, which are multi-stage reliability growth evaluation and technical & tactical indicators evaluation with multi-stage or multi-sources test data. The evaluation program is designed by using Bayesian method, which can integrate prior information. Finally, the evaluation program of precision of wind corrected munitions dispenser and the maximum range of early-warning radar are designed by using Bayesian method.

The book can be as a reference for the engineers of weapon performance evaluation. And it can be also as a complementary textbook for relevant postgraduate courses.